南宋长江上游抗元城防体系

——以文化景观为视域

李　震　陈虹合　杨春阳　著

中国建筑工业出版社

前 言

13世纪二三十年代到13世纪七八十年代，南宋在抵抗元军进攻四川的斗争中，陆续在长江上游沿江山势险峻之处建设了以重庆为中枢，包括合川钓鱼城、剑阁苦竹隘、嘉定府及其附属城池、金堂云顶城、泸州神臂城、夔州白帝城、万州天生城等在内的多座城防，形成了严密的网状防御体系，粉碎了蒙元军队先占领长江上游然后顺流而下消灭南宋的战略企图。这些城防遗址具有极高的历史、科学与艺术价值，具有世界文化景观类遗产的潜在特质。但是，当前对于这些城防的研究多以单个城池为对象展开，未能把握其体系特性。而有少量对城防体系的研究，又未有强有力的整体理论作为支撑。本研究提出以"文化景观"为视域，依照世界遗产中"系列遗产"的概念将有确切历史记录且目前可确定位置的42座山城概括成"南宋长江上游抗元山城防御体系"，抓住了其本质特征，即：人类行为与自然环境有机互动的结果，将为南宋长江上游抗元城防遗产成体系保护提供理论支撑。

首先，对多视角研究文化景观的价值进行了探索。在梳理现有文化景观概念与类型的基础上，构建了"主旨—维度—类型"的文化景观研究框架，归纳了建筑在不同类型文化景观中的重要性，探讨了结合营建层面研究文化景观的可行性，分析了现有文化景观研究的特点与不足，从而提出了结合营建层面开展文化景观研究的价值。其次，明确了南宋长江上游抗元山城分布的地理范围和遴选标准，构建了南宋长江上游抗元山城名录，梳理了体系内山城的名称、位置、历史沿革和主要城防遗迹，较为全面地重现了南宋长江上游抗元山城防御体系，并通过分析，发现其具有军事设施复合型文化景观遗产的类型特征，军事斗争行为、自然环境和建筑技术是其发展演化的主要动力，南宋正规军与民间自卫武力相互协同，共同推进了这一文化景观的不断演进。再次，分析了南宋长江上游抗元山城防御体系建设与宋元战事时空分布的关联性，并从山城体系格局与主要城防选点两个方面分析了山城体系与主要交通网络分布的关联性，另外，借鉴地理学的"中心地"理论提出"防御中心地"的概念，并运用这一概念分析了城防体系内部空间的层次结构，在此基础之上从城防间距与规模入手分析了体系内部多中心组团的特性，归纳了长江上游抗元山城防御体系在时间和空间分布上与抗元战事和自然环境间的关联性。最后，分析了南宋长江上游抗元城防营建的地域环境和时代技术特征等主要影响因素，结合南宋城防建设文献资料与考古发现，探讨了城防设施中城墙与城门在布局、构造和材料方面的地域性与时代性，讨论了抗元城防中包括水源、宗教遗迹在内的支撑设施的特征，揭示了城防营建这一人类文化活动与南宋时代技术特征和川峡地区自然环境的互动关系。

通过上述研究得出如下结论：文化景观研究的主旨在于大尺度、动态性、兼具物质与非物质、融合自然与文化，研究的维度涵盖了时间、空间、功能与动力，结合营建视角开展文化景观的研究将拓展建筑学学科基本问题研究的视野和方法，并补充、细化及完善文化景观的可识别性；南宋长江上游抗元山城防御体系的时空分布与战争行为和主要交通网络密切相关；其城防营建具有独特的地域性和先进的时代性；南宋长江上游抗元山城防御体系是人类行为，即南宋抗元斗争行为，与自然环境，即四川独特的山水系统之间有机互动的结果，抗元城防体系所呈现的文化景观正是人类文化与自然环境有机互动的杰出表现，这也正是这一城防体系的核心特质所在。

本书以文化景观为视域，提出"主旨—维度—类型"的研究框架，揭示研究对象作为军事设施类文化景观所蕴含的人与自然的有机互动关系，契合当代世界遗产发展趋势，与南宋长江上游抗元城防体系特质相吻合，创新了对研究对象整体价值认知的视角。另外，本书把城防体系纳入南宋抗元斗争行为和长江上游的自然环境中进行考量，提出并应用"军事防御中心地"概念，采用定性与定量相结合的研究方法分析其时空分布特质，以实地测绘与最新考古资料相结合的方法归纳城防的营建特征，并结合地形地貌和历史文献，较为全面地概括其地域及时代特征，创新性地揭示了南宋长江上游抗元城防体系时空分布与城防营建的规律与机制。

本书为将南宋长江上游抗元城防体系作为世界文化景观类遗产展开深入研究开拓了思路和方法，具有重要的理论和现实意义。

目 录

绪　论

一、研究背景

（一）现实背景——南宋四川抗元城防遗址的研究保护水平有待进一步提升

1. 南宋时期四川抗元城防遗址具有较高遗产价值

南宋在13世纪二三十年代到13世纪七八十年代抵抗蒙元军队进攻的斗争中，陆续在当时四川的沿江山势险峻之处建设了以重庆为中枢，包括合川钓鱼城、剑阁苦竹隘、金堂云顶城、泸州神臂城、夔州白帝城、万州天生城等在内的80余座城防，形成了严密的网状防御体系，粉碎了蒙元军队先占领长江上游然后顺流而下消灭南宋的战略企图。这些至今仍保存较为完整的城防遗址是我国南宋时期的重要历史遗存。笔者将其与世界遗产突出的普遍价值（Outstanding Universal Value，缩称OUV）的10条评价标准[1]相对照，发现其与第 v、vi、vii 条具有吻合之处，并尝试将其遗产价值概括为：①是13世纪欧亚大陆滨江山地城防体系遗址的杰出实例，其选址、规划和建设与自然环境有机互动，且具有强烈的地域特征（v）；②四川军民坚持40余年的抗元历史是13世纪世界范围内城池防御战的典范，代表了欧亚大陆当时军事工程的最高水平，城防遗址则是这一重要事件的直接历史见证（vi）；③城防设施与长江上游滨江山地的完美结合形成了集"雄、险、秀"于一体的独特美学特征（vii）。上述特征表明长江上游抗元城防遗址具有极高的历史、科学与艺术价值，具有世界遗产的潜在特性。

2. 目前保护与利用的模式存在一定局限性

南宋四川抗元山地城防遗址已受到各方重视，并针对其保护与利用开展了大量工作。一些城防遗址所在地，如成都、重庆、自贡、宜宾、阆中、乐山、泸州等，被列为国家级历史文化名城；也有一些城防遗址已成为我国重点文物保护单位，如白帝城、钓鱼城、天生城、神臂城等。此外，还有多处遗址被列为省、市、县级文物保护单位，受到专业人员保护。对抗元山城体系研究与保护的理念也已受到学者关注，重庆、四川、贵州等地文物保护部门开展的系列考古工作，也已取得了较为丰硕的成果。

但是，从现有的保护模式来看，仍有一些不足之处。目前的保护分散在各地，以单个城防遗址为主。2008年，重庆合川钓鱼城就启动申报世界文化遗产，2012年进入我国世界文化遗产预选名单，但至今尚未申报成功。其他城防遗址，有些虽已成为各级文物保护单位，但公众认知度不高。这些城防遗址在城市化快速发展进程中，正经受着来自自然与社会的双重冲击。有些遗址距离城市中心区较远，交通不便，处于半自然衰落的状态；有些遗址在城乡发展中正逐渐被蚕食，甚至被破坏。

另外，当前以单个遗址为主的遗产发展模式，存在一定的局限性。由于管理机构层次的差别，管理资金来源的不同，造成各城防的保护和发展现状差别较大。构成南宋抗元城防遗址的各城防面积有限，如较大的夔州白帝城面积约5平方公里，合川钓鱼城面积约2.5平方公里，其他城防的面积大多不到1平方公里，难以形成遗产可持续发展的规模效应。遗产效益有限和保护资金不充分，进一步影响了南宋抗元山地城防遗址的保护与可持续发展。

3. 南宋抗元城防遗址的研究与保护亟需新的理论与方法支撑

要扭转上述遗产保护的不利局面，制定更加有力的保护措施固然重要，但根本还是在于提高人们对这些遗址遗产价值的认知。而价值评价的基础又在于人们对其特质的认知。

目前，虽已有学者提出了南宋四川抗元山城体系的概念，并开展了相应的研究工作。但相关的学术研究与考古实践都还缺乏系统的理论支撑，导致研究与保护的方法不够统一，对分散在重庆、四川等不同地区山城的遗产价值认知还不够充分。

因此，当前亟需结合国际、国内遗产保护趋势，依托遗产保护先进理论，全面、深入地认识南宋四川抗元山城防御体系遗址的特质，为其遗产价值的科学评价打下基础，从而提升其保护水平，使宝贵的南宋遗产能够融入当地社会的可持续发展中去。

（二）理论背景——遗产价值导向对南宋四川
抗元城防遗址保护的启示

1. 遗产价值导向弥补文化与自然的裂隙

在今天，环境生态问题已成为制约人类发展的主要问题，遗产的类型分布仍存在明显的不均衡。截至2023年1月，世界遗产的总数已达到1157项，其中900项文化遗产，占78%，仍占大多数❶。由联合国教科文组织近年来颁布的《世界遗产公约实施操作指南》中的世界遗产评价体系的构建目标，已转为建立一个在各文化、生态区域和类型方面均衡、可信和更具代表性的遗产名录，在此基础上形成了一系列机制：对某些类型，如文化景观采取鼓励性政策，而对某些类型，如文化遗产大国的文化遗产申报则加以限制；每年给予各个国家的名额只有两项，其中的一项须为自然遗产或文化景观（cultural landscape）遗产；"类型框架、时空框架和专题框架"中的空白遗产种类成为重点评价对象，并鼓励跨界遗产的申报[2]，由此推动各国、各类型世界遗产的均衡发展。文化景观由于能够反映

人与自然或人与社会的互动关系，弥补文化与自

❶ 资料来源：整理自联合国教科文组织世界遗产中心网站。

然遗产的裂隙而备受关注。

在2012年新增的26项世界遗产中，文化景观占3项；2013年新增世界遗产19项，其中文化景观占2项；2014年新增世界遗产26项，其中文化景观占2项。2011年和2013年，我国分别有两项文化景观入选了世界文化遗产，即"杭州西湖"和"云南红河哈尼梯田"。2014年"京杭大运河"、2016年"左江花山岩画"作为文化景观被列入世界文化遗产，"普洱景迈山古茶林文化景观"作为我国2022年唯一申报的世界遗产已于2023年9月通过第45届世界遗产大会审议。上述事实印证了联合国教科文组织（UNESCO）等国际机构对此类遗产的持续关注。

2．文化景观遗产理论对南宋四川抗元城防遗址保护的启示

文化景观是"人类文化作用于自然景观的最终结果"，它强调景观是人与自然或人与社会互动关系的体现[3]。南宋能够仰仗四川山城坚持抗元50余年，主要在于两点：一是山城成网络、成体系；二是山城充分发挥了依山滨水的自然优势。这些正是南宋四川抗元山城的主要特性，也正与文化景观的理论主旨相吻合。此城防体系能够在南宋抗元斗争中做出卓越的贡献，主要就是仰仗于宋军对易守难攻的地形、地貌的充分理解和运用，将城池防御工程与山、水环境完美结合在一起，并在战争不同阶段，沿渠江、岷江、涪江、嘉陵江及长江支干流等蒙军进攻的主要方向，建立了网状防御体系，使人类社会活动与自然环境形成了良性互动，创造了13世纪人类利用自然环境建设城防体系的典范。

（三）总体思路——将南宋四川抗元山城作为
文化景观现象开展研究

结合世界遗产保护发展趋势，针对南宋四川抗元山城研究与保护中现存的问题与特点，本书将以文化景观为视域，以长江上游水、陆通道为脉络，将分散在各处的城防整合称为"南宋长江上游抗元山城防御体系"。本书以建筑学学科为基础，借鉴地理学、城乡规划学等相关学科的研究方法，关注山城防御体系以及单个城防营建的物质现象，定性与定量相结合，对此类城防遗址的体系构成、类型及演化、时空分布与营建特性展开深入分析，研究城防体系与南宋抗元斗争和自然环境间的有机互动关系，深入揭示南宋长江上游抗元城防遗址的内在特性（图0.1），以期系统提升对南宋长江上游抗元城防遗址遗产价值的认识深度与水平，推动建立统一的保护和管理机制，并在此基础上获得稳定充分的资金支持，促进对其保护和利用工作系统、有效、高质量的展开，以期获得更大的社会与经济效益。

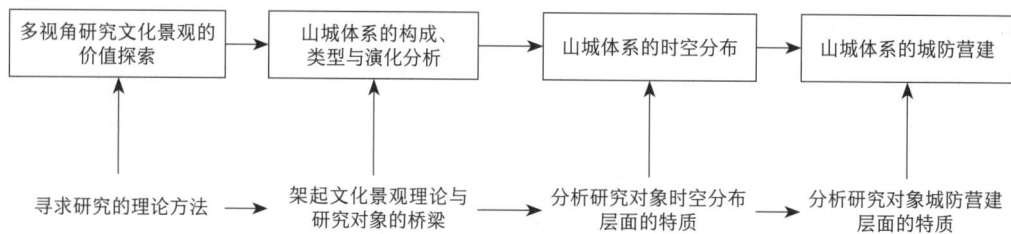

图0.1 总体研究思路示意图

二、概念解析与对象界定

（一）文化景观（理论视角）

文化景观是本研究的核心概念，本书将其理论主旨作为主要视角展开对南宋抗元山城防御体系的剖析。本小节将从景观的内涵、文化景观的内涵、文化景观视角的关注点、南宋抗元山城防御体系作为文化景观研究的侧重点进行剖析。

1. 景观的内涵

景观一词源自欧洲。本书所指景观对应英文"landscape"，其中文译解为"风景园林""地景"或"景观"。20世纪90年代末，我国学者曾就"landscape"的中文译法展开讨论，不同学者有着不同主张。大致可以分成三种观点：其一是农、林等学科的学者将之翻译成"风景""园林"[4]；其二是吴良镛先生将之翻译成"地景"[5]；其三是地理学科的学者以及秦佑国、俞孔坚等学者将之翻译成"景观"[6]。综合"landscape"国内外研究的发展趋势，本书采用第三种观点。

随着人类社会的发展，景观的概念不断演变，可以概括为"视觉美学意义上的概念—地理学上的概念—生态系统的功能结构"三个阶段。

最初，景观类似于中文的"景色""风景"，属于视觉美学意义上的概念；14—16世纪后被用来描述人类赖以生存的环境，以及在环境中面对和感知的具体事物[7]。此外，德国地理学家洪堡将景观一词赋予地理学的意义，主要用来描述地理中的一些地质、地貌现象[8]。20世纪，由德国地理学界首创了景观生态学的研究，这一学科将景观视为地球上生物与自然环境相互作用的综合表达[9]，将生态系统的纵向研究与地理学空间的横向研究结合了起来，深入到了景观形态背后的生态作用机制，推动了景观的可持续发展。

2．文化景观的内涵

（1）产生于地理学界的文化景观，人类文化作用于自然景观的结果

文化景观的概念来自于文化视野，并用之来审视景观。这一概念除关注景观的自然属性之外，还关注了景观社会与经济等文化方面的属性。德国学者F.拉采尔受到进化论的影响，认为人与环境紧密相连，正因有环境的存在才有人的存在，人类的活动、发展和分布都受到环境的严格限制。他在1882年提出了文化与自然的交叉融合学科——人文地理学。德国地理学家O.施吕特尔继而提出了文化景观概念。美国的人文地理学受德国影响，并有所发展，1920年以后对环境决定论进行了批判，1925年，C.O.索尔发表了《景观的形态》，指出文化景观是人类文化对自然景观作用的结果，并创建了伯克利文化地理学派。之后文化景观成为地理学界广泛使用的概念，并被不断加以阐释[8]。

（2）应用于遗产保护的文化景观——人类与自然的共同作品

在国际遗产保护界，美国内政部国家公园管理局（U.S. Department of the interior National Park Serve, NPS），以及联合国教科文组织下设的世界遗产委员会（UNESCO World Heritage Center）最早提出了文化景观遗产概念。

美国国家公园管理局开始关注古迹遗址景观是在19世纪80—90年代，并在国家公园体系内设置了这一类型。这一组织近百年来一直不断发展。1988年，"文化景观"的外延进一步扩大，包括环境中的动植物、由此联想到的历史人物、活动和事件，以及由此产生的美的价值和意义，都被囊括了进来[10]。

为了应对世界遗产保护中文化与自然遗产相互分离而带来的问题，世界遗产委员会专家提出了文化景观类遗产的概念。20世纪80—90年代，世界遗产已从对"孤立的纪念碑"的保护转向对遗产存在的基础，即对其所在自然、历史环境的全面保护。遗址与孕育它的自然、社会环境的互动关系成为遗产保护的新重点。对此，1992年有关专家因文化景观代表了《世界文化与自然遗产保护公约》所描述的"人类与自然的共同作品"[11]而提出了此类遗产，指出：人类社会聚落在自然环境所赋予的优势机遇，以及成功的社会、经济和文化（包括外部和内部的）共同长时间地影响下，产生了文化景观。2005年后，文化景观所包括的一些类型，在《实施世界遗产公约操作指南》中被提了出来，其中包括设计创造的景观、有机演进的景观和关联性景观[12]。

3．文化景观视角的关注点

分析以上文化景观的概念内涵，可见文化景观作为一种人们看待与研究地表现象的视角，人类活动与自然环境的相互作用是其出发点。这一视角，将人类活动创造的财富，即

文化❶，看成是人类社会同自然环境相作用的结果。因此，人类各种活动，包括生产、生活在内的各种行为如何与自然地理环境相互作用，并随时间的推移而呈现出独特的地表现象，可以看成是文化景观视角的切入点。那么，文化景观视角的关注点可以从两方面进行概括：一是这些独特的地表现象自身在空间、时间及内部结构上有何规律；二是形成上述规律的来自人类与自然的作用力是什么，又是如何作用的。即从"地表现象描述——动力机制分析"两方面展开透视，从而更加深入地认识与解释人类的生存环境。

4. 南宋抗元山城体系作为文化景观研究的侧重点

综上所述，将南宋抗元山城体系视为文化景观，就是尝试将这一"城防设施体系"视为"人类活动作用在自然环境上"的结果，将"城防设施体系"视为一种地表现象，分析其在空间、时间以及内部结构上的规律，并寻求推动产生这些规律的人类活动与自然环境动力及其作用的机制。具体来看，分布于南宋时期四川的这些山城因抗元斗争而创建，抗元军事斗争行动是推动其产生的直接动力。而南宋四川的自然地理环境是其建设的依托，并反作用于军事斗争行动和城防建设行为。同时，南宋时期四川地区的城防建设理念与技术是这些设施得以建成的技术支撑。因此，本书从文化景观的视角研究南宋抗元山城体系，将重点分析其空间、时间分布以及营建上的基本规律，并把这些规律与抗元军事斗争行动、地域自然环境以及城防营建技术相对照，寻求这些规律产生的动力机制，从而深入揭示南宋四川抗元山城防御体系的本质特征。

（二）南宋长江上游抗元山城防御体系（对象界定）

本书研究对象指分布于南宋四川地区，因抗元军事斗争行动而建的诸多城防设施。将其概括为"南宋长江上游抗元山城防御体系"主要出于如下考虑。

1. "抗元"概念的界定

四川这一地理位置在宋代具有特别的战略意义，历来遭受金、蒙南侵。南宋宝庆三年（1227年），当时蒙古国军队为消灭金和西夏，"借道宋边"开始袭扰四川地区，宋蒙两军开战。自南宋端平二年（1235年）两军战争正式爆发到南宋祥兴二年（1279年）合川钓鱼城被迫投降止，这期间蒙古人主导建立的政权有：1206年，铁木真，即成吉思汗，在斡难河河源建立了大蒙古国；1260年，因忽必烈和阿里不哥争夺汗位而解体，原属大蒙古国的多个后王和忽必烈之弟旭烈兀的

❶ 文化的定义参考罗钢. 文化研究读本[M]. 北京：中国社会科学出版社，2000.
广义的文化是人类在社会历史发展过程中所创造的物质财富和精神财富的总和。狭义的文化就是在历史上一定的物质生产方式的基础上发生和发展的社会精神生活形式的总和，指社会的意识形态以及与之相适应的制度和组织机构。

封地，事实上取得了独立，分别建立了钦察汗国、察合台汗国、伊利汗国；1271年，忽必烈建立了"大元大蒙古国"❶。

由此，南宋与蒙古人的战争，跨越了元朝建立前与后两个阶段。但从中国的历史来看，蒙古人进攻南宋的战争，是元朝取代南宋改朝换代的政治斗争。南宋的汉人和当时的蒙古人，作为战争的双方，都是中华民族在历史发展上的一分子。所以，本书将南宋抵抗蒙古国、元朝的战争统称为"抗元"战争。

2."山城"与"防御体系"概念的界定

南宋抗元时期，蒙古依靠大兵团作战、骑兵机动性强是其主要特点，而善于据城而守是宋军的主要优势。宋军将大批的城防设施建设在了四川交通要道上。由于这些城防均建在山形险峻之处，因此，均可用"山城"这一称谓。这些山城的建设遵循了南宋淳祐二年至宝祐元年（1242—1253年）时任四川制置使余玠的统一理念——"因山为垒，棋布星分"，并以这些山城"为诸郡治所，屯兵聚粮为必守计"，并最终建立了成体系军事防御网络❷的防御格局，有效阻击了蒙古军队的进攻[13]。体系性、整体性是这些山城的一大特点。因此，本书以"山城防御体系"（简称城防体系）进行概括。

3."长江上游"概念的界定

本书"长江上游"在地域上指的是南宋的川峡四路，简称四川。

四川早在南宋与金对峙时期即成为两国边境。蒙古在灭金过程中就已意识到西南地区的战略重要性。投降蒙古的金人郭宝玉向成吉思汗献言："中原势大，不可忽也。西南诸番，勇悍可用，宜先取之，藉以图金，必得志焉。"❸提出了先占领西南的战略思路。蒙古后继者窝阔台、蒙哥均延续了此种大包抄、大迂回的战略指导方针。窝阔台汗在1229年即位后，遵照成吉思汗临终训诫——"假道于宋，联宋灭金"，袭扰蜀口三关五州❹。蒙古灭金后，蒙哥汗于1252—1254年派其弟忽必烈西征大理，"斡腹"进攻四川。可见，蒙古统治者针对南宋都城临安位于长江下游的地理位置特点（图0.2），坚持了先占领四川所在的长江上游，然后再顺江而下，拿下京湖、淮南、江南与两浙的战略方针。因此，当时四川是南宋抗元的重要战区之一。

结合当代地理学来看，长江上游流域指自其

❶ 关于蒙古人建立的政权参见[法]雷纳·格鲁塞. 蒙古帝国史[M]. 北京：商务印书馆，2009.
❷ 参见《宋史·余玠传》：卒筑青居、大获、钓鱼、云顶、天生凡十余城，皆因山为垒，棋布星分，为诸郡治所，屯兵聚粮为必守计。且诛溃将以肃军令。又移ese戎于大获，以护蜀口。移泸戎于青居，兴戎先驻合州旧城，移守钓鱼，共备内水。移利戎于云顶，以备外水。于是如臂使指，气势联络。又属嘉定俞兴开屯田于成都，蜀以富实。
❸ 参见《元史》卷149《郭宝玉传》。
❹ 南宋自吴玠（1093—1139年）任四川宣抚使时，为守卫四川而经营的重要关隘，位于甘肃、陕西、四川交界处。三关：七方关、仙人关、武休关；五州：阶州、成州、西和州、凤州、天水军，参见：陈世松. 蒙古定蜀史稿[M]. 成都：四川省社会科学院出版社，1985.

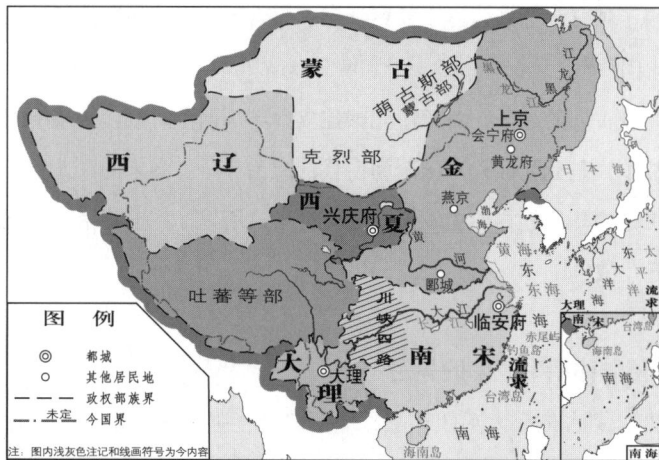

图0.2　南宋与金、蒙古对峙时期各政权位置示意图

源头青藏高原至湖北宜昌段，流经现在西藏、青海、甘肃、陕西、四川、云南、贵州、重庆、湖北等9省市。其上游的支流有岷江、赤水、沱江、乌江、嘉陵江等❶。

南宋时期，西藏、青海为吐蕃占领；云南、贵州和四川的西南部为大理国占据。南宋政权直接指挥的抗元军事力量在长江上游主要集中于当时的四川。宋蒙在四川作战时，长江上游的干、支流是两军重要的军事通道。

南宋君臣多次用"上流"指代四川，这一称谓在《宋史》中多有描述。早在南宋嘉熙四年（1240年），孟珙即论述了长江上游的防御层次。据《宋史》记载，"珙条上流备御宜为藩篱三层：乞创制副司及移关外都统一军于夔，任涪南以下江面之责，为第一层；备鼎、澧为第二层；备辰、沅、靖、桂为第三层"，[14] 其中提到的第一层指夔门以上的长江流域。淳祐二年（1242年），宋理宗在听闻四川战事后，发出"上流可忧"❷的感叹，同样说明当时在宋廷来看，四川与长江上游在区域上是相重合的。据学者研究，古代国人认为岷江为长江的源头，而"岷江"指的正是成都府至夔州的这段江道[15]，这一研究也印证了南宋君臣对长江上游的认知。

所以，结合文化景观关注自然与文化相互作用的视角，为突出四川抗元山城的军事特性，强调长江上游干、支流域的地理特性，本书使用"南宋长江上游抗元山城防御体系"概括研究对象。

❶ 资料来源：长江水利委员会综合勘测局. 长江流域地域图[M]. 北京：中国大百科全书出版社，2003.
❷ 资料来源：毕沅. 续资治通鉴[A]. 胡绍曦，唐唯目. 南宋四川战争史料选编[M]. 成都：四川人民出版社，1984：10.

三、相关研究现状

（一）国内对南宋长江上游抗元城防遗址的研究现状

以重庆为中心的长江上游区域在13世纪南宋抗元斗争中发挥了重要作用，古人与今人对此多有论及。相关研究主要集中在城防特征和遗址保护两个方面。

1. 考察单个城防特征，并关注城防体系化的特点

目前，学者将南宋在长江上游对抗蒙元进攻建设的城防特征概括为：据险筑城，体系性强。

早在1980年召开的钓鱼城历史讨论会开启了此类山城系列研究的先河。唐唯目结合文献研究与实地探勘，初步确定了宜胜山城的具体位置[16]。丁天锡在研究过程中进行了实地考察，并结合大量基础资料，重点分析了宜宾地区的三座山城[17]。何兴明对剑门苦竹寨[18]及王峻峰对广元苍溪大获城[19]的历史进行了探讨，并初步描述了上述城防遗址的现状。之后，在1990年代，唐长寿对乐山抗元山城三龟九顶城的位置与现状进行了探讨[20]。陈剑则研究了奉节白帝城建城的时间及其与公孙述的关系[21]。马幸辛对地处大巴山南麓、渠江流域达县境内的几座建于宋元战争时期的山城——含平昌小宁城、通江得汉城、渠江礼义城、巴中平梁城、大竹荣城等——创筑的历史背景、修建的经过和现状进行了分析[22]。21世纪，相关研究未曾中断。龙鹰追溯了南充青居城的历史，并简要描述了其现状[23]。郭健厘清了礼义城作为南宋抵抗蒙元战争时期渠县县治的史实，分析了其军事地理形势，概括了礼义城在抗元战争中的历史功绩[24]。谢璇通过收集当地的一手资料，讨论了钓鱼城的城池特点，并重点关注了其山体形势，对钓鱼城建造的技术经验作出了阐述和总结[25]。池开智则全面梳理了蒙元军队进攻与南宋军民抗战的历史，分析了钓鱼城城池建设的特征[26]。

南宋长江上游抗元城防特征的研究，在广度与深度上于2010年之后大大拓展。重庆市文化遗产研究院开展了重庆及贵州境内相关城防的考古与研究，西华师范大学"四川古城堡文化研究中心"开展了四川境内相关城防的考查与研究。

重庆方面，奉节白帝城遗址的考古过程由袁东山进行了归纳，作者还指出其作为南宋西线抗元最后一道屏障的重要意义[27]。天生城[28]、重庆城[29]的历史沿革与构筑特征则由蔡亚林进行了总结。在重庆市文化遗产研究院的多年努力之下，合川钓鱼城、夔州白帝城、万州天生城、云阳磐石城、忠县皇华城、涪州三台城、南宋重庆城，以及播州海龙囤和养马城等多个城防遗址开展了考古发掘，取得了大量的考古资料[30][31]，为这些城防建设特征的研究提供了最

直接的史实支撑。

四川方面，蒋晓春等考察了蓬安县运山城[32]，泸州神臂城遗址城门、城墙、题刻、窟龛的现状，并对其历史进行了分析[33]。蒋晓春等还利用小型无人机对金堂云顶城进行了考察，建立了云顶城全景数据库，分析了城门布局特点和城门之间的相互关系，开展了部分区域的空间可视化分析[34]。广安大良城的寨堡聚落层级防御体系、布局原则以及生活体系，在符永利的主导下开展了研究[35]，南充青居城的城防遗迹，包括其地理位置、城门及城墙等，和其他碑刻、窟龛、天池、水井等的位置与形态，也得到了其团队的考察和研究[36]。罗洪斌等对富顺虎头城，包括其地理形势、城防军事遗迹和其他遗迹进行了考察，并分析了虎头城宋至明清城防系统的变迁，讨论了城防设施的断代和兴废[37]。在平昌县小宁城的考古调查过程中，四川省考古研究院等单位的学者考察了小宁城城墙、城门、炮台等军事遗迹和水井、仓廪、墓葬等其他相关遗迹[38]。

上述研究虽多从单个城防入手，但大多关注到了南宋抗元山城的体系化特点。尤其值得注意的是早在1980年代，黄宽重先生就开始研究南宋地方武力[39]，陆续发表了有关四川山城防御体系的研究论文，论述了余玠创立的以钓鱼城为中心的城防体系具有屯兵移治、据险建成、扼守交通要道的总体特点[40]。之后，1993年，薛玉树统计了南宋抗元战争时期建设的72座山城所属路、府（州）及筑城时间与破城时间、筑城将领、现址等信息，构建了迄今数量最多的山城防御体系[41]。学者孙华将川渝两地的抗元山城置于南宋四川抗元战争同一历史背景下开展研究，提出按建置级别分级、按地形地貌分类的研究思路[42]。上述3位学者的研究为打破目前四川与重庆各自独立的研究，带来了融合的希望。

2．保护围绕单个城防展开，较少涉及体系

目前，南宋长江上游抗元城防遗址分散于重庆、四川、贵州等地。各城被保护的状况差异较大。大部分城防被列为文物保护单位，其中包括国家级文物保护单位，如合川钓鱼城、奉节白帝城、万州天生城、泸州神臂城等；重庆市文物保护单位如云阳磐石城、重庆多功城、涪州三台城、大宁监天赐城等；四川省文物保护单位，如剑阁苦竹隘、金堂云顶城、富顺虎头城、巴中平梁城、通江得汉城等；还有一些市、县级文物保护单位，如南充青居城、苍溪大获城、蓬州运山城等。但也有一些城，直至今日，仍未被列入保护单位，如犍为紫云城、梁平赤牛城等。从实际情况来看，保护级别高的城，遗址保存相对较好，未设保护单位的城，仍处于自然衰落的状态，甚至还可能面临被人为破坏的危险。究其原因，可能在于始建于南宋末期的城防设施，经过近800年的风雨侵蚀和人世变迁，大部分已被破坏，残存的部分零散分布于各地。而这些战时修筑的城防，虽然扼守当时的交通要道，但现在看来，大多位于山

高坡陡、交通不便、经济欠发达的农村地区，鲜有外人光顾。由此可见，当前以单个城防为主设立保护单位的保护模式，虽然起到了一定的作用，但在推动地方经济可持续发展方面还有欠缺。

因此，结合上文从体系层面对南宋长江上游抗元城防开展的研究，已有学者提出了对之进行体系化保护的思想[43]，其根本目的在于保护体系空间结构的完整性和遗产体系的整体价值。但是，目前的研究尚缺乏对城防体系遗址整体规模、空间格局与建构地域性即遗产体系整体价值的量化深入分析。因此，亟需补充对城防体系与自然环境间有机互动关系的深入剖析，以完善对南宋抗元城防遗址遗产价值的研究，从而提升其保护及利用的层次、质量和效果。

（二）国内外对军事防御类建筑遗产的研究现状

1. 国际学者已普遍关注古代到近现代的军事防御类建筑遗产

军事防御类建筑遗产是人类遗产的重要组成部分，已受到广泛关注。2005年，联合国教科文组织世界遗产委员会下设的军事防御类建筑遗产委员会（简称IcoFort）成立，专门从事此类遗产的研究与保护、管理、协调工作。美国、英国、德国、法国、西班牙、匈牙利等14个国家已是这个组织的成员❶。从20世纪初至今，相关学者对古代及近代军事建筑的选址、布局、建设开展了大量研究。

维奥莱·勒·杜克（Viollet-Le-duc）在19世纪中叶应拿破仑三世要求为修复卡尔卡松（Carcassonne）和皮埃尔丰（Pierrefonds）城堡而研究了欧洲古代的军事建筑，较为详细地分析了从古罗马到17世纪沃邦时期欧洲城防，在选址以及城墙、塔楼、城门、护城河、桥梁等设施建设方面的发展演变[44]。考夫曼夫妇则对中世纪典型代表性城堡、工事和设防城市进行了考察[45]。建于12世纪，位于今约旦、以色列、土耳其南部和埃及（西奈半岛）的穆斯林堡垒，受到凯特·拉菲尔的关注，他同时分析了十字军东征和蒙古人入侵对这些堡垒建设的影响[46]。马耳他曾繁荣于古罗马时代，其历史、建筑和防御工事得到了昆廷·休斯的研究[47]。法国军事工程技术从沃邦到大革命时期发生了重要演变，杰妮斯·浪琴分析并肯定了这一时期在军事建筑历史上的重要地位[48]。18世纪中叶美国内战时期修建的砖石海防建筑同样是近代军事建筑的重要代表，安格斯·康斯塔姆对之开展了研究[49]。19世纪末到20世纪上半叶进入现代以来，军事建筑领域也已出现了一系列研究成果。马可·伯豪分析了1898—1945年美军在菲律宾科雷里多和马尼拉湾的防御堡垒的发展演变[50]。考夫曼等较为全面地诠释了二战时期欧洲的防御工事，不仅包括著名的马其诺防线和大西洋墙，还涵盖了中欧和东欧大

❶ 资料来源：联合国教科文组织世界遗产中心网站。

量的工事和堡垒[51]。尼尔・舍特等全面记述了1928—1941年，苏联斯大林和莫洛托夫防线的建设历史[52]，完善了世界现代军事建筑史的研究。

对上述研究的梳理基本概括了西方军事建筑的演变过程和各重要遗产的特征，为本研究的开展提供了更加广阔的视野。相关研究从场地与建筑设计、细部构造等多方面，对古代、近代的军事防御遗址进行了定性与定量的深入剖析，亦从方法上为本研究的开展提供了借鉴模本。

2. 国内学者对古代军事建筑开展了整体性研究

国内已有学者针对中国古代的城防、长城、堡寨等军事建筑工程与建筑艺术的历史演变及建构开展了大量研究。

由众多学者组成的中国军事史编写组，按照编年体的体例，详细整理了自先秦至现代，我国军事工程的发展演变，并探讨了我国不同时期军事工程特点背后的政治、经济、文化等动因，具有重要的学术价值[53]。王兆春从更加宏观的历史视野考察了我国军事技术演变的历史，其中也涉及了军事建筑演变的历史[54]。施元龙对古代、近代、现代我国筑城的历史进行了详述，并对长城、水上筑城、海防筑城、野战筑城、炮台要塞和堑壕阵地等筑城体系，进行了综述和剖析[55]。吴庆洲从建筑艺术的角度对我国古代各级各类城池的选址、规划、布局、建设等进行了分析与论述，挖掘了我国古代军事建筑背后蕴含的深厚思想文化内涵[56]。

在以上全面论述我国军事建筑著作的基础上，张玉坤先生及其学术团队致力于我国某种代表性军事建筑，深入挖掘其学术价值。围绕长城，杨申茂等人通过实地考察，研究了明长城宣府段的防御体系，同时基于城防图等资料，对明宣府镇的建置背景、军事聚落体系的组成与空间分布及其演变机制进行了分析[57]；刘建军重点研究了明长城甘肃镇的防御体系[58]；解丹等研究了金长城及其军事聚落的起源与发展、军事层级性与时空分布、军事聚落与其防御特征[59]；随后，范熙晅等分析研究了明长城军事防御体系规划布局的机制，及其受到的自然、社会等因素的影响，并提出了明长城"秩序带"的概念[60]。另外，谭立峰等研究了河北传统防御性聚落，分析了防御性聚落的演进机制、发展沿革，以及河北防御性聚落产生、发展的整体环境，并以明代军堡为例分析了河北防御性聚落的形态，以蔚县村堡为例分析了河北防御性聚落的表现模式[61]。谭立峰等分析了明代海防的军事制度和聚落建设、明代海防聚落的等级、规模和模数、总体布局，归纳并指出了明代海防军事聚落的总体特征[62]。

另外，汤羽扬先生及其学术团队也围绕长城等防御性建筑开展了一系列研究，他们分析了长城的建筑构成和组织关系❶，提出了以地景、遗产、聚落三层级的景观相互渗透并协同作用的

❶ 资料来源：张曼，汤羽扬，刘昭祎. 长城建筑构成及组织关系研究[J]. 河北地质大学学报，2017，40（01）：133-140.

理念为基础，建构北京长城文化带的空间构想❶，并对北京长城的保护规划展开了深入思考❷。同时，其学术团队也关注到了四川南宋抗元山城防御体系，并开展了一定的研究[134]。

上述有关我国军事工程的研究为本书的研究打下了坚实的学术基础，专门史的论述启示了本书的研究方法与思路。但是，目前来看，针对南宋时期西南地区军事建筑体系的研究相对较少，大部分研究采用的是描述与历史性解释的方法，定性的研究较多，定量的研究较少。

（三）国内外对文化景观类遗产的研究现状

1．国外学者对文化景观遗产的认知与保护开展了全面研究

近年来，在UNESCO以及其他世界遗产保护机构的支持下，有关文化景观的认知、保护或某个具体文化景观的特征及其保护的论文与书籍相继出版，尤其是进入21世纪以来，相关作品已为此类遗产的全面认知和保护工作提供了有效的理论支撑。

有学者从多个案例入手，讨论了文化景观在不同历史、自然环境中的保护[63]。有学者研究了旅游对文化景观要素及其可持续发展的影响[64]。有学者利用地理信息系统对德国南部的文化景观进行了案例研究，适宜的技术被开发用来量化和分析当地1850年以来的景观变化，这一研究的价值在于为优化文化景观的规划过程及其自然环境的保护提供了支撑[65]。泰国北部地区景观的空间组织与当地住宅的功能—行为设置的关系引起学者关注，他们研究并提出了文化景观和物理区域影响着居民的感知和反应，文化认同与文化景观的动态密切相关，新开发城市区域的空间设置应考虑当地的生计，以及文化景观规划所反映的居民的信仰和仪式习俗的传承模式等观点[66]。有学者比较了开罗历史公园的现状与其初建时的状态，指出这些场所影响城市社区体验，对其保护具有重要的意义[67]。有学者通过案例分析指出了文化线路和文化景观是文化旅游中的关键要素，文化线路和文化景观为旅游者提供了接触自然、认知其可识别性、了解当地的生产特色和非物质文化遗产等的机会，因此二者是一个地区可持续发展的重要驱动力[68]。

2．国内学者关注文化景观类遗产的价值与保护

20世纪90年代以来，国际已普遍认同文化景观的遗产价值，我国已成功申报5项文化景观类世界遗产。学界也开展了多项文化景观的相关研究，适应我国国情的基于地域的文化景观保护理论备

❶ 资料来源：汤羽扬，刘昭祎，张曼．区域协同发展框架下的"北京长城文化带"建构初探[J]．北京建筑大学学报，2016，32（03）：1-5，15．
❷ 资料来源：汤羽扬，刘昭祎．北京长城保护规划编制的思考[J]．中国文化遗产，2018（03）：41-47．

受关注。有学者在国外研究的基础上，对我国文化景观进行了划分，其分类标准着重考虑了历史因素，立足不同文化景观的固有特征，尤其注意保留了其传统的审美意识特点，并列出了相对应的实例，分别为私家园林，大遗址，历史文化名村、名镇和风景名胜区[69][70]。另有学者结合《关于城市历史景观的建议书》❶对我国杭州西湖和庐山风景区两处世界遗产文化景观的价值进行了剖析，并对扬州瘦西湖的文化景观价值进行了研究，开展了国际文化景观方法论在中国文化景观研究中的探索[71]。有学者结合杭州西湖文化景观成功申报世界遗产的工作，深入研究了其文化景观OUV的内涵[72]，以事实证明了文化景观理论与方法在我国遗产研究与保护中的可行性。

上述研究主要内容涉及地理学、风景园林学以及城市规划学等多个领域，对文化景观和文化景观遗产宏观和中观的特性，有了较为深入的探讨。但是，建筑是文化景观不可或缺的构成要素，建筑物或构筑物的遗址是文化景观遗产的重要组成部分。建筑营建特性也是文化景观的特性之一。因此，在从历史演进、空间格局等宏观视角开展相关研究的同时，引入对文化景观建筑营建特性的研究，将进一步深化与细化对文化景观的认识。目前，这类研究还比较缺乏。

四、研究内容与方法

（一）研究内容

本书拟从四个部分开展研究。

第一部分，构建研究的理论框架。探索多视角研究文化景观的价值，解读文化景观的概念与类型，从文化景观研究的主旨与维度出发，对我国文化景观的分类方法进行再探索，并归纳建筑在不同类型文化景观中的重要性，探讨结合营建层面研究文化景观的可行性，分析现有文化景观研究的特点与不足，从而找到结合宏观、中观及微观层面开展文化景观研究的价值所在。

第二部分，奠定研究的史实基础，并搭建起研究对象与理论框架间的桥梁。明确南宋长江上游抗元城防分布的地理范围和遴选标准，构建长江上游抗元城防名录，梳理体系内城防的名称、位置、历史沿革和遗址现状，力求全面重现南宋长江上游抗元城防体系的历史图景；对照理论框架，探讨南宋长江上游抗元山城防御体系所

❶ UNESCO World Heritage Center. Recommendation on the Historic Urban Landscape adopted by the General Conference at its 36th session [EB/OL]. [2020-06-16]. https://whc.unesco.org/en/resources/.

属的文化景观类型，梳理其演化的表现，并分析其演化背后的机制性动因。

第三部分，围绕文化景观的研究主旨从区域尺度开展研究。探讨南宋长江上游抗元城防体系的时空分布与宋元战事及自然环境的关联性。首先，明确文化景观视域下研究长江上游抗元城防体系时空分布的侧重点；其次，分析南宋长江上游抗元城防体系建设与宋元战事时空分布的关联性；再次，从城防体系格局与主要城防选点两个方面，分析城防体系与主要交通网络分布的关联性；从次，分析城防体系内部的空间层次结构、间距及各城防规模的基本规律；最后，归纳长江上游抗元城防体系在时间和空间分布上与抗元战事和自然环境间的关联性。

第四部分，围绕文化景观的研究主旨从单个城防尺度开展研究。探讨南宋长江上游抗元城防体系城防营建的地域性与时代性。首先，明确文化景观视域下南宋长江上游抗元城防体系城防营建研究的侧重点；其次，在分析南宋长江上游抗元城防营建地域自然环境的主要影响因素，即山体与河流地貌特征的基础上，结合南宋城防建设的发展特征，探讨城防设施中城墙与城门在布局、构造和材料方面的地域性与时代性；再次，讨论抗元城防的支撑设施，即水源与宗教信仰相关遗存的特征，概括其在各城防的基本数量和建造的时代、地域特征；最后，归纳这些城防营建反映的地域性和南宋建筑时代特征。

（二）研究方法

1. 实地调研与文献检索获取资料

通过实地调研与文献检索相结合的方法，获取南宋长江上游抗元山城的历史沿革、自然地理环境、城防营建等方面的基本数据。

2. 定性与定量相结合分析数据

定性：以历史的科学发展观为指导，采用历史性解释的方法，从社会、文化、经济和技术等多方面，对南宋长江上游抗元城防遗址的建设与使用、空间与实体特性进行研究，剖析这一城防工程体系背后的机制性因素。

定量：借鉴人文地理学的理论和研究方法，利用ArcGIS等地图分析工具，分析城防遗址的空间分布与地形地貌的关联性；运用统计学原理与方法，对城防工程的规模、布局、构造和材料的基本数据进行分析，研究其营建的地域性与时代性。

3．归纳与演绎相结合得出结论

从文化景观研究的主旨与维度出发，结合城乡规划学、建筑学、地理学等相关学科理论，归纳本书研究的山城体系及单个城防的类型演进、时空分布与营建规律，总结出南宋长江上游抗元山城防御体系的基本特质。

第一章

文化景观
多视角研究的
价值探析

自文化景观的概念产生以来，多学科从多视角对其开展了研究，取得了大量的成果，但结合营建对文化景观开展的研究还相对较少，研究价值还较为模糊。本章拟通过梳理不同类型文化景观中建筑的重要性，以及现有各学科关于文化景观研究的重点与不足，分析营建在文化景观研究中的重要性，探索结合现有宏观视角，补充中观、微观营建视角，开展文化景观研究的可行性与价值所在。为本书以文化景观为视域，从时空分布与城防营建两个层面，研究南宋长江上游抗元城防体系提供理论支撑。

第一节

文化景观的概念及类型探讨

一、文化景观的多种概念解读

（一）景观的多种概念解读

1. 作为视觉审美的对象

　　景观最古老、最常见的概念是作为视觉审美的对象，与景色、景象同义。"景"字在中国从古至今都具有风景、景致的含义。《醉翁亭记》是北宋文学家欧阳修的作品，其中就有"四时之景不同"的语句；"景状益近于自然"则被近代教育家蔡元培在《图画》中所论及。对西方文化中"景观"一词进行审视，可以发现其作为视觉美学概念的渊源及演变。在旧约圣经中希伯来文"noff"被解释为耶路撒冷的壮丽景色，而其与"yafe"即"beautiful"相关；英语单词"landscape"为荷兰语"landskip"演变而来，原意指风景画，尤其是自然风景画；英国人17世纪初期在描述以陆地或海洋风景为主的画或像时，会用到这一单词，此用法一直延续到现在。景观作为美的景象，经历了从特指城市到包括乡村在内，并随着工业化的发展，而主要指向了逃避城市并与之相对抗的田园与自然[73]。

2. 作为地球表层各种地理现象的综合性表达

　　14—16世纪后，"景观"一词发生较大改变，德语的"景观"（Landschaft）指向视觉空间内涵盖的所有实体。19世纪，德国开始在地理领域引入"景观"一词，用于描述地理、地貌、地质特征。因此，地理学界把各种地球表面的地理现象综合在一起，统称景观[74]。

　　这一概念涵盖了自然和人所组成的种种地理现象，即自然景观和人文景观。自然景观涵盖地形、地物等自然地理现象，人文景观则是人文层面的地理现象，它涵盖了人类所在地球上活动的烙印。这一概念将人们从传统景观的欣赏者转化成了景观的构成因素和动力来源，并继而引出了文化景观概念。农业、商业和手工业，尤其是工业的迅速进步，促进了人类活动范围

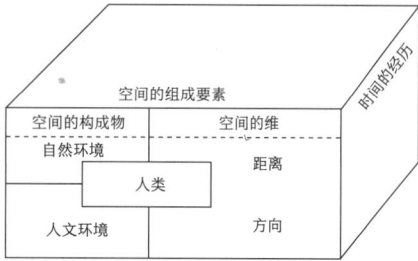

图1.1 空间的概念图解
资料来源：参考文献[75]

不断扩张。目前，除了两极等极少数地区外，人类的活动已几乎遍布全球各个角落，纯粹的自然景观已难以寻觅。人类活动与自然景观结合而成的景观，也就是文化景观，已成为景观描述的主要对象。

在研究的侧重点方面，地理学主要关注空间秩序、动因机制、时间序列，其核心是景观空间系统的研究。空间的概念在地理学界被持续辨析。1953年，美国科学家M.杨曼提出了"空间是物质对象的秩序，空虚的空间是没有意义的"。这一概念成为地理学的经典，对地理界产生了深远的影响。在此基础上，法国学者B.卡鲁妮埃基于具体现象与抽象位于同一空间内的认识，提出空间四维性概念：空间四维可解释为由时间与三个互为直角的方向共同构成；空间存在物质面、位置过程面[75]（图1.1）。20世纪70年代，地理学领域进一步明确了空间的概念。1980年于法国召开的地理会议，以空间为主题展开探究和讨论，巴桑德总结出了"空间—土地，空间—基点，空间—距离，空间—形态"四种类型的空间：第一种涵盖各项空间中所存在的物质部分；第二种为地表物质存在的基础；第三种以空间位置为核心，包括地理区位论、中心地理论都涉及这种空间类型；第四种表示人类社会关系在地表留下的印迹，具体包括社会地理、文化地理等内容。我国地理学者潘玉君把此四种类型调整成了"空间—自然，空间—基点，空间—区位，空间—形态"[76]。这一调整较为全面地概括了地理空间的内涵。由此可见，地理学主要从景观的自然生态资源、地表物质基础以及区位和形态特性共四个方面开展研究，深化了对景观空间的系统认知。

3．作为具有功能结构的生态系统

景观生态学和《欧洲风景公约》对景观的定义均从不同侧面将景观视为具有功能结构的生态系统。

景观在景观生态学（Landscape Ecology）中被解释为高度空间异质性的区域，由诸多相关生态系统以类似的方式重复出现所构成[77]。这一概念是景观生态学自20世纪上半叶以来发展的结果。1939年，德国地理学家特洛最早提出了"景观生态学"概念，涉及地理学与生态学的综合知识，主要对区域范围内的自然—生物综合体之间的关联性展开研究。德国学者布赫瓦尔德在此基础上对景观概念进行丰富，他表明可以地表内某个空间的综合特征来解释景观，包括景观的结构、景观像、景观的历史发展、景观内各因素之间的关联影响、景观功能等方面的特征。这一解释表明，景观是地圈和生物圈的重叠构成部分，在二者相互作用下产生多层次生活空间，存在独特的景观特征[78]。

景观生态学视角将景观的特征归纳为五点。一：存在异质性特征，其构成包括多个不同空间单元；二：存在地域性特征，通过地理实体对其功能、形态、结构等可有明确的了解；三：景观是生物栖息的地方，也是人类生活的场所；四：景观具有尺度性，属于中间尺度，处于区域与生态系统之间；五：景观在生活、文化、生态等领域都具有价值，因此其综合性特征明显[77]。

景观生态学在系统论、控制论和信息论滋养之下，以生态学、地理学理论作为基础。景观生态系统因系统论而被划分为不同等级，表现出五个基本特点，分别为综合整体性、目的性、动态性、有序性、有机关联性。生物控制共生理论体现了控制论的思想，用来解释人类系统与自然系统之间的关联性。而景观生态中因果耦合的关系，需要通过信息理论来进行阐述。

景观生态学在理论构建中，对上述综合理论及景观生态认知进行结合，基于横向角度，探究地理学领域的地理现象的空间作用机制；基于纵向角度，探究生态学领域的生态系统机能作用机制。在此基础上对景观展开更深入的探究，从能量流、物种流、物质流的迁移与交换等方面切入，探索地球表面景观在功能、结构等因素关联作用下发生的改变，从而为人类采取科学的干预措施利用及保护景观生态提供借鉴[9]。

由此，景观生态学尤为关注景观生态系统的功能结构特征，并将斑块—廊道—基质作为景观的主要描述模式，将动态的结构与格局视为景观表现的特征，并认为景观具有时空耦合异质性，且呈现出显著的时间与空间尺度特性。这一视角使景观研究更加深入，能够让人类对景观形态背后的作用机制有更深的认识，对科学进行景观格局美化、结构优化等方面具有举足轻重的意义，促使人们更加合理利用和保护景观，从而实现景观的可持续发展。其理论与方法、概念和研究的侧重点，为当前文化景观的研究提供了新的思路。

4. 作为被人类所感知的区域

《欧洲风景公约》对景观作出详细阐释，即"人类能够感知的某片区域，既可以体现为自然进程，也可展现为人类活动，又或是两者互动所得之产物"❶。欧洲理事会地方和区域当局代表大会于2000年10月发起了这一公约，多个欧洲国家表决通过并签署协定，并于2004年3月1日起执行。

这一定义，全面涵盖了所有景观对象，并从主体与客体两个维度整体概括了人在景观形成中的作用。

在景观对象上，全面性主要表现在两个方面：一是，在表明景观受自然进程影响的基础上，明确纳入了人类活动，并强调景观是自然力量与人类活动互动的产物，二者具有整体性和不

❶ 资料来源：Council of Europe. European Landscape Covention [EB/OL]. [2019-12-26].

可分割性，尤其提出当今世界已经难以寻觅纯粹的"自然景观"，所以，"景观"与"文化景观"同义；二是，景观对象从"土地"扩展到了"区域"，在传统以陆地景观为主的基础上，增加了对水体，即河流与海洋及其沿岸区域的关注，使江河与海洋成为景观关注的对象；三是，不仅是特殊的景观，普通或退化的景观也具有潜在的价值，它们可能是人们或自然在当地或历史上生存的产物，这些景观同样具有独特性，同时也是地域性的重要载体。

关于人在景观形成中的作用，这一定义分别从主体和客体两个维度进行了概括，具有整体性。首先人的活动是景观客观存在的重要组成部分，人的活动或者人与自然的互动进程导致了景观的形成，此时人的活动是客体；而另一方面，景观是被人所感知的领域，此时人的感知活动是主体。人类与自然的活动在地球上留下的痕迹，即客观存在的景观，只有被人类所感知，才成为真正的景观，由此整体概括了人的活动在景观形成中的作用，更加接近于景观的事实。

5．景观概念演变的解读

综观上述4种景观的概念，可见人们在什么是景观、如何认识景观和什么是好的景观，即本体、方法和价值三个层面对景观的理解逐渐加深。这表现在景观描述的对象及特征、景观的研究重点和研究方法、景观的价值判断三个方面日益成熟。景观描述的对象及特征方面，经历了从"城市或乡村的画像"到"地球表层各种地理现象的综合体"到"具有功能结构的生态系统"再到"被人们所感知的区域"；进而带来了景观研究的重点和研究方法从"欣赏并描摹景观的美学特征"到"分析景观作为自然生态资源、地表物质基础、区位和形态等四个方面的空间系统特性"再到"研究纵向生物圈的生态系统机能在横向地圈的地理空间的作用机制"；最终带来对景观的价值判断依据从"审美"到"功能、作用"，并提出不仅是"特殊"的，"普通或退化"的景观同样具有价值的观点（图1.2）。

（二）文化景观的多种概念及其侧重点

1．人文地理学界的概念——人类文化在自然景观中作用的结果

文化景观在人文地理学界，表示文化集团借助所处自然界的相关材料，在自然景观之上融入自身创新的文化产品，从而满足他们的需要[8]。受到进化论的影响，德国的地理学家F.拉采尔最早提出这一概念，指出假若将人类视作环境产物，那么环境将直接从人类活动与其分布等方面影响人类的发展。他在1882年提出了文化与自然的交叉融合学科——人文地理学。德国地理学家O.施吕特尔提出了文化景观这一概念。德国影响了美国人文地理学的发展，1920年后美

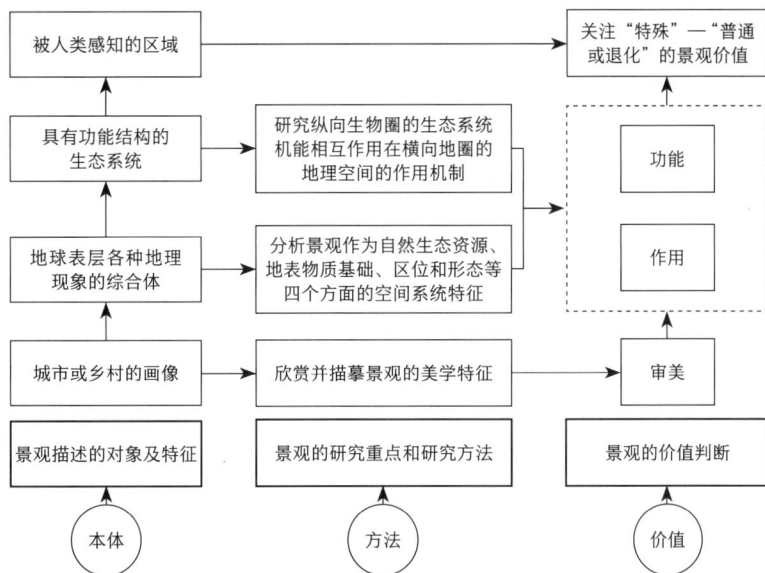

图1.2　景观概念的演变图示

国学者批判了环境决定论，索尔于1925年通过《景观的形态》一文对文化景观进行解释，即：人类在自然景观中融入文化并产生作用。同时，他界定文化景观为"自然景观中受特定文化族群影响产生的样式，不仅描摹着多样的人类进程，而且传承着人类价值"[3]，并成为伯克利文化地理学派的开创者与代表者。此后，人文地理学界逐步加大对文化景观的研究力度。文化景观成为其重要概念和研究内容，被不断加以阐释。

由此，文化景观的概念从文化的视野来审视景观，在景观的自然属性之上，强调了景观在文化方面的属性，包括社会与经济属性。

在此基础上，新文化地理学派于20世纪80年代开始兴盛，在社会价值解读领域再度推动历史景观发展，从而与文化遗产保护的发展趋势相交叉，助推文化景观成为世界文化遗产的类型之一。

2．遗产保护界的概念——连接文化与自然遗产的纽带

（1）世界遗产委员会的概念——人类与自然的共同作品

1992年，第16届世界遗产委员会正式确立了文化景观遗产在世界遗产的地位，并将其定义为：代表了《世界文化与自然遗产保护公约》中所述的"人类与自然的共同创作"。它们是"人类社会聚落，在自然环境所赋予的优势机遇，以及在社会、经济和文化（包括外部和内部的）的共同影响下长期演变的结果；这些文化景观一方面反映出保证且延续生物多样性的、具有独特性的土地利用技术，同时也与信仰、美学和传统习俗有着密切联系，代表了人类与自然杰出的精神联系"。保护文化景观遗产的目标是"揭示和保存人类与自然环境的相互作用的丰富多样性，保护活态和已经消失的传统文化及其遗迹，并将这些场所称为文化景观，将其列入世界遗产名录"。因为"文化景观，即位于山中的梯田、花园和祭祀场所，见证了社会发展和人类的丰富想象力与精神活力的创造性基因。它们是我们集体可识别性的一部分"●。

文化景观作为世界遗产的一种类型被专门提出，有着其特定的历史背景。20世纪晚期，世界遗产名录不均衡、代表性有限的现象逐渐显现。文化遗产占据世界遗产的绝大多数，而自然遗产与混合遗产的总和还不到遗产总量的20%。当人类发展受到生态环境的诸多影响时，遗产种类布局的不均衡问题依然显著。此外，由于原有评价标准的相对分离，评价主体各自为政，导致世界遗产的文化与自然属性的评价相对割裂。文化遗产评价主要由国际古迹遗址理事会（ICOMOS）和国际文化遗产保护组织（ICOROM）所含专家开展，而自然遗产评价主要由世界自然保护联盟（IUCN）负责，但文化价值与自然价值的简单叠加显然不能就视为遗产的总体价值。文化遗产的各种类型，如纪念碑、建筑群和遗址，其存在的重要基础就在于这些遗产与其所在的自然、历史环境间的有机互动。所以，人们逐渐认识到在原有遗产的分类方法与评价框架下，难以全面认识世界遗产，并采取了一系列措施。2005年，新版《世界遗产公约操作指南》在关注文化遗产的同时，也更加重视自然遗产，通过综合两类OUV评价标准的方式，达到全方位评价世界遗产价值的目的。这一评价体系既包含了历史与社会因素，也涵盖了自然因素等，推动了能够反映人类社会与自然环境相互促进、共融发展的遗产类型日益凸显。因此，文化景观类世界遗产逐渐引起关注，并最终成为一种独立的世界遗产类型。

这一变化遏制了文化遗产与自然遗产相割裂的状态，扩展了遗产保护的时空范围，促进了对遗产中精神文化现象的关注与保护。

（2）美国国家公园管理局的概念——多元化的地理区域

内政部国家公园管理局（U.S. Department of the Interior National Park Serve，简称NPS）是美国文化景观的主要管理机构。1988年，该局定义文化景观为："除文化资源以外，还包含自然资源在内的地理区域，覆盖家畜或野生动物等在内，或是同某个历史事件、某个人、某个活动之间存在相应关联，或是与其本身的文化与审美价值存在明显联系"[79]。

美国国家公园体系的建立与演变经历了较长的发展过程。

第一阶段，美国国家公园的诞生，以保护壮美的自然景观为主。1864年，优胜美地法案在国会获得通过，这一法案推动成立了加州州立公园，包括优胜美地（Yosemite Valley）和马里波萨巨型红杉林，供市民使用、度假和休憩，永不改变。事实上，1856年，奥姆斯特德便通过中央公园表现出了优胜美地类似的自然景观。而当时欧洲大型城市公园"如画"的风景和公众体

● 资料来源：UNESCO World Heritage Center. Cultural landscape [EB/OL]. [2020-1-06]. https://whc.unesco.org/en/culturallandscape/.

验，也同时影响了纽约中央公园的设计。1872年，黄石国家公园（Yellowstone National Park）因具有壮丽的"荒野"自然景观而被创建。对这种"荒野"景观所展现的原始与自然之美的欣赏，与欧洲传统认为荒野是令人厌恶，应该被征服的观念不同。当时美国精英阶层认为荒野景观象征了美国的独特文化，是美国文化的基础和民族自豪感的源泉。

第二阶段，开始重视国家公园历史价值，并启动古迹遗址景观的保护。一些考古遗址在19世纪80至90年代被关注。比如，1892年，卡萨格兰德遗址保护地正式建成。1906年，制定并颁布了《古迹保护法》（Antiquities Act），从法律层面确立了总统在联邦政府及其管控领域保留"除了历史建筑、富有历史价值的物体以外，还包括历史地标和科学价值的物体等，均能被列入国家古迹遗址列表"的权力[80]。由此，那些具有历史价值的古迹遗址地被美国政府所认可，与具有自然景观价值的国家公园一起受到了保护。

第三阶段，美国国家公园成为包括多种类型保护地的综合体系。20世纪早期，在国家公园和国家古迹遗址数量逐渐增多的情况下，1916年，美国正式推出《国家公园局组织法》，并创设国家公园管理局。初期"既要关注自然资源与风景资源，也要重视历史资源和野生生物资源，同时在确保子孙后代享有相同资源的基础上，提供给当代人机会来欣赏这些资源"是其职责定位。1918年的"莱恩来信（Lane's letter）"使国家公园统一的管理制度得以明确，并推动了国家公园体系的建立。随后，国家古迹遗址种类不断拓展，1933年，罗斯福通过行政层面公布，除国家公园和国家公墓与保护区以外，国家公园还一并具备国家纪念地以及公共建筑的管辖权[103]。至此，美国在国家遗产领域成功创建了国家公园体系[81]。

第四阶段，开始同时关注国家公园的历史价值和生态价值。随着人们不断深化对国家公园文化历史价值与生态价值的认知，上述两种价值的评价逐渐出现了矛盾。一方面，生态价值在国家公园中被更加关注。1934年，美国正式建立的大沼泽地国家公园，极具原始特征，偏远并纯净，与其他荒野景观的壮丽有所不同。国家公园的身份，为其生态系统的丰富性保护，包括避免排污及其他开发项目侵害提供了屏障。因这一事件，"自然生态系统"完整保护的历史在美国国家公园得以开启[82]。此后，美国实施了"66计划"，从经济与社会稳定出发，不仅建立了国家海滨和国家海岸，而且在创建国家公园大道的同时，还专设了国家游憩区等。1960年代以后，环境问题成为影响国家公园的一大重要因素。1963年美国发布《国家公园野生物管理》报告，《荒野法》也于1964年颁布[82]，以提升管理与保护生态系统。另一方面，国家遗产的历史价值保护受到美国国会重视。1966年，隶属于美国市长会议的历史保护特别委员会，作了《如此丰富的遗产》的报告，这一报告促成了美国国会发布《国家历史保护法》，保护与评价历史资源随之成为NPS的职责之一。由此，一处国家公园同时受到《荒野法》和《古迹保护法》及《国家历史保护法》的约束，围绕如何实现其生态系统与历史价值的全面保护，讨论众多。

第五阶段，文化景观保护框架的形成与发展。20世纪80年代，古迹历史价值中所蕴含的文化价值得到认同，同时关注了遗产地生态系统和文化价值的文化景观日益受到重视。美国陆续出版了《文化景观：国家公园中的乡村历史古迹》[83]等文献作为技术指南。为协助土地管理者"规划、实施、记录和进行管理决策"，《文化景观名录》也于1987年被NPS创建及修订[84]，这一名录的主要功能表现在3个方面：①对文化景观定位和定义；②对文化景观的信息进行整理；③整治文化景观，并为其管理提供决策[85]。10余年后，为了给文化景观的分析、保护和记录提供指导，包括《文化景观报告指南》等在内的系列文件被相继推出[86]。文化景观成为国家公园局的专项保护内容，并有了综合的程序以指导这一工作。

第六阶段，鼓励社区参与区域景观文化与生态系统的全面协同保护。1970年代，美国设立了"国家保护区"，开始保护大尺度区域景观，地方和社区共同制定管理计划，同时联邦政府不征收土地[87]。1980年代，以此为基础出现了"国家遗产区"概念，因为保护区域尺度很大，所以，其中仅有教育项目由政府投资，并且相当有限。而由社区与地方政府协同承担了遗产区日常管理中人员与资金的开支。1984年，首次创建国家遗产区，即伊利诺伊和密歇根州运河遗产走廊。这一走廊156km长，沿途分布了1067个地方政府单位，其投资与管理方法充分运用了上述模式。国家遗产区的实践作为美国文化景观发展的主流，提升了其国家公园体系在同时面对大尺度区域景观生态与文化双重价值的保护及可持续发展问题时的应对能力[88]。

经过近180年的发展，美国的国家公园体系建立了对国家遗产全面的保护机制。截至2019年，美国国家公园体系涵盖了20个保护地类型和6类相关区域类型（表1.1）。这一机制，以文化景观为牵引，整体认同遗产的自然与文化价值，同时关注大尺度与小尺度的遗产，促进了美国国家遗产保护的全面发展。

3．奥地利联邦科研艺术部的概念——可持续利用的生存空间

1996年，奥地利联邦科研艺术部向联邦总理府提出关于文化景观的发展意见，之后综合以科研艺术部为代表的三大部门共同制定研究项目计划，文化景观被宽泛地指向人类的生存空间。文化景观计划的根本目的在于促进人类环境发展，并为协调环境保护和人类社会发展间的关系提供支持。

在保护生存空间中的生态功能的同时，保障经济发展和当地民众的生活质量是文化景观研究的目的。所以，生活空间的不同功能、人对空间的不同要求和生态条件与上述功能要求的作用关系，在文化景观的研究中需要充分考虑，在此基础上，编制空间利用计划，解决生存空间可持续利用等问题，并找到文化景观的发展方向，同时制定相宜的实施战略，成为文化景观研究的任务[89]。

表1.1　美国国家公园体系的构成

大类	序号	保护地名称	数量（个）	大类	序号	相关区域名称	数量（个）
国家保护地	1	国家战场遗址	11	相关区域	1	国家公园体系附属区域	25
	2	国家战场公园	4		2	授权区域	9
	3	国家战争纪念地	1		3	纪念活动地	3
	4	国家军事公园	9		4	国家遗产区域	55
	5	国家历史公园	57		5	国家游径系统	30
	6	国家历史遗迹	76		6	国家原生风景河流系统	48
	7	国际历史遗迹	1				
	8	国家湖滨	3				
	9	国家纪念地	30				
	10	国家纪念碑	84				
	11	国家公园	61				
	12	国家公园大道	4				
	13	国家保护区	19				
	14	国家保留地	2				
	15	国家休闲地	18				
	16	国家河流	5				
	17	国家自然风景河流与河道	10				
	18	国家风景步道	3				
	19	国家海滨	10				
	20	其他指定单位	11				
		合计	419			合计	170

资料来源：作者整理自美国国家公园管理局网站

该计划还明确制定了三个纲领性目标，即在同一框架下研究人类科学艺术和林业、农业等活动如何利用空间，同时不影响生态系统的稳定。这三个目标分别是：第一，从根源处削减人为物流；第二，大力优化人类生活品质和生物多样性的实际关联；第三，在确保景观活力的基础上推动生存与发展。在这三项目标之下，13个问题被提出开展探讨，包括：文化景观的可持续发展该怎样描述与评价；保护生物多样性与生活质量改善两方面的矛盾是什么，且怎样协调；文化及可持续发展间的关系；文化景观与自然空间、政治、社会、文化等方面的相互作用及其演变；文化景观可持续发展的应用体系等方面的内容。

1997年，萨尔茨卡默古特的哈尔施塔特—达赫施泰因文化景观在奥地利政府对文化景观研究与保护的重视下成为一处世界遗产。随后，瓦豪文化景观、费尔特湖/新锡德尔湖文化景观也相继于2000年和2001进入世界遗产名录。截至2019年奥地利的文化景观类世界遗产已占其世界遗产的30%，远高于世界平均水平。由此可见，这种将文化景观与生态环境保护统一纳入可持续发展框架的做法，与世界遗产的发展趋势相一致，取得了非常好的效果。

4．我国文化景观概念的演变——山水景象与文化景观的可持续发展

我国历史上虽未明确有文化景观的提法，但在天人合一自然观的指导下，长期开展着文化景观研究及创造的理论与实践。随着近代地理学的引入与发展，文化景观成为文化地理学研究的重要领域，并逐渐被人居环境科学所关注，为城乡规划、遗产保护以及生态环境等方面的可持续发展提供了新的研究思路。

（1）体验—体察—遵循自然之本性的山水景象

1）用"景象"来指代景观

反映在文献中，"景"字在中国古代大多被用来指代景观。"景象""景色""风景"是其基本含义，也是人审美的对象。例如，东晋陶渊明《和郭主簿 其二》中有"和泽周三春，清凉素秋节。露凝无游氛，天高肃景澈"之诗句，这里"肃景"指的是秋天的风景。唐代同样有此种用法，"十月江南天气好，可怜冬景似春华"是白居易的名句。此外，文学作品中常常可见古人用"风景"一词来表达"景"，如在"江南好，风景旧曾谙。日出江花红胜火，春来江水绿如蓝"，及"塞下秋来风景异，衡阳雁去无留意"，白居易与范仲淹均采用了这一用法。

2）通过对山水景象的描绘来表达人接近自然之本性

由上可见，"景"作为人的审美对象，指代人所看到的物象，这一含义为"自然"一词所涵盖。"自然"在中国古代即具有"物象"之意，指代万物实体。阮籍在"自然者无外，故天地名焉"中就用"自然"指代天地和万物之实体；"夫天者，万物之总名，自然之别称，岂苍苍之谓也"则是成玄英的概括；此处，"天"与"万物"和"自然"的概念可以彼此互换；同样，万物实体也被指代为"自然"[90]。

那么，通过考察中国古人对自然或景的直观概括方式——诗、画就可发现其与当代文化景观的内涵有相似之处，即"自然"的表象"景"离不开"人"的参与和体验。自两晋南北朝起，山水诗、山水散文、山水画成为古人概括并表达自然的主要方式。文人在诗与画中描写丰富多彩、瞬息万变的自然景象细节。

先看诗歌："石浅水潺潺，日落山照曜。荒林纷沃若，哀禽相叫啸"是谢灵运在《七里濑》❶中对山景体验的表达。而他对山居生活的描写则体现在《从斤竹涧越岭溪行》中："猿鸣诚知曙，谷幽光未显。岩下云方合，花上露犹泫。"山水的存在在此优于人，人类凭借山水实现自我的超越。自然细节的描写是山水诗的主要内容，但其中蕴含的是作者对人生的思考。陶渊明的《形赠影》中"天地长不没，山川无改时。草 ❶ "濑"指从沙石上快速流过的水。

木得常理，霜露荣悴之。谓人最灵智，独复不如兹"[91]充分表达了这一思想。

再看山水画，两晋南北朝时期出现的我国最早的山水画理论，提出了通过人的眼和手观察和描绘自然山水的基本方法，并以山水景象的形似达到神似，从而体现"道"，即自然之本性。"且夫昆仑山之大，瞳子之小，迫目以寸，则其形莫睹，迥以数里，则可围于寸眸。诚由去之稍阔，则其见弥小。今张绢素以远暎，则昆、阆之形，可围于方寸之内。竖划三寸，当千仞之高；横墨数尺，体百里之迥"[92]是宗炳在《画山水序》中对山水画论的经典概括。这里指明了自然山体描摹的方法，正如透过窗口从远处观景一样，观察自然界可以透过一块透明的薄绢，画布之上即可等比例投射出广袤雄伟的昆仑山形体，即实现对实景的概括。而"是以观画图者，徒患类之不巧，不以制小而累其似，此自然之势。如是，则嵩、华之秀，玄牝之灵，夫以应目会心为理者，类之成巧，则目亦同应，心亦俱会。应会感神，神超理得。虽复虚求幽岩，诚能妙写，亦诚尽矣。"[92]是作者进一步的概括，指出通过山水之形才能表达作画之神韵，心与眼的共鸣才能更加接近"道"。而《画山水序》篇首"夫圣人以神法道，而贤者通；山水以形媚道，而仁者乐。不亦几乎？"[92]充分表达了作者寓"道"于山水之形的思想。

由此可见，景象在中国的古代从来不是一个孤立的客体，它总是与人的主观密切关联。人通过描绘与体验景象而接近自然的本性。

3）以山水为背景的城乡景象遵循自然本性，体现了人与自然的平衡

山水为中国古人心灵所系，他们的家园——城市与乡野，他们的居所——住宅与园林无不是以山水为背景，依从山水、利用山水而建，由此形成的中国古代城乡景象遵循自然之本性，与山水相交织，体现了人与自然的平衡。

理解风水的观念有助于理解中国古人在城市和乡村的选址及其空间结构与景观格局的建设。风水作为古人人工建设活动遵循的一个基本原则，在对自然环境抽象、概括的基础上被古人赋予了多重意义。风水包含了区域的气候、地质、地貌、生态和景象等多项要素。人对其综合评判后，确定风水的优劣和禁忌，并由此影响城乡选址与建设[93]。《葬经》被认为是我国第一部关于风水的著作，由东晋郭璞写成，其中有："葬者，藏也，乘生气也。夫阴阳之气，噫而为风，升而为云，降而为雨，行乎地中，为之生气。生气行乎地中，发而生乎万物……古人聚之使不散，行之使有止，故谓之风水"，其表达的"水土"构成风水最初的含义，即本质上是指地表生态（内气）和气候（外气）的关系，风水的好坏，其实质是水土的好坏，即生态环境的好坏；而风水产生的"生气"，不仅是"行乎地中"的，而且是"发而生乎万物"的，前者运动变化于地壳、土壤之中，后者则由环境的温、湿度构成，所以"生气"同样是地球环境的客观物质存在[94]。

在风水这一概念基础之上，中国古代城市与乡野的营建活动相地尝水、因地制宜，遵循自然环境的本性。风水的评判与"相地""堪舆"密切相关，"相"与"堪"都有"观察、察看、审定"之意。所以，古人主要通过对地形、地貌、地质和气候等地理要素的外在感官体验和基本的物理属性进行风水评判。前者包括视觉、触觉、味觉等，后者包括重量、密度等。这一评价的根本原则就是要有利于万物生长。在此基础之上建设而成的城市与乡村，同样遵循着有利于万物生长这一基本规则。中国历代的各级城镇与村落无一例外。而那些地处乡野之外的山川，为崇信佛、道及民间信仰的人们所经营。这些人们更是以隐逸于自然为追求，对当地的山、水、林、草及动物的干扰更少。因此，由人工活动与自然山水共同构成的中国古代景象，遵循了自然之本性，是人类活动与自然环境相互作用，从而达到平衡的产物。

综上所述，"景"在中国古代非常接近文化景观的意义与内涵。其通过自然环境和人类活动的彼此作用，从而以动态平衡模式展示文化景象。它既是古人主观审美、求真、求善的对象，同时也是在这一追求指导下物质营建结果的呈现。它体现了主客观二者的和谐统一。人的主观思想即精神，形成了文化，天地万物构成了自然，而人是万物之一，所以人属于自然，文化遵循自然，山水概括自然。由此形成的景象，无论城市或山野，都是依托于自然、以山水为核心的文化景观。

（2）发端于地理学而逐渐为人居环境科学所重视的文化景观

随着清末地理学研究在中国的兴起，人文地理学有关文化景观的概念逐渐引入中国。经过200余年的发展，我国已形成与国外学界主流基本一致的文化景观概念。研究对象实现了从"山水景象"到"地球表面文化现象"的转变，研究内容兼具"空间形态"与"动力机制"，同时关注文化景观的"物质实体"与"精神内涵"。

我国地理学以及由城乡规划学、景观学和建筑学所构成的人居环境科学，多年来对文化景观开展了大量研究，并结合中国自然与文化特色，提出了文化景观的概念。

李旭旦开创了国内的现代人文地理学，并视文化景观为"较为丰富多样的地球表面文化现象，着重凸显某地区的地理特点"，李先生提倡从文化景观的角度，对人地关系进行研究，并弥补自然地理与文化地理的裂痕[95]。这一概念奠定了我国文化景观研究的基础。赵荣等将文化景观定义为"某地文化集团利用所处自然界的相关材料实现既定需求，并在自然景观中融入本身创新的文化产品"[74]。

以此为基础，人居环境科学借鉴地理学的相关概念，从不同侧面对文化景观的研究进行了深化。李和平先生对历史城镇文化景观的构成要素及其演进的动力机制开展了大量研究[96][97][98]。韩锋先生则持续跟踪国际文化景观研究动态，梳理了西方文化景观理论谱系，明确了景观概念在西方先后经历了"景观是凝视—景观是看的方式—景观的文化—景观的现象学方法—'乡土'

景观—景观是政治与社会空间—景观作为遗产"的演变，为我国人居环境科学对文化景观的深入研究奠定了理论基础[99][100][101]。

二、文化景观的多种分类方式及其侧重点

不同学科关注文化景观研究的不同侧面，赋予了其不同的含义，给予了不同的分类方法，分别从"有形"与"无形"、"自然"与"人文"、"保护"与"发展"等多侧面概括了文化景观的类型特点。目前，国际上较为常见的有世界遗产委员会和美国国家公园管理局的类型标准。另外，国内学者对我国文化景观的类型也进行了探讨。本小节拟梳理上述分类标准，分析各自研究的侧重点，为进一步探讨我国文化景观遗产的分类方法，从而开展南宋长江上游抗元城防体系文化景观的类型特征研究奠定基础。

（一）世界遗产委员会对文化景观的分类方式及其侧重点

1. 分类方式

《实施世界遗产公约操作指南》将文化景观分为以下三种。

（1）人类规划、创造并设计的文化景观

这种景观最易识别，比如公园景观，或者是园林景观等，就属于这一类型。宗教建筑物，或是纪念性建筑群等常融入这一景观类型。美第奇别墅和花园（Medici Villas and Gardens in Tuscany）是意大利设计类景观的代表。该遗产由15至17世纪的12座别墅和2处花园组成，与当时位于托斯卡纳佛罗伦萨的农场和贵族城堡不同，美第奇别墅代表了一种与自然和谐相处的创新建筑体系，体现了一种创新的形式和功能（图1.3a）。这处遗产是意大利建筑与花园、环境之间建立有机联系的首例见证。

（2）通过有机演进形成的景观

其发展初期是基于社会、宗教等需要，而与周围自然环境关联在一起的，在演进中发展与适应，进而呈现新的形态。观察这类景观，能够找出景观的重要构成因素，并发现其演变过程及规律，其主要包括以下两类。

1）残遗（或化石）景观

这类景观在过去某时间已实现进化，并在突发性与渐进式的变化中结束了进化过程，但在分析景观实物时依然可发现其独特性。

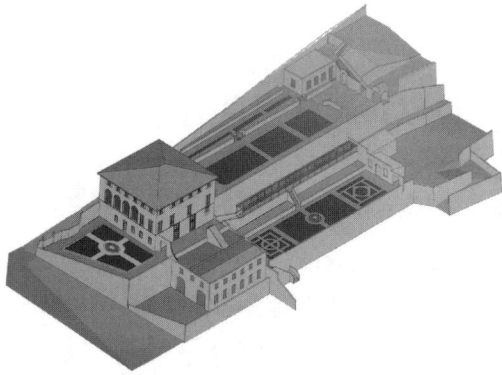

a 美第奇别墅和花园	b 左江花山岩画局部

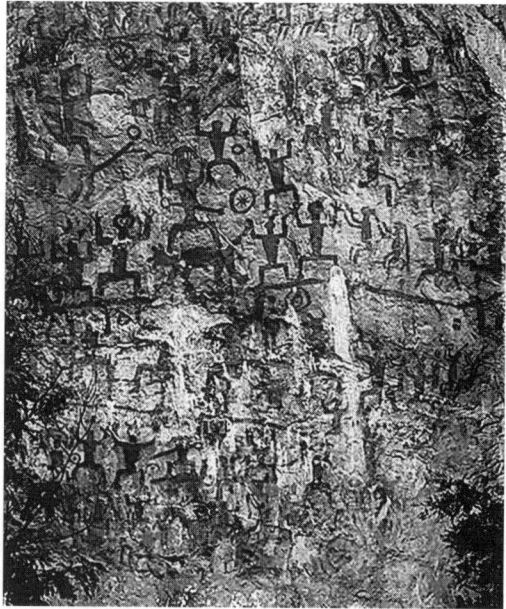

图1.3 设计类及残遗类文化景观实例

结合世界遗产名录来看，历史遗址或历史遗存是这类景观的主要组成部分。左江花山岩画文化景观为我国2016年新增的遗产景观。此处遗产由38处岩画构成，位于我国广西崇左的悬崖峭壁上。岩画主要展示了公元前5世纪—公元2世纪期间罗越人的生活方式。铜鼓文化在我国南方具有较高的代表性与知名度，这一文化主要通过与高原、河流、喀斯特等周边景观的结合而呈现。目前我国仅有左江岩画这一处遗产见证了这一独特文化。左江花山岩画的类型特征就在于其进化过程即绘画行为已经在过去完成，同时留存下了清晰可见的实物——岩画，是较为典型的残遗类景观（图1.3b）。

2）持续性景观

此类景观受社会及传统生活方式的影响而发生演变，且演变仍在持续。可将其作为社会发展的见证，透过其可以了解社会发展的现状。

现今仍在延续的农牧林业景观是持续性景观的重要组成部分。例如，喀斯和塞文地中海农牧文化景观（The Causses and the Cévennes, Mediterranean agro-pastoral Cultural Landscape），处于法国中南部深谷山地之中，面积302319公顷。其主要展示农牧系统与自然环境的相互影响。在夏季这一影响表现得最为明显，山上作为羊群的放牧地点，羊会在行走中留下痕迹，这些痕迹印证了人类活动与大自然的交互作用。另外，这一遗产还包括了11世纪的大修道院和农民长期建设形成的石头农舍，二者在布局上较为相似。法国仅存的夏季游牧地区也位于这一景观内，包括洛泽尔山等。这些珍贵的遗存增添了景观的历史价值。

（3）关联性景观

此类景观不以物质实体为核心，甚至物质实体有时并不存在，但其能够增加人们对社会、宗教、艺术、文化等方面的理解。尽管难以通过文化物证的方式来研究这种文化景观，但其仍具有重要价值，因而成为世界文化景观的一种类型。

上述类型概念，强调了遗产"无形"❶的自然、宗教、艺术或文化价值。这类文化景观可能具有突出而普遍价值的物质载体，也可能并不具有。但是值得注意的是，文化景观作为一种世界遗产，并未归属于非物质文化遗产。因此，从目前世界遗产名录来看，此类文化景观仍然都具有典型的物质载体，只是更加强调其非物质属性，从而与世界遗产保护理念中整合遗产的物质与非物质属性的趋势相吻合。

例如，日本凯伊山脉的圣地与朝圣路线（Sacred Sites and Pilgrimage Routes in the Kii Mountain Range）。这处遗产包括了圣地与其之间的联系路线。它坐落在凯依（Kii）山脉茂密的森林中，俯瞰太平洋。在朝圣路线的牵引下，其中三处圣地——吉野与大峰、熊野三山和高野山，与古都奈良、京都相连，所以在此能够发现中国佛教、朝鲜半岛佛教、日本神道等多种文化。在1200多年的发展时间里，神圣山脉周边506.4公顷范围区域的环境及森林景观，都见证了其发展历程。溪流、河流和瀑布分布于这一地区，构成了日本鲜活文化的一部分，多达1500万的游客每年为了体验宗教仪式而徒步旅行访问这一遗产。三处圣地中建有三座神殿，其中一些早在9世纪就建成了。遗产中的每一处圣地遗址都具有典型的物质遗产价值。但是，遗产的整体价值更多地体现在其与日本神圣山脉朝圣文化的关联性上（图1.4）。

图1.4　凯伊山脉的圣地和朝圣路线局部
资料来源：联合国教科文组织世界遗产中心网站

2．分类主旨与侧重点

上述划分文化景观类型的方法，贴合世界遗产委员会文化景观的概念界定，体现了文化景观作为人类和自然合作成果的这一特点，视景观为

❶ Intangible。我国大部分文献将其译为"非物质"。笔者认为译为"无形"更接近原文本意，但为与大多数文献保持一致，所以本书除特殊说明外均译为"非物质"。

人类社会活动的结果。第一种：是人类出于美学等原因而刻意创造出来的设计类景观，是人类美学追求的结果；第二种：有机演进类景观，伴随人类在自然环境中某种社会、经济、行政或宗教活动而产生，是自然环境中人类活动演化的物质载体。第三种：关联性景观，则与前两种类型区别明显，景观实体的重要性被弱化，而更多强调景观的"无形"属性，即"非物质"属性（图1.5）。这一分类方法体现了世界遗产委员会将文化景观作为一种独立遗产类型的出发点，强调了大尺度（以公顷为单位）、弥补了自然与文化两类遗产的裂痕、关注了景观的动态性及其演进动力，并且涵盖了景观有形与无形两方面特征。

从现有世界文化景观遗产来看，一处遗产往往复合了上述两种甚至三种类型的特征。例如2011年世界遗产名录收录的杭州西湖文化景观，水利工程是其产生与发展的主线，使其具有有机演进景观的特点。但不同时期西湖景观的发展也糅合了设计性的景观特征，同时又与杭州的文化历史有密切关联。

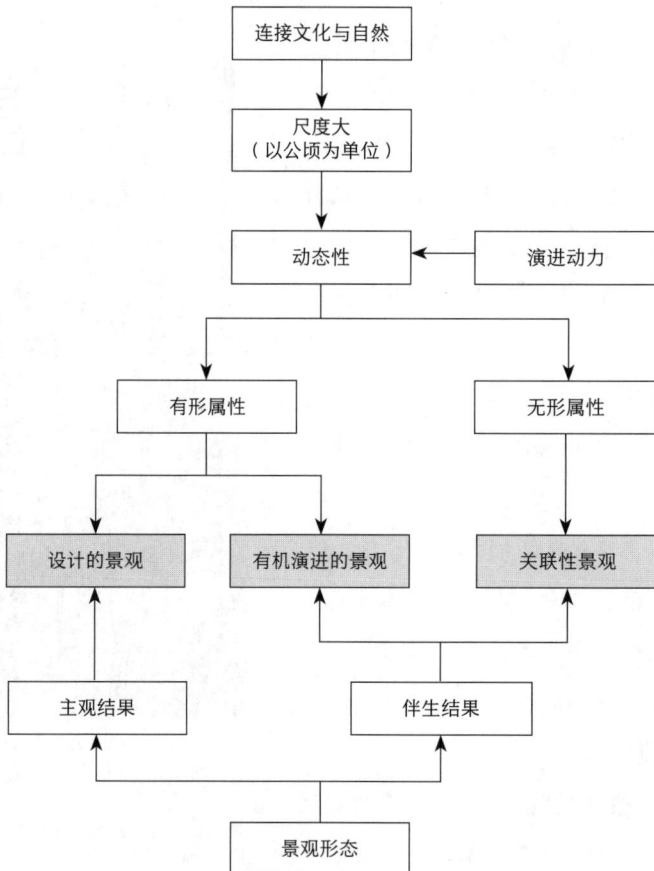

图1.5 世界遗产委员会文化景观分类主旨分析图

西湖的历史可以追溯至秦汉时期，由于钱塘江泥沙淤积而成沙嘴，沙嘴逐渐靠拢后形成沙洲，沙洲西侧的内湖即为西湖，当时称钱塘湖。隋大业六年（610年）南北大运河通航，西湖成为沟通杭州与北方交通的重要水路节点。为了满足城镇居民淡水饮用需求，杭州刺史李泌在唐建中二年（781年），在城内开凿用于引水的"六井"。长庆二年（822年）白居易任职杭州刺史时，也建设了杭州—海宁的农田灌溉水利项目。他不仅对石涵进行了拓建，还对西湖进行了疏浚，并建成了堤坝水闸，增大西湖规模，"西湖"之名首次出现。五代时期，杭州是吴越都城，西湖在不断整治之下发挥了良好的水利作用。著名的北宋文学家苏轼曾被贬杭州，他于元祐五年（1090年）对西湖进行疏浚治理，据说有民工20万人参与。苏堤就是其在任期间最重要的建设成果。贯穿西湖南北的苏堤长达2.8千米，这条用挖出的葑草和淤泥建成的长堤，沟通了湖之南北两山，使得西湖分成了东西两侧不同的景象。而苏堤上的六座石拱桥更增添了趣味性。之后，从南宋到元初，西湖在具有明显水利作用的同时，景观美学效果也更加显著。但是，元后期社会动荡，西湖较少被时人关注，逐渐荒芜。其重新发挥作用，主要是在明宣德、正统年间（1436—1449年）。杨孟瑛在此期间任职杭州知州，西湖被再次疏浚；他不仅拓宽了苏堤，还在里湖西侧区域内建筑了长堤，也就是"杨公堤"。清代，康熙、乾隆两位皇帝都曾经多次巡视西湖，推动了其整治及建设。李卫任职浙江巡抚期间，于雍正五年（1727年），疏浚湖道，另增筑多座石堰，将蓄泄沙水导入西湖。颜检在其任职浙江巡抚期间，于嘉庆五年（1800年），继续兴修水利，对西湖进行疏浚治理。阮元在其任职巡抚期间，继续疏浚湖内泥土，并修筑了"阮公墩"。经过如此发展，现代西湖的完整形态基本呈现（图1.6）。

在西湖漫长的演变过程中，五代吴越、南宋、明清等几个时期，大量建造的宗教建筑如寺庙、宝塔、经幢和石窟，以及改造后的岛屿、堤坝、水闸、水井、石堰、桥梁、水体等，均属于因宗教信仰或水利工程而伴生的景观，同时也都具有强烈的视觉美学效果。

而包括苏轼、白居易以及杨万里等在内的文人墨客，钱镠、钱俶、康熙、乾隆等国王或皇帝留下的大量题字、诗词，又使西湖的景观成为中国传统山水文化的重要组成部分，使其具有明显的关联性景观的特点。

图1.6　杭州西湖苏堤鸟瞰
资料来源：联合国教科文组织世界遗产中心网站

由此可见，世界遗产委员会对文化景观的分类遵循此类遗产概念的初衷，即为弥补自然与文化两类遗产的裂痕。从大尺度出发，关注了景观的动态性及其演进动力，并且涵盖了景观有形与无形的特征，是一种较为全面的分类方法。分类的目的在于更加深入地研究文化景观遗产的本质特征，而不是固化某种类型。所以，在世界遗产委员会对每处遗产的描述中，并未明确指出其所属的文化景观类型。这也是上述分类方法的最大优势。

（二）美国国家公园管理局对文化景观的分类方式及其侧重点

1. 分类方式

1988年，文化景观被美国国家公园管理局明确定义，并成为美国国家遗产的统领[102]。1996年，美国《内政部历史遗产保护管理措施标准》[103]（The Secretary of the Interior's Standards for the Treatment of Historic Properties）将其划分为文化人类学、历史设计、历史乡土以及历史场所四大类。截至2019年，美国国家公园体系涵盖了20个保护地类型和6类相关区域类型（图1.7）。这些保护地与区域均可视为美国文化景观遗产的细化分类。

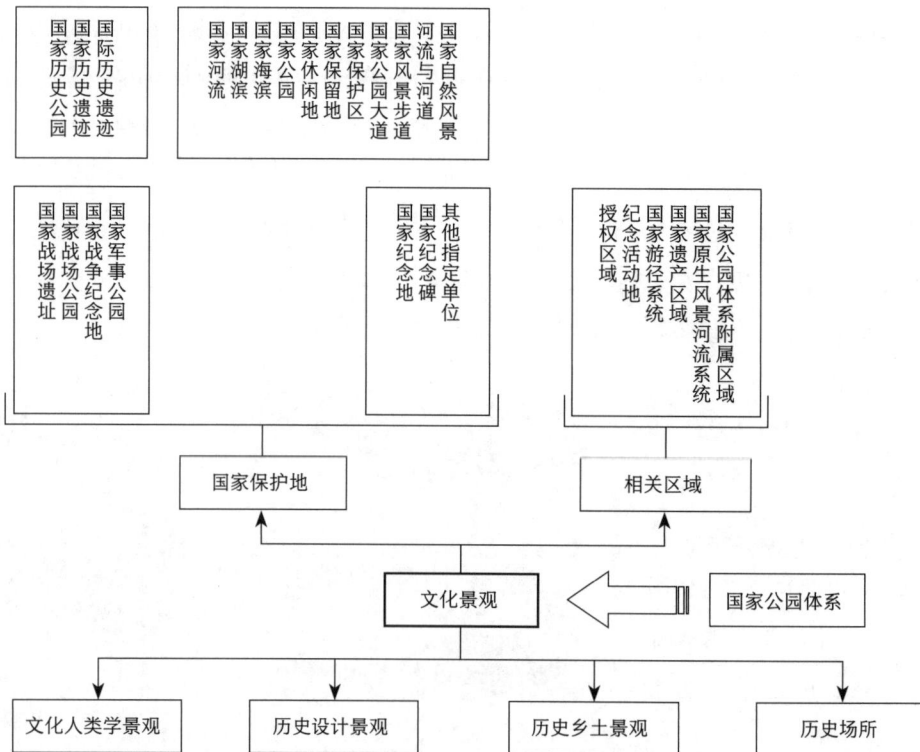

图1.7 美国国家公园体系及文化景观的基本分类框架

（1）文化人类学景观

主要指美国国内，人类与其生存的自然以及文化环境共同构成的，在人类学意义上对其民族的历史文化演进有重要影响作用的宗教圣地、遗产廊道等地域文化景观。这类景观，如运河等，以其与美国人类发展的历史相关联为特点。

（2）历史设计景观

这类景观是美国历史上人类对自然环境再创造的结果，涵盖了杰出的建筑、工程设施以及园林景观，反映了人类主观创造的景观美学追求，与世界遗产委员会划分的设计类景观基本相同。

（3）历史乡土景观

这一类文化景观主要指的是，利用特定场所开展特定活动或行为形成的文化景观，这种景观具有典型的社会职能，体现了所在社区内的社会和文化特征。这类景观与世界文化遗产委员会所划分的"有机演进的景观"较为相似，均具有明显的物质价值，同时又伴随人类历史的发展而演进。但美国国家公园管理局登录标准并未对演进是否仍在持续而做进一步解释。

（4）历史场所

主要指联系着相关历史事件、人物以及历史环境的遗存场所，包括历史街区、历史遗址等。这类景观与美国国家或民族的历史密切相关，具有物质遗产价值的同时，又与非物质文化密切相关。因此，此类景观具有世界遗产委员会所划分的"关联性景观"的特征。

2. 侧重点

美国国家公园管理局对文化景观的分类方法结合美国历史特点，涵盖了美国各种国家遗产类型，关注了文化景观的物质与非物质属性，强调了文化景观遗产的文化内涵。与世界遗产委员会的分类方法相比，二者具有相似之处。美国国家公园管理局的分类方法结合其历史与自然特征，具有更强的物质可识别性，也更加细化。世界遗产委员会的分类方法则具有更强的概括性和更为广泛的适应性（表1.2）。

表1.2　美国国家公园管理局与世界遗产委员会文化景观分类比较

文化景观类	定义	相对应世界遗产文化景观分类	典型案例
文化人类学景观（Ethnographic Landscape）	由人类与其紧密联系的自然和文化资源共同构成的景观	关联性景观	德切利峡谷国家纪念公园
历史乡土景观（Historic Vernacular Landscape）	从利用、建造、布局等形式中，反映当时社区特有的传统、习俗、信仰和价值观的景观	有机演进的景观延续类景观	埃贝登陆国家历史保护区；熊睡沙丘国家湖岸

续表

文化景观类	定义	相对应世界遗产文化景观分类	典型案例
历史设计景观 （Historic Designed Landscape）	由景观建筑师、园林大师、建筑师或园艺师有意识地依照一定的原则设计，能够反映当时设计风格及传统形式的人造景观	人类有意设计和创造的景观	汉普顿国家历史遗址
历史场所 （Historic Site）	与重大历史事件、活动或人紧密联系的景观，无论存在、毁坏或者已经消失，本身具有历史、文化或考古价值	有机演进的景观：遗残（或称化石）景观	威廉·霍华德·塔夫脱国家历史场所；安提塔姆国家战场

资料来源：作者据参考文献［103］等整理

（三）我国文化景观的分类研究现状

目前已有多名学者探讨了我国文化景观的分类，主要可以概括为三种：①以李和平先生为代表；②以吴庆洲先生为代表；③以单霁翔先生为代表。

1．李和平先生提出的5种文化景观遗产类型

李和平先生融合世界遗产委员会分类方式的主旨，根据国内文化景观遗产特征，将我国现有文化景观遗产划分成了设计类、遗址类、场所类、区域类以及聚落类景观五大类型。设计景观包括了古典园林、陵寝及其周边整体环境与建筑；遗址类是历史见证，具有突出的社会文化价值，远胜于其功能和艺术价值或成就；场所类源自使用场所的特定活动或行为，体现了在空间维度上，时间沉积和人类活动行为的文化价值和意义内涵；区域类尺度较大，超越单体景观对象，侧重于突出不同历史景观文化维度上的内在联系；聚落类强调社会职能以及历史的发展和演变[70]。

2．吴庆洲先生提出的5种文化景观类型

吴庆洲先生结合我国城市规划、建筑设计、名城、名村、名镇、建筑遗产等多种景观的保护，对文化景观提出了五大分类：城市文化类、建筑装饰类、园林文化类、宗教文化类、乡土文化类。其中城市文化类主要指的是和城市有关的城墙、城楼、壕池、宫阙、街道、市场、水系、纪念性建筑、广场等文化景观；建筑装饰类主要指的是和建筑装饰、雕塑等有关的一类文化景观；园林文化类主要指的是风景、名胜、园林等有关文化景观，比如江南园林、皇家园林、风景名胜区或岭南园林景观等；宗教文化类主要指的是与各类宗教有关的一类文化景观；

乡土文化类主要指的是和民居、乡村、水利、祠堂、灌溉等农业生产和乡村乡土生活有关的一类文化景观[104]。

另外，吴先生结合中国历史文化特点，提出了文化景观的"集称文化"。指出景观集称文化蕴含了传统美学内涵、传统哲学内涵，体现了儒、释、道的理想境界，有着丰富的历史文化积淀，水文化是集称文化的重要组成要素[104]。

3. 单霁翔先生提出的8种文化景观遗产类型

单霁翔先生基于文化景观特有的功能以及空间特征，从空间形态维度将文化景观划分为城市类、乡村类、山水类、遗址类四大类型；从功能属性维度将文化景观划分为宗教类、民俗类、产业类以及军事类四大类型。同时单先生还指出了不同文化景观类型的特征，其中城市类体现了可持续发展理念，乡村类体现了土地资源的利用，山水类体现了审美意境，遗址类强调人类文明历史成就，宗教类则突出了精神体验，民俗类传递了传统社区民俗生活，产业类记载了社会发展与变革，军事类则反映了和平向往和美好社会期待与抗争[105]。

上述三种分类方法，第一种划分相对宏观全面；第二种分类方法中提出的建筑装饰景观，将建筑细部纳入文化景观的研究框架中，于宏观中蕴含微观，具有新意；第三种分类方法结合文化景观的空间性与功能性，易于理解与操作。

三、基于主旨—维度的文化景观类型框架探讨

分类是为了更加全面而深入地剖析文化景观，更加准确地理解文化景观的本质特征，从而实现更加积极有效的保护。为深化我国文化景观类型研究，吸收国内外现有分类方法的优点，本书尝试对我国文化景观的类型框架进行进一步思考。

文化景观的价值系统、构成要素、影响因素具有复杂性，其分类必然具有多样性。但各种分类方法都要建立在文化景观的基本特征之上，并从促进文化遗产可持续发展出发，从而构建体现人类文化整体维度、层级相对分明、易于理解和操作的类型框架。

从前文对文化景观概念的剖析来看，其主旨是以整体性为出发点，实现文化与自然的有机演进，实现物质与精神的共生共存。而这一主旨正是文化景观分类的基础。

文化景观的文化内涵使其物质与精神属性并重。文化景观的生成动力来自主观设计或客观伴生。文化景观的整体性使其同时兼具空间尺度大，并与时间密切相关的特点。

分类研究，突出的是文化景观的某一主要特征。但是，同一处文化景观，可能兼具多种类

型特征，在不同的应用场景中，可能强调的是其不同的侧面。要实现一处文化景观遗产的可持续发展，就要把握其突出的类型特征，同时关注多侧面的辅助类型特征，从而实现对其突出而普遍的价值的整体保护与发展。

由此，本书探索构建"主旨—维度—类型"逻辑的我国文化景观类型框架。以"尺度大""动态性""兼具物质与非物质""融合自然与文化"为主旨，以"空间""时间""功能""动力"为维度。其中，空间维度主要关注文化景观所属的空间特性，分为区域、城市、乡村3种情况；时间维度关注文化景观的演化是否仍在持续，分为有机演进、遗址2种情况；动力维度关注文化景观产生的动力来源，分为伴生、设计2种情况；功能维度关注文化景观的物质及精神属性，分为物质、非物质2种情况。由此，结合当前文化景观研究的现状，将其细分为园林与风景名胜、城市、乡村聚落、军事设施、产业与农林业、宗教与民俗、线路、遗址，共8种类型（图1.8）。这8种类型分别呼应4种维度，或者说4种维度分别从不同侧面概括8种文化

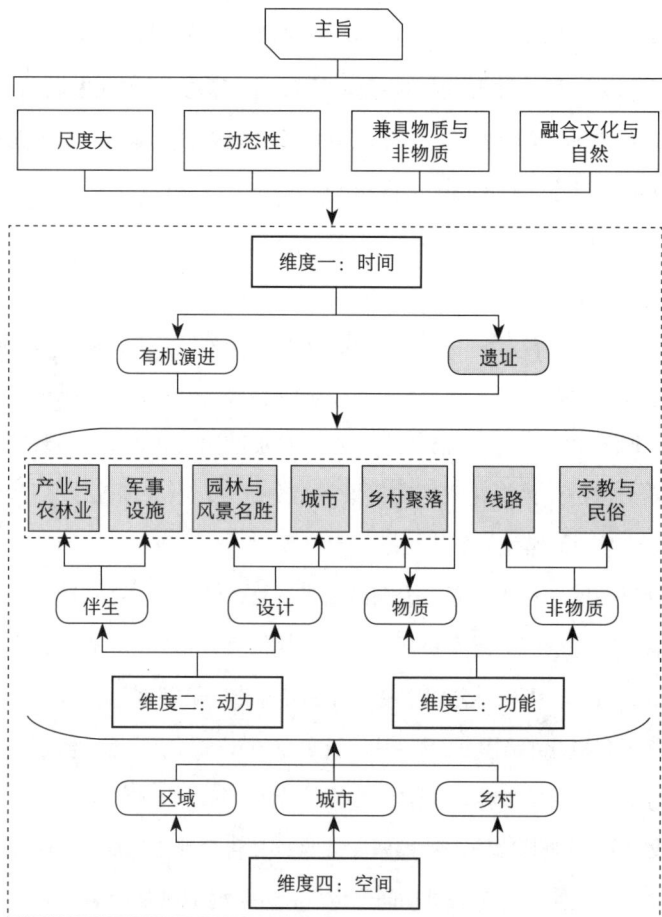

图1.8 基于"主旨—维度—类型"逻辑的我国文化景观的类型框架

景观的类型特征。这些具体的类型可能会随着社会的发展而发生变化，同一处文化景观也可能兼具了多种类型的特征。

　　这一类型框架综合了现有文化景观的不同分类方法，遵从了文化景观的研究主旨，即：将人们感知的地表现象置于宏观视野之下，用动态的眼光，同时关注其中自然与人类的活动，并探讨有形的物质现象与无形的精神传承之间的关联性。另外，这一类型框架也体现了现有文化景观研究的空间、时间、功能与动力4大不同维度，即体现文化景观研究中对研究对象的时空分布、物质或精神功能属性及其演变动力的关注。由此，这一类型研究框架较为全面地概括了文化景观研究的初衷与目的，力求从现有将某一处文化景观孤立地视为某一种类型的研究桎梏中解脱出来，更加全面地审视文化景观的复合类型特性，从而整体地把握一处文化景观的总体特征。

四、建筑在不同文化景观构成要素中的表现

　　上述分类，尝试为我国文化景观的细化研究提供了一种较为全面的视野。那么，从不同维度入手，考察多种类型文化景观中建筑的表现，将为结合营建视角开展文化景观的研究奠定价值基础。

　　文化景观是人类活动作用在自然环境中的结果。建筑为人类各类活动提供可依托的人工环境。所以，只要有人类活动的地方就可能有建筑，只要有文化景观的地方也就可能有建筑的身影。

（一）建筑是城市文化景观的主体构成要素

　　建筑是城市的基本组成要素，城市文化景观也被称为建筑景观（城市景观或城镇景观）。建筑是城市文化景观的主体物质要素，建筑师通过将精神和情感注入空间使建筑对居住和社会生活有意义，而使建筑参与了文化景观的构成。

　　从空间上看，城市是人工环境的集中地，建筑物和构筑物遍布城市。脱离了土地的人们依托建筑在城市中生活和生产，催生了多种建筑功能类型。几乎所有功能类型的建筑，单层、多层与高层建筑都聚集在城市。各种尺度、形态与质量的建筑空间充满城市。而从另一方面来看，构筑物是城市支撑系统的直接表现形式，城市的道路、桥梁、隧道、广场等以各种构筑物的形式存在。

从时间上看，城市的生长经历了漫长的岁月。不同历史时期以建筑为载体，在城市留下了各种痕迹。古代的民居、园林、寺庙、衙署甚至宫殿等建筑物，以及道路、桥梁、给水排水设施等构筑物，共同构成城市的物质实体，并承载了人们在城市中创造的精神财富。城市的文化由此得以传承。

以时间为轴，城市街区跨越了现代与历史两个象限，各自具有独特的景观表象和文化内涵。建筑在城市历史与现代文化景观的交相辉映之中，始终是主角。

（二）建筑是乡村聚落等文化景观的一般构成要素

与城市相比，园林与风景名胜类、乡村聚落类、军事设施类、产业与农林业类、宗教与民俗类、线路类文化景观中，虽然自然环境的比重更大，但建筑仍是其构成要素之一。遗址类文化景观是上述7种文化景观停止演进后的表现，建筑同样不可或缺。

1．园林与风景名胜类文化景观中的建筑是可居、可游、可观的物质载体

中国悠久的山水景观文化孕育了丰富的园林与风景名胜。园林是古代文人对理想生活环境展开现实创作的结果，具有强烈的主观设计特征。风景名胜可能伴生于人们的社会、政治、经济等活动，但其成为风景地的过程必然融合了人们为追求形态美学效果的创作活动，所以同样具有主观设计特征。建筑是实现人工环境创造意图的重要载体。这与园林及风景名胜地"可居、可游、可观"的功能是相一致的。因此，建筑在我国园林与风景名胜类文化景观中占据了较为重要的地位。大量的厅堂、楼阁、轩、榭、亭、廊、塔、桥等，是园林与风景名胜类文化景观的重要物质构成要素。

2．乡村聚落类文化景观中的建筑是传统社会的物化表现

乡村聚落类文化景观大多具有历史文化景观的特征。保护乡村文化景观的过程不只是保护自然，还需要保护传统的土地使用实践、建筑和其他构成景观马赛克的部分，以及传统的生活方式。目前，乡村聚落类文化景观一般包含五种要素：具有宗教意义的要素、居住要素、家庭要素、经济要素和与水管理有关的要素（表1.3）。这五大类要素中的每一类都包含有建筑物或构筑物，并深刻影响乡村文化景观的发展。因此，对乡村聚落类文化景观中建筑展开研究具有重要的意义。

表1.3　乡村聚落类文化景观的组成要素（其中灰底部分为建筑类要素）

种类	分类	要素										
		1	2	3	4	5	6	7	8	9	10	11
具有宗教意义的要素		教堂	修道院	墓地	十字架和路边的十字架							
居住要素		房屋	避难所	城堡	季节性住所							
家庭要素		草棚	谷仓	篱笆	墙体	大门	喷水池	口袋	火炉	房前小花园	花园	地窖
经济要素	农业元素	田地	梯田	干草堆	草地	牧场	葡萄园	园圃	蜂窝	集市		
	树林元素	低树林	灌木	树木的重复利用								
	工业与手工业元素	水磨	粗绒毛呢磨制机器	涡流	酿酒厂	磨油机	压油机	锯木机	熔炉	陶器厂		
	矿业景观元素	地道	印记	垃圾场	采石场	砾石植物						
与水管理有关的要素		水坝	河道	堤防								

资料来源：Alexandru Calcatinge. The need for a cultural Landscape theory: an architect's approach[M]. Berlin: Lit Verlang, 2012[106].

3. 军事设施类文化景观中的建筑是人类战争的见证

军事设施类文化景观是人类战争活动的伴生结果。战争行为是人类活动无法回避的构成，也就成为人类文化的组成部分，反映了人类文化残酷的一面。但是，战争的目的是和平。战争结束后，军事设施因记载了这一人类的文化而成为文化景观。

军事设施包括战场设施、训练设施、营房设施和附属配套设施。我国古代战争经历了由冷兵器向热兵器时代的演进，直到近代战场设施大量转入地下以前，城墙、城门、壕池、敌台、墩台（含烽燧、堠烟）、炮台等一直是其主体构成要素。而近代以后出现的地堡、壕堑等构成了战场设施的地下部分。训练设施在古代和近代多以校场等形式出现，营房设施则依托房屋实现，道路、水井、水池、农田构成附属配套设施。值得注意的是，伴随军事设施而建的往往还有较多的庙宇、窟龛等对将士起到精神激励和抚慰作用的建筑。

4. 产业与农林业类文化景观中的建筑记录人类生产力的进步

工厂、矿山、农田、牧场、种植园、森林等构成了产业与农林业类文化景观，是某些时代经济活动的伴生结果，而且通过产业转型或延续，大部分还在促进着当代经济的发展。第二产业类的文化景观，往往与城市景观有相似之处，但又以厂房、矿场、巷道、铁路、公路、码头等为标志性景观。农林业类的文化景观，则与乡村聚落类文化景观在构成要素上有交叉，但又以农田、果园、堤坝、树林等为标志性景观。因此，建筑物与构筑物也是此类文化景观中不可或缺的组成要素。

5．宗教与民俗类文化景观中的建筑传承人类的精神信仰

宗教与民俗类文化景观以精神功能为主导，其物质载体同样可能表现为建筑及其场所。单霁翔先生指出，宗教类文化景观体现的是宗教发源地，宗教传布的路线、影响区域，以及其与地理条件和区域环境的自然联系；民俗类文化景观则是人们生活习俗的载体，反映了居住、迁徙、服饰、饮食、岁时等社会传统习俗，以及农业、贸易、手工业、工业等物质生产方式[105]。庙宇、窟龛、石刻、民居、戏台、集市等建筑物与构筑物，承载了宗教与民俗精神功能，也是此类文化景观的重要组成部分。

6．线路类文化景观中的建筑关联人类文化的传播

线路类文化景观的价值更多地体现在其与文化传播的关联性上。此类文化景观是人类文化传播与交流的纽带，为沿途人类、动物和植物的迁徙提供支撑，串联起沿途的物质与非物质文化。重要的交通路线见证了不同文化的碰撞与交融，推动了人类文明的发展。陆路、水路交通沿线可能存在城市与乡村、产业与农林业、园林与风景名胜、宗教与民俗、军事设施等各类文化景观。虽然，路线本身的载体，如河道、步道、马道，及其路面、路基、河岸等可能大多已经残缺不全，但其沿途含建筑在内的各类景观要素充分体现了其文化的主要特征。

7．遗址类文化景观中的建筑见证人类的过去

《保护世界文化和自然遗产公约》（1972）定义"遗址"的概念为"立足于审美、人类学、人种学、历史学等多个学科角度，有普遍突出价值的人类与自然合作的成果、人类工程、考古遗址等区域"❶。1997年，我国专家定义"大遗址"为文化遗产内具有突出文物价值、较大规模的古墓葬或古代文化遗址，其中包括遗存本体和环境，具有价值突出、信息丰富、景观宏伟等特点。目前，总体来讲，可以将其划分成原始聚落和猿人化石类、宗教类、古城类、墓葬类、手工业类、军事设施类、水利交通设施类以及其他等几大类❷。

❶ 资料来源：国家文物局编. 国际文化遗产保护文件选编[M]. 北京：文物出版社，2007.
❷ 资料来源：周苏. 大遗址现场展示的策略初探——以良渚遗址现场展示实践为例[J]. 南方文物，2018（01）：116-120.

从文化景观的时间维度上来看，与前述的七类文化景观相呼应，遗址类文化景观处在时间轴的另一端，它更多地承载了已经停止演进的或者已经消失的文化现象，这些文化现象中当然不乏建筑的身影。

综上所述，建筑是文化景观类型框架的重要组成要素，是实现7种文化景观价值的重要物质载体。因此，有必要将建筑作为切入点，以文化景观的概念主旨和多重维度为指导，开展文化景观的研究。

结合营建视角研究文化景观的可行性

文化景观既是一个过程，又是一个结果。它是一种精神的建构。因此，作为符号来理解文化景观，既要理解其定义的方式，又要理解其操作的方式。不同的学科由于解决问题的重点不同，对文化景观有不同的定义，但研究的目的均在于寻求描述景观与文化相互作用而形成的无数种联系的方法。

一、不同学科相关研究的比较分析

现有地理学类、人文类和人居环境科学类学科，对文化景观的研究分别从构成文化景观的两极——"人"与"自然环境"入手，基于过去、现在、未来三个时间层面（图1.9），从全球、区域、城市、社区、建筑五个空间层面[107]对文化景观的概念、生成和演变开展了研究。

（一）地理学引入文化景观的研究

地理学类学科目前仍是文化景观研究的主力军，其研究旨在描述文化景观的分布和相互联系，解释其历史起源及演变规律，以人类主体与地球表面客体形态的互动关系与规律为研究重点，研究的成果主要围绕地球表面客体展开，研究的尺度多集中在全球、区域的层面，有时会从整体上涉及城市、社区与建筑景观。

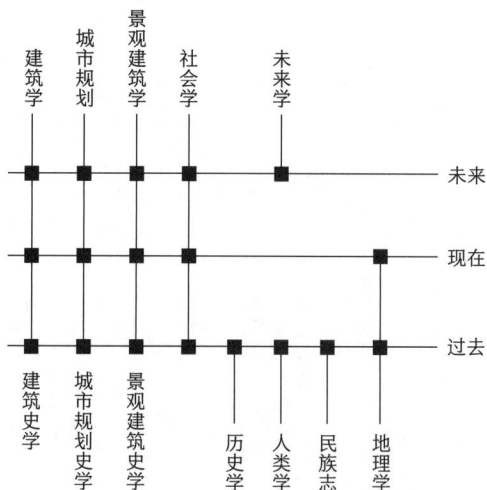

图1.9 文化景观研究的不同学科层面
资料来源：参考文献［106］

西方地理学自明末清初传入中国，经过200余年的发展，20世纪初，从传统文科中分离，逐步发展成独立的一门学科[108]，人文地理和自然地理为其细分的两大学科分支。其中前者探究的主要内容是在地域维度的人文现象分布。这两大分支在改革开放后全面复兴。

作为人文地理学的重要分支，文化地理学在20世纪80年代随着改革开放引入中国。文化景观作为文化地理学最初研究的核心内容，同样被国内学者关注。王熙桱首先对文化地理学的性质与内容进行了探讨，他提出文化地理学的研究对象有：个体开展文化创造活动期间受到的地理环境以及相关条件影响，人们对自然环境进行利用、开发过程中的文化活动，地域维度体现的文化形成、传播、发展过程和地域文化特征等；并指出文化地理具有时空观。他认同索尔对于文化地理学所作的下述界定：解释各类社会群体物质文化要素怎样烙印在地球上，从而呈现出区域特征和个性，所以文化景观和与此有关的文化产生、传播、文化与生态环境的关系、文化区等，共同形成了文化地理学主要研究的内容[109]。之后，文化地理学以构成文化景观的物质层面，即聚落形式、土地利用类型以及建筑式样风格为主要对象，从其产生到发展、感知、阐述和解释、形成和分类、保护和利用等多个角度，对其开展了大量的探讨和分析，不仅形成了基本概念和分类，同时还形成了多种研究方法，如在引入景观生态学研究方法、创立景观基因图谱识别方法、运用3S技术等方面取得了一系列成果，并促进了国际上对生物多样性的认识逐渐加深。"景观"与"基因"、"物种"和"生态系统"一起构成生物多样性。

21世纪以来，随着新文化地理学的兴起，景观具备的符号学意义，也就是其构成符号使得景观变成能够被人类阅读和理解的文本，促使文化地理学研究不仅仅局限于景观本身，更关注景观形成和发展的过程，研究的重点从景观实体拓展至景观形成的社会、政治和经济原因。从更深层次和更宽广视角对空间特有的文化内涵和意义价值进行挖掘拓展，探索表达其特征的多种形式，构建景观基因图谱，反映了科学主义与人文主义的融合。

刘沛林先生基于地理区域的传统划分相关理论，结合"地区类型学"（考古学）、"特征文化区"（文化人类学）、"文化区系"（文化生态学）等多种理论，对我国传统聚落景观进行整理、分类并划分了不同区系，应用"基因图谱"这一生物学概念，构建了体现不同聚落景观区系发展变化和内在联系的"景观基因图谱"。这一理论将全国划分为14个聚落景观区（图1.10）❶，有利于建立对国内差异较大的聚落景观区的特征和形制的整体认识，并揭示其中规律，从而为我国人居环境体系的营建提供理论支撑。

2000年以来，地球自然和人文两大圈层之间互相作用影响，在不同区域和空间维度的可持续变化、格局都是现代人文地理学主要探讨的内容，景观研究因此也向新的纵深发展，同时也体

❶ 资料来源：刘沛林. 家园的景观与基因——传统聚落景观图谱的深层解读[M]. 北京：商务印书馆. 2014.

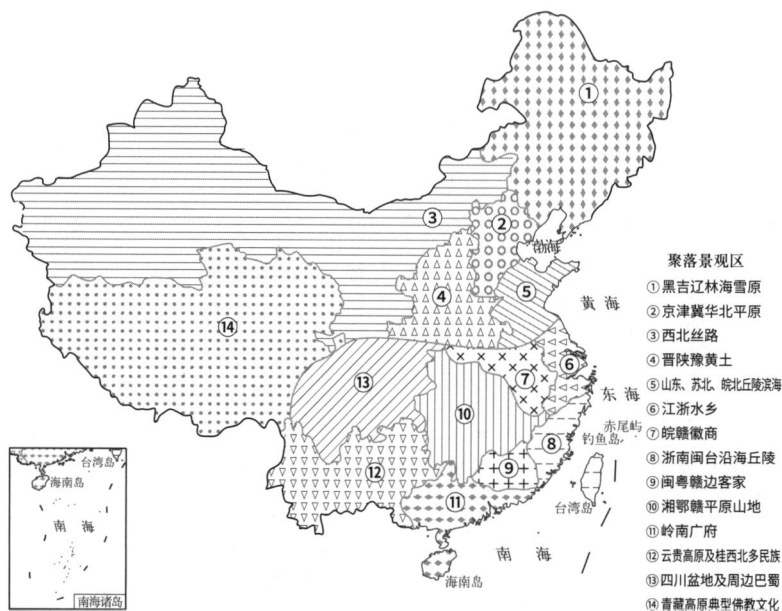

聚落景观区
① 黑吉辽林海雪原
② 京津冀华北平原
③ 西北丝路
④ 晋陕豫黄土
⑤ 山东、苏北、皖丘陵滨海
⑥ 江浙水乡
⑦ 皖赣徽商
⑧ 浙南闽台沿海丘陵
⑨ 闽粤赣边客家
⑩ 湘鄂赣平原山地
⑪ 岭南广府
⑫ 云贵高原及桂西北多民族
⑬ 四川盆地及周边巴蜀
⑭ 青藏高原典型佛教文化

图1.10 中国传统聚落景观区系

现了人文地理学与自然地理学的相互融合趋势。

上述研究成果，促使我国地理学科对文化景观的研究视角更加综合，研究更加深入，方法更加多元化。

（二）人居环境科学关注文化景观的研究

21世纪初，吴良镛先生基于"广义建筑学"创立了"人居环境科学"，将技术、自然以及人文三大科学融合至人居环境的研究，希望构建重点探讨人居环境改善和质量提升的多学科群组。学科群探究区域开发、城乡建设和可持续发展等主要问题。"世界、地区、城镇、社区以及建筑"几大元素共同组成了人居环境的五大研究层次；"自然、人类、社会、居住以及支撑"五大系统组成了人居环境的五大研究系统；"生态、科技、经济、社会以及文化观"五大理念组成了人居环境的五大建设原则；城乡规划学❶、地景学❷、建筑学三大学科是其"主导学科"，地理学、环境科学、生态学、空间信息技术科学等为其相关学科[107]。这一学科群系统，弥补了原有三大学科日渐分离的不足，引入了相关学科的先进理论和方法，为人居环境建设相关活动的良性发展奠定了理论基础。三大学科从各自的

❶ 2011年，建筑学原二级学科"城市规划学"独立成为一级学科"城乡规划学"。
❷ 即"landscape architecture"，建筑学原二级学科"景观建筑学"。吴良镛先生将之译为"地景学"。

特点出发研究文化景观。人居环境类学科重点探讨的对象是自然、人类、社会、居住以及支撑五大基本系统组成的人居环境，其表现形式——区域、城市、社区（乡村）和建筑是文化景观的物质载体。从文化景观的视角出发，分析人类聚居区建设如何以生态、经济、科技、社会和文化的可持续发展为原则，已日益受到关注。

1. 城乡规划学对文化景观的研究

城乡规划学对文化景观的研究主要结合其二级学科"城市历史文化保护"展开。大量研究借鉴地理学等相关学科的方法，梳理城镇历史景观的形成、演变特征，并探求其景观形态背后的政治、经济、社会、环境等推动机制。李和平团队对历史城镇文化景观开展了大量研究，指出继1992年文化景观成为独立的世界遗产类型之后，2011年城市历史景观概念正式提出，反映出文化景观理念在历史城区层面的拓展。将历史城区的遗产价值从物质空间拓展至地域文化背景的非物质部分，并强调了二者的关联性和动态性，将城市纳入了景观的范畴[98]。将传统对景观的狭义理解，拓展至更加广阔的层面；以"物质—价值"即"景观—文化"为框架，开展对历史城镇的保护研究。指出当前历史城镇的保护过多关注了"可见遗产"的形式表层，忽视了其中文化内涵，缺乏深入的文化分析和考察，从而陷入了"保护性破坏"的误区，促使历史城镇遗产失去了在时间维度影响和作用下，逐步积淀的真实性和历史文化，导致其逐步沦丧为权力、学术、资本等利用、卖弄甚至玩弄的拼贴结果，失去了历史文化逻辑形成和发展的严肃性[110]。同时基于对历史城镇文化内涵和景观要素等多种元素的梳理分析，形成重点以格局、地段、场所、地标等载体作为主体，对其建设环境、内部影响和作用机制进行探究分析的方法框架[98]，逐步建立"景观—文化"协同发展，并使其始终保持"活态"的应用路径[97]。

2. 景观建筑学❶对文化景观的研究

景观建筑学将文化景观视为重要的研究内容，结合景观生态学，从"空间格局—生态系统"的多重维度对文化景观开展了研究。

王云才教授团队以传统地域文化景观为关注点，分析了人文生态和传统地域文化景观之间的整体关联，探索了我国文化景观研究的另一侧重点。该团队开展的研究还关注了景观中非物质以及物质的组成内容，重点分析了地域文化景观和所处地理环境特点、条件适应以及相关发展问题，指出其关键在于大量保存物质以及非物质形态的景观、习俗；还指出地域文化景观可细分为聚落类、建筑类以及土地利用类三大部分。

但是，我国当前关于传统文化景观开展的多数研

❶ 俞孔坚先生将"lanscape architecture"译为景观建筑学。

究都仅仅以单个文化景观、建筑空间以及小场地保护研究为主，大量研究仅仅对特定村落开展了保护性研究，缺乏对如何保护整个文化区域以及区域内文化景观问题的研究。现有研究出现了"孤岛化"和"破碎化"的问题。该团队指出风景园林学科需要发挥学科优势，进一步重视文化景观的有机、整体保护；重点解决和改变当前研究、保护和发展过程中出现的孤岛化和整体性缺乏的问题，重点解决传统地域研究和发展不足、文化景观边缘化、商业化现象，以及如何在保持真实性的同时发展利用等问题，探讨构建传承传统地域文化景观，并有效创新的一套完整政策和理论体系，建立一体化保护地域文化景观的有效途径；并在尺度统一规范的前提下，构建整合利用传统地域文化景观空间的管理和发展模式，塑造其网络结构；运用现代科技构建识别和研究其文脉发展的标识图谱、发展可以获取更多传统地域文化景观相关信息以及信息集成整合利用的先进技术，促进传统地域文化景观在保护、建设、技术应用、创新传承发展中的作用，加强相关应用和发展，建立规范、引导、监督的保障体系[111]。

在此基础之上，王云才教授带领的研究团队立足于图示语言这一视角，分析了传统地域文化景观的地方性表现，将其划分成地方性环境、知识以及物质空间三部分，同时从建筑与聚落、利用土地资源的机理、利用水资源的方式、地区居住模式、群落文化五大角度对其进行核心解读和分析，并在安妮·维斯顿·斯派恩的"景观的语言"基础上，提出景观的"图示语言"，应用图形语言，分析探索景观从基本空间发展到组合空间，再逐步形成复杂组合空间，最终建立整体景观格局的变化历程，揭示空间水平垂直嵌套、拼接过程和尺度、景观空间语汇、空间以及肌理的组织秩序及其关系句法、语法之间存在的逻辑关系，规划风景园林并开展相关设计研究[112]。他们以传统公共空间为例，在由主要构件和简单图示组成的这一"字"的维度，归纳提出了34种不同图示；在由构件组成的"词"这一维度，归纳24种图示；在体现空间组合的"词组"层面，归纳30种图示类型。并运用这一方法，分析了多处景观规划设计，取得了较丰富的研究成果[113][114]。

俞孔坚教授运用景观生态学理论，指出保护文化景观的核心是对于自然与人类互相作用影响的产物和过程的保护，这一活动不仅与土地和水资源利用、空间过程有关，同时也与水文、地形、交通、植被、细部结构、环保、健康和装饰等有关[115]。刘大平教授领导的研究团队，立足于景观结构特征和分层、廊道与斑块特点、空间量化模型等几个角度，讨论分析了前文所述景观生态学理论用于保护人类和景观遗产的问题，同时重点分析了中东铁路干线线性文化景观遗产的保护问题[116]。常青等学者则从景观生态学在风景园林的应用研究出发，提出加强对人居环境的景观格局及生态过程的研究，为文化景观的研究提供了新思路[117]。

上述人居环境学科的研究，从城乡规划与景观建筑学的领域出发，补充了文化景观研究的时空与生态维度，具有重要意义。

（三）人文类学科参与文化景观的研究

对文化景观开展研究的人文类学科包括人类学、民族志、社会学、历史学以及未来学等。人文类学科中文化景观的研究对象涉及人类文化、社会及其生活的环境，其研究的重点是人类及其社会的关系与演变，研究的尺度以宏观或中观的人类族群或社会为主，少量会涉及微观的个人。城市或乡村景观是研究的背景而不是主体。

例如，有学者以泰国北部区域为例，从社会与行为科学的角度，研究了文化景观中文化遗产空间分布的决定性因素，旨在分析与当地聚落的"功能性—行为"的动态感知反应；研究表明文化景观和物质环境影响居民的认知和反应，文化景观自身的变化动态会直接影响其文化可识别性；新发展建设的城市在规划空间时，需要充分考虑地方居民、生计、礼制、信仰等固有模式，并将上述需求反映在文化景观的规划中[66]。

二、现有研究的不足与营建视角研究的提出

地理学类、人文类和人居环境科学类学科，在研究对象、研究重点和研究尺度上，从不同的侧面开展了文化景观的研究，构成了相对完整的研究体系（表1.4）。但是，由于较少涉及营建视角，现有文化景观研究对象对建筑关注得不够，研究切入的尺度以宏观与中观较多，微观较少，研究方法以语言描述、地图分析为主，三维建筑分析较少等。上述欠缺影响了文化景观研究的进一步深化与细化。

表1.4　地理学类、人文类和人居环境科学类学科对文化景观研究比较表

	地理学类	人文类	人居环境科学类
研究对象	人类主体与地球表面客体	人类文化、社会及其生活的环境	自然、人类、社会、居住以及支撑五大系统形成的人居环境
研究重点	人类主体与地球表面客体形态的互动关系及规律	人类族群的文化差异或社会结构与社会过程的演变	如何以生态、经济、科技、社会和文化的可持续发展为原则建设人类聚居区
研究尺度	宏观为主，中观为辅	宏观、中观兼顾	中观与微观为主，兼顾宏观

建筑学是研究设计和建造建筑物、构筑物与室内外环境的学科[118]。建筑物与构筑物是文化景观的重要组成部分。现代专业分工细化使得建筑技术分化为建筑结构、建筑材料、建筑设备等多个专业，但只有建筑学专业能够从技术与艺术两个方面整体把握建筑效果，同时

关注人对建筑物质与精神的双重需求。正是这一特征，使得建筑学专业在关注建筑的同时，也关注建筑的环境，包括其自然与人文环境，即文化景观。反过来看，城市与景观的发展同样需要建筑学的关注。哈佛大学景观系教授查尔斯·瓦尔德海姆提出了景观都市主义的理论，将城市理解为一个生态体系，将建筑和基础设施看成是景观的延续[119]，即印证了这一逻辑。

建造行为带来了物质世界的形式和我们的生活方式之间的关联，由此建筑成为日常的、内涵最广泛的、体积最大的且受文化影响最大的人工品；房屋的建造行为暗示了文化传统的传播[120]。因此，建筑及其环境中的空间组织，是文化在物质世界中得以实现的基本方法之一。文化与景观的内涵决定了其研究需要营建视角的加入。

由此，结合营建视角开展文化景观研究将把建筑物和构筑物作为重点，关注建筑"营造"这一核心内容，并将其置于文化景观的大尺度、动态性、兼具物质与非物质、融合文化与自然的理论主旨，且引入建筑设计与理论研究的方法，将是对现有文化景观研究的有力补充。

第三节

结合营建视角研究文化景观的价值探索

一、拓展建筑地域性研究的视野和学科研究方法

（一）拓展建筑地域性研究的视野

当代建筑学关注直接影响城乡居住和工作环境的各种重大问题，例如：城乡各种发展战略的研究，规划建设方案的拟定、布局与执行等[15]。将建筑置于人与时间、空间的框架中考量，创作出为人服务的、此时此地的建筑已成为学科实践的基本目标，建筑地域性的研究与设计已成为学科面临的基本问题之一。针对其中出现的形式本位和忽视建造逻辑[121]等现象，已有学者从不同角度进行了探索。有学者在理论以及理论结合实践层面开展了研究，同时也有关于微观层面如建筑本身的区域表现的研究；中观层面关于建筑群体构建的都市地域空间的研究；宏观层面关于城市和建筑在发展、更新过程中呈现的地域特征等研究[122]。

在此基础之上，若把建筑营建纳入文化景观的宏观与中观思维，将使建筑学研究的视野拓展到更加广泛的，跨市、跨省甚至是跨国界、跨大洲的区域层面，并建立起不同层面之间更加紧密的联系。分析地域建筑的表达，深究地域文化变迁的动因，追随文化传播的路径与区域，将能够更加全面地描述建筑地域性特征。另外，可以将微观层面的建筑空间、建筑形态、建构技术、建筑材料、功能使用等融入中观与宏观层面比较、分析当中，从而更加清晰地解释地域性产生的原因（图1.11）。

（二）拓展建筑学学科的研究方法

引入多学科文化景观研究的方法和工具，将极大提高建筑学研究的效率和质量。面对当代建筑业发展中遇到的技术与艺术多重困境，学者与建筑师已从多方面思考了建筑学的学科体

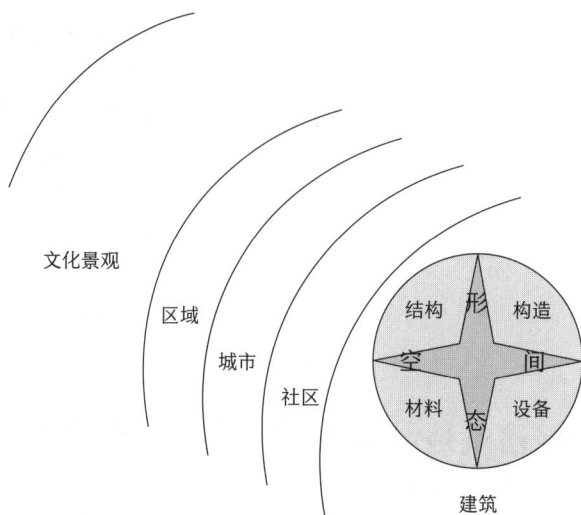

图1.11　拓展建筑地域性特征的研究视野

系与方法论。尤其是研究与设计相脱节，研究缺乏科学性的问题日益受到关注。有研究人员在"实证+后实证主义、解释+结构主义、解放性"的三分研究范式分组方式的基础上，认为"生成性的"设计可以包含到"分析性"的研究中去，或者说可以在"生成性"设计活动中进行"插入式"的研究，给出了研究的七种策略：解释性历史研究、相关性研究、定性研究、实验研究、模拟研究、案例研究、逻辑论证研究[123]。

　　建筑学学科的研究对象与内容，具有与地理学相类似的学科特征，也就是"综合性"。因此，建筑学也同样适用"综合运用各门学科研究方法的原则"[76]。由此，除了上述7种研究策略以外，当代地理学研究中引入的系统论思维及其具有的综合性、整体性、解决多因素、复杂、动态变化系统的定量化、信息化和最优化的有效性和人机交互处理等特征，对当代建筑学的研究具有重要的启示意义。有学者归纳出，西方近现代城市建筑理论发展已经经过"以形体秩序为基础""以一般系统论为基础"以及"复杂系统论为基础"的三大发展阶段，同时提出"城市正越来越多地成为建筑师思考建筑问题的背景及处理建筑问题的手段"，系统论的理论和方法逐渐介入建筑学学科发展；另外，针对建筑学所面临的来自人类物质与精神的双重需求，若运用包括地理学、社会科学、城市规划、环境科学等学科中受到重视的系统动力学的方法[124]，利用其"功能、结构与历史三者融合，利用Dynamo模型以及计算机仿真等方法开展非线性、高阶次、定量分析，建立多重复杂的时变反馈系统分析体系"[76]，将可能取得新的研究成果。

　　因此，将建筑营建融入文化景观的研究中，将更加益于建筑学学科研究方法的拓展。

二、补充、细化及完善文化景观的可识别性

（一）文化景观可识别性内容的细化

文化是文化景观的代理。文化景观是承载文化可识别性的重要要素。可识别性是文化景观研究的重点之一。文化景观是被感知的客体，一种异托邦（heterotopia），一种社会的镜像。它同时是文化价值的表达和一种象征，也是一种生活方式的复杂表达。在价值的理论背景下，建筑是在能够被人类感知的形式中较为有形和成熟的。它是创造性行为存在的最古老的方式之一。它是我们个体的保护壳，城市是我们社会生活的保护壳。它为我们提供了表达所有其他创造性行为——经济的、政治的、宗教的或道德的田野。建筑在精神文化和物质文化中都具有一种持久的作用，它是一种"创造的艺术，就像一种人类精神的'密友'"。建筑师拥有独特的创造性，"他必须把握一个位置，为社团思考和想象建筑并建造"。"就此说来，建筑唤醒了一朵精神之花的出生，就像给定的人类环境和地理区域一样独特。建筑与强烈的感知，与所有使用的技术一起，被人们的精神和各自文化的典型语言所决定，它必须保持其品质。"[106] 从这一视角来看，建筑构成了生活的精神和物质基础，影响了文化进程的结果，促成了场所的独特性和可识别性。

由此，将建筑的形态和空间及其结构、材料、构造和施工等特征，同区域、城市或乡村文化景观的视野联系起来，那么某一区域某些建筑的某些特征就成为此区域、城市或乡村文化景观的某种可识别性。对这一可识别性进行比较、分析、归纳、演绎，将使文化景观可识别性研究深入到与人的身体近距离接触的体验层面，将有效细化文化景观可识别性的研究内容（图1.12）。

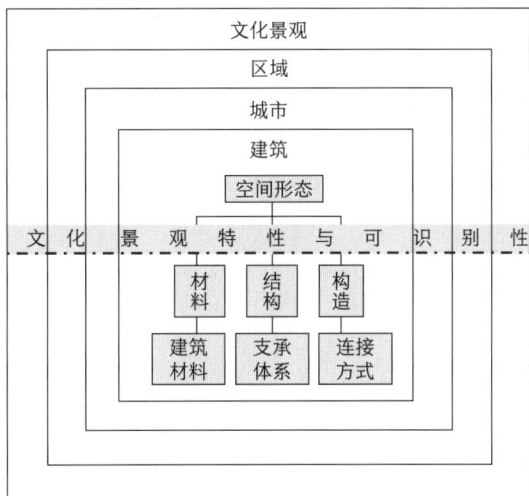

图1.12　细化文化景观特性与可识别性的研究

（二）文化景观可识别性表达方法的拓展

现有地理学类与人文类学科对文化景观特性和可识别性的研究，主要通过对实景照片和地图的观察和分析，以文字描述或表格列举的形式，归纳或演绎从而得出研究成果。实景照片来源真实，但受拍摄条件影响较大。地图分析可用于准确描述与解释宏观和中观尺度的文化景观特性及可识别性，且具有一定的直观性。

但是，城市形态和建筑形态是文化景观特性和可识别性的重要表现，其描述与解释需要借助更加直观有效的图示语言。当代城市形态学的研究方法已从标准统计的方法，逐步发展到计算机辅助、3D形态、可视化景观分析等多种方法；分析城镇形态的时间间隔也从数百年，逐步缩短到数十年，甚至短短几天。如今，甚至已经实现了对城镇形态的分析和动态转换，从过去对时间维度的二维平面分析转变为时间维度内的三维立体分析[125]。以形态学为基础，建筑、城市与景观都可视为非严格的自相似性分形形态，其形成遵循着相似的简单原则，却构成了千变万化的复杂现象[126]。从"建筑形态"到"城市形态"再到"景观形态"，呈现逐级递进的关系。建筑形态与其结构形态之间彼此合一、相互触发，结构形态的变化同时作用于建筑形态的变化[127]。材料与建筑构造的变化同样对建筑形态产生重要影响[128]。在上述开展的建筑形态研究中，学者大量采用了计算机二维、三维建筑模型以及实体材料模型进行表达。若将此类表达方法引入文化景观的特性及可识别性研究中，将使得文化景观的研究更加直观化和形象化。

第二章

南宋长江上游抗元山城
防御体系文化景观的
构成、类型与演化

目前关于南宋长江上游抗元山城防御体系的构成，学界尚未完全达成共识；各山城的历史仍有较多不清之处；对体系所属文化景观的类型与演化论述较少。因此，本章对照文化景观的研究主旨，明确南宋长江上游抗元城防分布的地理范围和遴选标准，构建长江上游抗元城防名录，梳理体系内城防的名称、位置、历史沿革和遗址现状，力求全面重现南宋长江上游抗元城防体系；并对照理论框架，探讨南宋长江上游抗元山城防御体系所属的文化景观类型，梳理其演化的表现，并分析其演化背后的机制性动因，从而奠定研究的史实基础，并搭建起研究对象与理论框架间的桥梁。

南宋长江上游抗元山城防御体系文化景观的构成

一、城防体系文化景观构成的层次分析

洪堡作为近代地理学代表人物指出，景观是在某一地点看到的地表所有特征，指的是独特的地域综合体，由自然要素和文化现象共同构成❶。李旭旦作为现代人文地理学创始人则表明，可将景观看作某地区的地理特征，景观同时体现出地球表面的文化现象[95]。按照德国学者布赫瓦尔德的系统景观思想，可用空间的综合特征来解释景观，即涵盖了景观的结构特征、人的视觉及接触的景观像、景观构成因素的关联性、景观像的功能结构、景观像的发展历程[9]。对照上述概念来看，南宋长江上游抗元城防体系作为一种地表综合体，同时也是地球表面文化现象的复合体。以文化景观为视域来理解长江上游抗元城防体系，可以景观像作为切入点，具体可理解为景观的形态功能、发展历程。那么，以文化景观为视域分析南宋长江上游抗元城防体系，可以发现其功能结构和历史发展主要表现在区域体系和单个城防两个层面。

南宋长江上游抗元城防体系应蒙元军队对四川的大举进攻而生，"成体系"是其重要特点。体系的概念来自南宋淳祐三年（1243年）余玠的《经理四蜀图》。《宋季三朝政要·卷三》❷提及，余玠当时为四川安抚制置使兼知重庆府，并作《经理四蜀图》，其中四蜀指的就是当时的川峡四路，含夔州路、潼川府路、成都府路、利州路。余玠在上奏《经理四蜀图》的同时，提出愿身处四川十年，为朝廷建设好四蜀。图虽早已不存，但从文献记载可知，余玠在任期间遍令诸郡据险筑城。余玠的这一思想受到当时多名有识之士的启发。如宋人吴泳、吴昌裔、李鸣复、杨价等，都先后主张在蒙古骑兵冲突之路恃险筑城[129]。这一思想也为当时宋军所共识。所以，在余玠于宝祐元年（1253年）去世之后，宋军各级将领继续延续这一思想，在蒙元军队进攻的主要方向上，又陆续修筑了多个山城，直至宋元战争结束。这些城防延续了体系防御的思想，是余玠开创的四

❶ 资料来源：吴建藩. 德国人文地理学的理论与实践［J］. 人文地理杂志，1986（01）：21-26.
❷ 资料来源：宋季三朝政要［A］. 胡绍曦，唐唯目. 南宋四川战争史料选编［M］. 成都：四川人民出版社，1984：1-4.

川抗元城防体系的后续组成部分。这一体系表现出独特的景观形态，且具有较为紧密的功能结构和应战争而变的历史发展特点。因此，以文化景观为视域研究南宋长江上游抗元城防，必须从体系层面入手，研究体系的文化景观形态及其产生的动力机制。而确定体系的景观载体，也就是厘清体系的基本构成与分布，是进一步分析其功能结构和历史发展及其动力机制的基础。

单个城防是抗元斗争的直接发生场所，是城防体系的主要构成要素。每个城防的环境、布局及其主要城防设施表现为城防的景观形态，是南宋长江上游抗元城防文化景观形态载体的第二层面。南宋时期长江上游抗元斗争的战略思想即据险筑城。据险，是将主要战场设在长江上游及其支流两岸险峻之地，使主要依靠战马行军作战的蒙元军队无法快速机动。筑城，发挥了宋军先进的筑城技术和守城装备，抓住了蒙元军队在攻城装备以及近身搏杀方面的劣势。将据险与筑城二者结合起来取得了事半功倍的效果。因此，这些城防表现出的文化景观形态具有明显的地域特征，是构成南宋长江上游抗元城防体系整体文化景观形态的重要细部。只有深入、细致地厘清各个城防的历史沿革、规模布局和主要城防设施遗迹，才能够全面探讨这一城防体系文化景观的形态特征及其动力机制。

因此，以文化景观为视域研究南宋长江上游抗元城防体系的特质，要从区域体系和单个城防两个层面入手。

二、区域体系层面：景观分布的地理范围与数量位置

（一）南宋长江上游抗元城防分布的地理范围

与前文论述一致，南宋时期，四川与长江上游在区域上是相重合的。当时，四川包括益、利、梓、夔四路（图2.1）。咸平四年（1001年）基本奠定了川峡四路的范围，"益州路（时而改称成都府路）总益、绵、汉、彭、邛、蜀、嘉、眉、陵、简、黎、雅、维、茂、永康凡十五州军；梓州路，重和元年（1118年）改为潼川府路，总梓、遂、果、资、普、荣、昌、渠、合、戎、泸、怀安、广安、富顺凡十四州军监；利州路总利、洋、兴、建、文、集、壁、巴、蓬、龙、阆、兴元、剑门、三泉、西县凡十五州府军县；夔州总夔、施、忠、万、开、达、渝、黔、涪、云安、梁山、大宁凡十二州军监[130]。"绍兴十四年（1144年）利州路分为东、西二路，之后分合多次。

其后，四路的政区略有变动，分述如下。

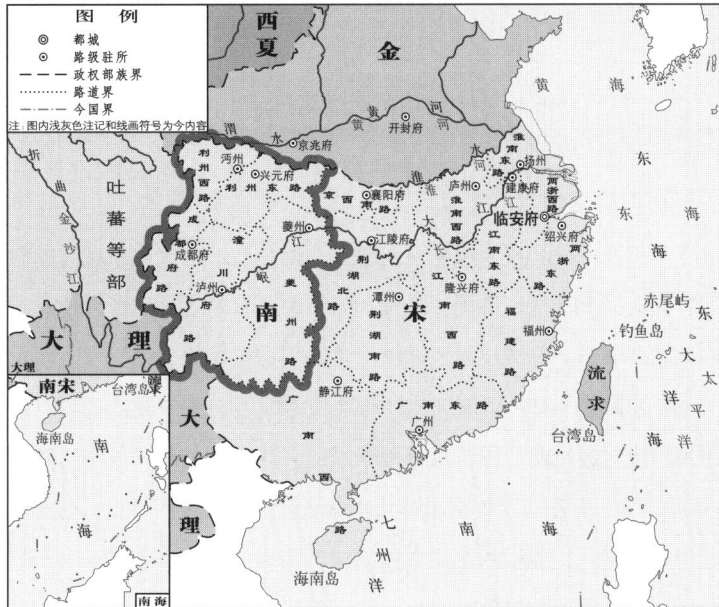

图2.1　南宋四川历史地理范围及其与其他诸路的位置关系

益州路，即成都府路。咸平四年（1001年）后，成都府路的范围非常稳定，未有变化；"熙宁五年（1072年），废陵州，又废永康军，成都府路领府州军十三，为领有二级政区最少的时期。大观、宣和年间，又建通化军、石泉军、寿宁军、延宁军，成都府路领十七府州军，为领有二级政区数最多的时期。"[131]

梓州路，即潼川府路。整个宋代，梓州路的范围未变，只是其下辖的二级政区多有调整；大观、政和年间，宋在川峡南缘开筑城寨，到政和四年（1114年），升淯井监为长宁军，梓州路"领府一、州十二、军监四，凡十七个政区"，是其领有二级政区最多的时期[131]。

利州路，绍兴和议后（1141年），利州路的辖区达到最大；又至宁宗嘉定元年（1208年）天水升军，利州路辖"阶、成、西和、凤、文、龙、沔、天水、兴元、利、阆、隆庆、巴、蓬、金、洋、大安十七府州军"，其二级政区最多[131]。

夔州路，建炎四年（1130年），归州划为夔州路代管，其后，归州的归属多次变更；政和新边时（1116—1131年），夔州路辖"夔、施、忠、万、开、达、渝、黔、涪、珍、溱、播、承、思州，云安、梁平、南平、遵义军及大宁监，州十四、军四、监一，凡十九"，为夔州路领有二级政区最多的时期[131]。

本书所指的南宋抗元城防体系就建设在上述川峡四路所辖地区。这一地区是宋元对峙时期元军进攻的战略重点，疆域大致相当于现在的重庆、四川大部，以及陕西南部、湖北西部、贵州北部的部分地区。

（二）体系内城防的数量确定与位置调查

1. 确定体系内城防数量与位置的意义

目前已有学者对抗元城防开展了成体系的研究，但是，对构成体系城防的数量并未达成一致，各城防的位置尚不完全清楚、准确。早在2007年，已有学者提出了包括20座城防在内的以重庆为中心的山城防御体系，并概述了各城的位置，但20座城的数量与当时四川境内的抗元城防现状差距较大[132]。有学者以四川地区的丹霞地貌为线索，集中概括了42座重要城寨，并称之为城寨防御体系，但对各城防的位置仅有概略描述，同时作者对构成城寨防御体系的城防数量表示"家底不清"[133]。有学者明确提出将40座城防概括为南宋四川山城防御体系，并用经纬度详细定位了其中39座城，但其引用的城防位置经笔者调查发现有不准确之处[134]。学者薛玉树概括了72座四川地区南宋抗蒙战争时期的山城，并对其位置进行了梳理，是目前概括数量最多、位置较为准确的研究成果，但其中包括了一些仅有名称但位置不清的城防，不利于进一步研究[41]。

由此，亟需以统一的遴选条件，明确长江上游抗元城防体系的具体数量与位置，以弥补现有研究的不足，为城防体系的特质分析提供较为扎实的基础，为城防体系的保护提供基本支撑。

2. 以文化景观为视域确定构成体系的城防数量与位置

本书以文化景观为视域，也就是将人类活动作为景观演变的动力来源。因此，凡是当时在四川境内专为抗元战争创建的城防都是本书统计的来源信息。作为宋与北方政权的边境，早在宋金对峙时期，川陕交界地区的军民就在一些险峻的山头结寨自保[135]。宝祐三年（1255年），元军假"借道灭金"之名侵入川陕交界地，宋军四川制置使郑损弃守五州，即阶州、成州、凤州、西和州与天水军。托雷部于1230年、1231年侵入蜀口三关，即武休关（今陕西省汉中市留坝县南40里）、仙人关（今甘肃省陇南市徽县东南）、七方关（今甘肃省陇南市徽县与陕西汉中市略阳县之间），并长驱直下。至此，南宋经营多年的"三关五州"被突破，防线基本收缩至蜀口以南。南宋端平二年（1235年）元军大举进攻两淮、京湖、四川，宋元战争全面爆发。自此之后，直至南宋祥兴二年（1279年），钓鱼城降元，元军在四川的主要战事结束。1288年，最后一个南宋城防长宁军的凌霄城被攻破。在此期间，即1235—1279

年间，南宋军民继承前期的堡寨策略，在四川境内建设了大量的抗元城防设施。这些城防设施创筑主要有三种途径：一，在旧城基础上加固增筑，如重庆城、嘉定府城；二，在旧有驻兵城寨基础上扩充为府州治地，如钓鱼城、大获城、白帝城、苦竹隘、赤牛城；三，新创筑城，如神臂城、大良城、铁峰城、运山城、云顶城、多功城、紫云城、天生城等[136]。同时，这些城防成为战时府、州（军、监）、县各级行政中心所在地，已超越了堡寨的范畴而形成城防体系。

据《元史·世祖记》载，安西王相府于1278年，奏折提及川蜀之地共有83处洞穴、城邑、山寨均被推平。其中除渠州礼义城等33城派遣兵力镇守外，其余被全部拆毁[137]。据学者薛玉树统计，有名称可寻的城寨有72座[41]。

确定城址位置是下一步调研和考古的基础。笔者据文献检索和实地调查，上述学者薛玉树概括的72座城防中，有41座基本可以确定位置，这其中又有2座，即小良城和九顶城，分别与怀安军大良城、嘉定三龟城毗邻，因此不再单独列出。同时，据《宋史》卷四十三《理宗纪三》载，"嘉定城旧治"[138]，后来虽修建了三龟九顶城，并曾一度迁府治于其上，但嘉定旧治始终存在，并发挥了抗击蒙元进攻的作用。因此，本书将嘉定府城与三龟九顶城并称一城。而据考古发掘来看，瞿塘关城在南宋时共属于白帝城，所以也不再单独列出。另外，根据历史记载，遂宁府蓬溪寨和云安军磐石城也是抗元斗争时期所建，故本书将此二城也纳入城防体系。由此，本书统计位于当今重庆、四川境内的城防有40座。另外，宋元战争期间，元军实施了由云南大理经播州"斡腹"进入四川的战略。播州土司建设的海龙囤和养马城，经考古证实确实始建于这一时期，这也与文献记载相吻合。播州土司杨文曾致信给余玠，提出守蜀三计，其中一计就提到了"择诸路要险，建城濠，以为根柢"❶，并亲自督建了山城以抗元。因此，播州的海龙囤和养马城属于南宋抗元城防体系。由此，本书统计的长江上游抗元城防体系含42座城防（表2.1）。

关于42座城防的位置，笔者遍阅相关资料，并进行了实地调研，初步确定了每个城防的经纬度。这其中大部分城防的位置均经学者调研或考古发掘，较为准确，其数据较易获得。但有些城防的位置仅限于历史文献和当代学者的模糊描述，缺乏准确的地理定位，其数据较难获得。例如，泸州榕山城虽有记载其位于合江榕子山，但笔者通过颇为周折的实地调研，才明确其位于合江县榕右乡八仙村。而普州铁峰城由于位于县城内部，已被新城建设覆盖，笔者只能借助历史文献大致确定其地理位置，更为准确的定位还有待进一步的考古研究。通过上述梳理，绘制了南宋抗元山城体系分布示意图（图2.2）。

❶ 资料来源：宋濂，杨氏家传 / 宋文宪公全集 / 卷十八.

表2.1　南宋长江上游抗元城防体系构成一览表

政区	序号	城防名称	创建时间（年）	具体位置	治所
利州路	1	（隆庆府）苦竹隘	1243	四川省广元市剑阁县剑门关镇朱家寨小剑山顶（剑雄村）	隆庆府1255年迁入
	2	（利州）鹅顶堡	1243	四川省广元市剑阁县鹤岭镇长林山南（现属苍溪）	—
	3	（巴州）小宁城	1244	四川省巴中市平昌县云台镇杨柳村小宁山顶	巴州迁入❶
	4	（巴州）平梁城	1251	四川省巴中市巴州区平梁乡炮台山	—
	5	（巴州）得汉城	1249	四川省巴中市通江县永安镇得汉山顶	洋州治1253年迁入
	6	（阆州）太获城	1228—1233	四川省广元市苍溪县中土乡太获山	利州西路路治、阆州州治、奉国县县治、金戎司迁入
	7	（阆州）跨鳌城	1253—1258	四川省南充市南部县柳驿乡塔子山	南部县迁入
	8	（蓬州）运山城	1243	四川省南充市蓬安县河舒镇燕山寨	蓬州迁入，另相如、仪陇、营山县迁入
	9	（龙州）雍村城	1236	四川省绵阳市江油市大康镇旧县村	龙州治迁入
潼川府路	10	（怀安军）云顶城	1243	四川成都金堂县淮口镇云顶山顶	成都府路（潼川府路）❷、利戎司
	11	（潼川府）紫金城	1242	四川省绵阳市盐亭县玉龙镇大碑垭	—
	12	（顺庆府）青居城	1249	四川省南充市高坪区青居镇青居山	顺庆府、沔戎司迁入
	13	（渠州）礼义城	1254	四川省达州市渠县土溪镇洪溪村三教寺礼义山	渠州治迁入
	14	（广安军）大良城	1243	四川省广安市前锋区小井乡大良城村	广安军、渠州迁入❸
	15	（普州）铁峰城	1243	四川省资阳市安岳县岳阳镇铁峰山顶	普州迁入
	16	（遂宁府）灵泉城	1258	四川省遂宁市船山区仁里镇灵泉山	遂宁都督府迁入

❶据小宁城现存《宋张实小宁城题名记》："宋淳祐乙巳，制置史余玠遣都统制张实总师城，巴为兴汉之基，主兵监修"。另外，结合平梁城创建于淳祐十一年（1251年）的史实推测，余玠将小宁城作为巴州最重要的军事据点。平梁城与得汉城共同辅助小宁城，作为其北伐的根据地。综上所述，推测巴州州治很可能迁入了小宁城。

❷云顶城修城提振官孔仙，自称潼川府路将领都统使司，据此推知潼川府最初移治云顶城，其后迁神臂城。

❸余玠1244年奏"渠州城大良城"。另，礼义城自宝祐三年（1255）创筑，渠州治迁于礼义城。

续表

政区	序号	城防名称	创建时间（年）	具体位置	治所
潼川府路	17	（遂宁府）蓬溪寨	1236	四川省遂宁市蓬溪县新会镇骡子堰	遂宁州治迁入
	18	（合州）钓鱼城	1240	重庆市合州区钓鱼山	合州治、石照县、兴戎司、兴元府❶迁入
	19	（合州）宜胜山城	1272	重庆市合川区纯阳山（瑞山中学）	—
	20	（长宁军）凌霄城	1257	四川省宜宾市兴文县凌霄城村	长宁军治迁入
	21	（叙州）仙侣城	1260	四川省宜宾市仙侣山	—
	22	（叙州）登高城	1267	四川省宜宾市登高山（白塔寺）	叙州迁入
	23	（富顺监）虎头城	1265	四川省自贡市富顺县怀德镇虎头村虎头山	富顺监迁入
	24	（泸州）神臂城	1243	四川省泸州市合江县焦滩乡老泸村神臂山	泸州治及潼川府治迁入
	25	（泸州）榕山城	1239	四川省泸州市合江县榕右乡八仙村	—
	26	（泸州）安乐城	1240	四川省泸州市合江县笔架山	—
	27	（江安）三江碛	1239	四川省江安县西桐梓镇中坝村	—
成都府路	28	（嘉定府）府城及三龟九顶城	1261—1265	四川省乐山市九峰区	嘉定府迁入
	29	（嘉定府）紫云城	1247	四川省乐山犍为县孝姑镇紫云村	—
夔州路	30	（夔州）白帝城	1243	重庆市奉节区白帝山	夔州迁入
	31	（重庆府）重庆城	1239	重庆市渝中区	四川制置使司
	32	（重庆府）多功城	1268—1274	重庆市渝北区翠云街道翠云山	—
	33	（涪州）三台城	1266	重庆市涪陵区李渡镇东堡村	涪州迁入
	34	（成淳府）皇华城	1254	重庆忠县顺溪乡皇华村	成淳府迁入
	35	（大宁监）天赐城	1262	重庆市巫山县龙溪镇天城村天赐山	大宁监迁入
	36	（梁山军）赤牛城	1242	重庆市梁平县双桂牛头村	梁山军迁入
	37	（黔州）绍庆城	1272	重庆市彭水县绍庆区	绍庆府迁入黔州治迁入
	38	（南平军）龙岩城	1255	重庆市南川区三泉镇马脑乡马脑山	南平军治迁入
	39	（万州）天生城	1243	重庆市万州区周家坝天生城山	万州治迁入
	40	（云安军）磐石城	1243	重庆市云阳县双江镇爱国村	云安军治所在
	41	（播州）海龙囤	1257	遵义市汇川区海龙囤村	播州迁入
	42	（播州）养马城	1257	贵州省遵义市汇川区高坪镇	—

注：1239年重庆府城为增筑；1243年夔州白帝城为增筑；绍庆城始建年代现存争议，本书暂将绍庆府迁入的时间作为其始建时间。

❶ 资料来源：潘玉光. 巴蜀砥柱——余玠 [M].
北京：商务印书馆，2016：93.

图2.2　南宋长江上游抗元城防体系位置示意图

　　这一体系的构成，基本概括了长江上游南宋时期建设的主要抗元城防。不仅包括了当时被蒙古军称为"抗蒙八柱"的合州钓鱼城、怀安军云顶城、阆州大获城、夔州白帝城、南充青居城等，也涵盖了战时四川各路、府、州（军、监）、县治所在地。同时，还纳入了为应对元军的"斡腹"战略，而由当时播州土司主导建设的海龙囤和养马城。这一体系的构成，与之前学者局限于研究现在的四川或重庆境内的城防相比，有了一定的拓展。这一建立在对宋元战争行为分析之上的拓展，弥补了目前对长江上游抗元城防体系整体认知的局限，有助于从文化景观视域对体系开展整体研究。

三、单个城防层面：景观历史沿革与主要城防遗迹

（一）厘清体系内各城历史沿革与主要城防遗迹的意义

目前，南宋长江上游抗元城防分散在重庆、四川、贵州三地。各省、市的文物考古部门对之进行了长期、大量的发掘、调查与研究工作，取得了一系列的成果。但基本上以行政区划为界，各自为政。研究成果散见于各类专业期刊、学位论文、学术会议或考古部门专业网站，尚缺乏成体系的汇总梳理。

由于目前学界尚未对南宋长江上游抗元城防体系的构成达成共识，且城防数量较多，又分布于不同省、市，因此，各个城防的考古调查与研究程度差别较大。为充分把握城防体系史实研究现状，本书根据目前史料研究的程度，由深至浅将42座城防归纳为四个层级。

第一层级的城防已进行了相对深入的考古发掘工作，如重庆境内的合州钓鱼城、夔州白帝城、万州天生城、云阳磐石城、咸淳府皇华城、涪州三台城、重庆多功城、南宋重庆城等，以及贵州境内的播州海龙囤及养马城。重庆文化遗产研究院通过考古发掘已掌握了这些城防的基本规模、布局和主要城防遗迹，并对其历史沿革进行了初步研究。

第二层级的城防进行了较为详细的调查研究工作，如四川境内的怀安军云顶城、巴州小宁城、泸州神臂城、蓬州运山城、顺庆府青居城、广安大良城、富顺监虎头城等。西华师范大学历史文化学院联合四川省及其下属市、县级文物部门，通过文献研究和田野调查，也已基本掌握了这些城防的基本规模、布局和主要城防遗迹，对其历史沿革进行了初步研究，但尚缺乏深入的考古发掘。

第三层级的城防，自20世纪80年代起，已有一些院校及市、县文物管理部门的学者，陆续开展了一些城防的调查研究工作，如剑阁苦竹隘、嘉定府城及三龟九顶城、阆州大获城、叙州登高城、叙州仙侣城、泸州榕山城、泸州安乐城、渠州礼义城、遂宁府蓬溪寨、合州宜胜山城等。这些城防已基本厘清了其创建时间、位置，但规模范围、主要城防遗迹的史实掌握并不全面。

第四层级的城防，目前仅见于民间非专业调查和史料记载，如阆州跨鳌城、利州鹅顶堡、普州铁峰城、黔州绍庆城等，这些城防的史实研究还非常不足。

构成抗元城防体系的42座城防在南宋时期的历史沿革、规模布局和主要城防遗迹是研究其文化景观特质的基础，也是进一步发掘其遗产价值的基本史实，意义重大。本书通过文献检索和田野调查，对上述四个层级的研究成果进行了梳理，并补充了合州钓鱼城、重庆多功城、泸州神臂城、金堂云顶城、蓬州运山城、顺庆府青居城、广安大良城、嘉定三龟九顶城、阆州大获城、泸州榕山城、泸州安乐城等城防的部分史料、遗迹，初步汇总、归纳了42座城防在南宋

时期的历史沿革、规模布局和主要城防遗迹，对第一、第二层级和第三层级中能够确定某些城防设施遗存位置的30座城址进行了标识，基本廓清了城防层面的景观史实。

（二）各城防的历史沿革与主要城防遗迹研究现状

42座城防分布于南宋川峡四路，其中利州路9座城防、潼川府路18座城防、成都府路2座城防、夔州路13座城防。

1．利州路隆庆府苦竹隘，目前史实研究属于第三层级

现有保护级别：2019年苦竹隘遗址被列为第九批省级文物保护单位。

历史沿革：1243年创建，1258年被元军攻破。

位置、规模、布局：东经105.53°，北纬32.20°。位于剑门关西的第二道关隘，川北门户（图2.3）。《读史方舆纪要》卷六十八"剑州"记载："四际断崖，前临巨壑，孤门控据，一夫可守。"[139]此寨与剑门关同为沿金牛道南下入蜀的必经关隘。苦竹隘四个方向均为悬崖，属于四面悬崖包围的山峰，与剑门关相比，更加利于长期屯田坚守，从而成为南宋抗元城防体系的重要组成部分。城寨占地4平方公里，布局不详。

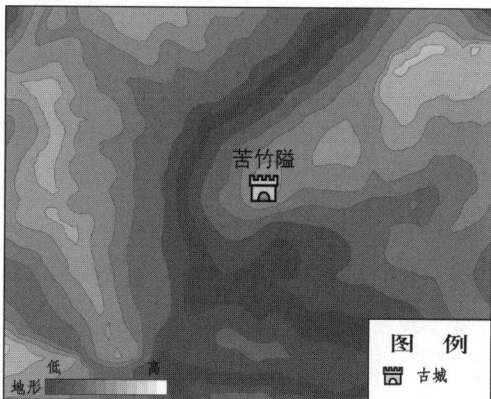

图2.3　隆庆府苦竹隘位置示意图❶

主要城防及附属设施遗迹：现存南寨门、部分寨墙、近20米长宋元时期的石板踏道，以及寨门洞东西内壁明代诗词题记等遗迹；跨溪涧约100米的对面崖壁，另有石门1道；山上泉水丰沛[18]。

2．利州路长宁山鹅顶堡，目前史实研究属于第四层级

现有保护级别：2012年长宁山抗元城防遗址被列为县级文物保护单位。

历史沿革：1243年创建，1258年破于元军。

位置、规模、布局：东经105.79°，北纬31.84°。位于四川省苍溪县今白桥乡、亭子乡及剑阁县鹤龄乡交界处的长宁山上（图2.4），与剑阁苦竹寨互为支援[140]。规模与布局不详。

❶ 图2.3—图2.44均为作者自绘，底图引自奥维互动地图——OpenCycle等高线地图。

主要城防及附属设施遗迹：现存北门、南门和东门三座城门以及一部分城墙。山上有水池。

3. 利州路巴州小宁城，目前史实研究属于第二层级

现有保护级别：2012年巴中平昌小宁城被列为省级文物保护单位。

历史沿革：1244年创建，1258年城破于元军。

位置、规模、布局：东经105.79°，北纬31.84°。位于四川省平昌县东北20公里的云台镇杨柳村小宁山（图2.5）。小宁城位于渠江上游，连接利、阆州之营山和大巴山、米仓山道，是蒙元军队由汉中翻越米仓山道，进入川东以挟蜀中的必经之道[141]。此城与淳祐十一年（1251年）创建的巴州平梁城，相互呼应，形成"西有平梁、东南有小宁、两城屹然"的格局。小宁山山势险峻，地扼要冲，天然险固，最高海拔397米，易守难攻且水源充足；城分子午两城，外城为午城，环周约3000余米；内为子城，依山就势而建，岩高在5—17米之间，环周约1500余米；城外有外围防线[38]。

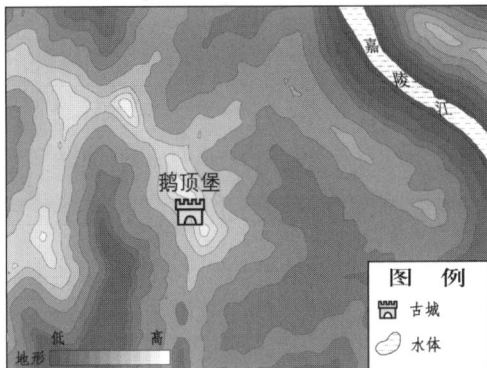

图2.4　长宁山鹅顶堡位置示意图

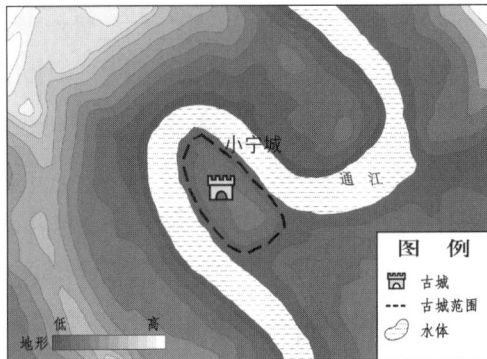

图2.5　巴州小宁城位置示意图

主要城防及附属设施遗迹：分内城、外城两重城墙，原有10座城门，现存6座，均为外城门。其中3座城门为南宋抗元时期修建，2座为清代遗存。现存炮台4座，大水井1处[38]。

4. 利州路巴州平梁城，目前史实研究属于第三层级

现有保护级别：2012年巴中平梁城遗址被列为省级文物保护单位。

历史沿革：1251年创建，1258年城破于蒙军。

位置、规模、布局：东经105.79°，北纬31.84°。位于四川省巴中市巴州区平梁镇，距巴州城西5公里（图2.6）。余玠命都统张实创筑平梁城，取扫平梁州（汉中另称）之意。山海拔高805米，远望呈橄榄形，东西长约2000米，南北长约1800米，总面积36万平方米[142]。

主要城防及附属设施遗迹：尚存部分城墙、寨门，并有东汉末年严颜将军作巴州太守，屯兵、练兵所用的严公台遗址，有清"昭烈侯"张必禄陵墓遗址，宗教建筑有真武宫庙、结喜寺庙等[142]。

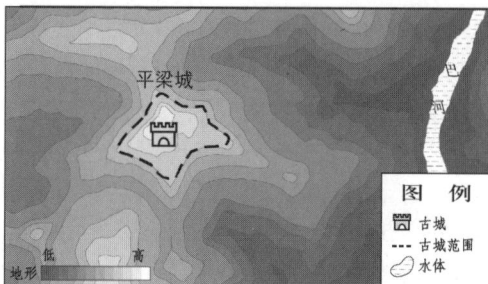

图2.6　巴州平梁城位置示意图

5. 利州路巴州得汉城，目前史实研究属于第二层级

现有保护级别：2019年得汉城遗址被列为第九批省级文物保护单位。

历史沿革：秦末创建，1249年重建，1265年降于元军。

位置、规模、布局：东经105.79°，北纬31.84°。位于通江县东北部的永安镇，距县城43公里（图2.7）。得汉城与小宁、平梁二城一起独挡长江以北的防御，是蒙军由汉中南越米仓山以挟蜀中和由湖北房县、竹山越大巴山古商道进入四川的必经之地，更是宋军北出西蜀米仓古道通汉中，南下渠江连

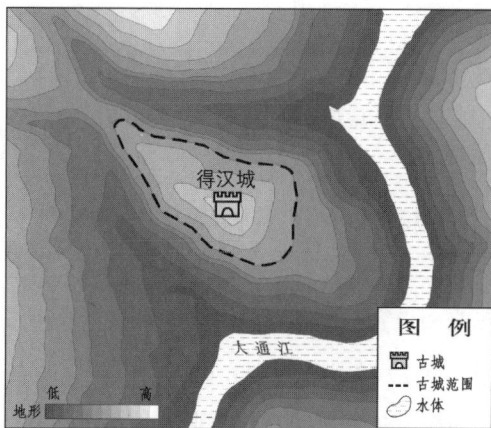

图2.7　巴州得汉城位置示意图

渝州的要冲之地[22]。城平面呈椭圆形，东西长约2000米，南北宽约2250米，面积约4平方公里。

主要城防及附属设施遗迹：原有城门遗址5座，今尚存4座。现存城墙长25米。有多处龛窟造像遗存。据《永安乡志》记载，流经得汉城的河流有板桥河、小和平溪等，流域总面积达52平方公里，其中流经得汉城的面积约2平方公里。有凉水井为地下水资源。有多处水塘、水缸、堰塘等储水设施[143]。

6. 利州路阆州大获城，目前史实研究属于第三层级

现有保护级别：2014年大获城遗址被列为广元市第四批市级文物保护单位。

历史沿革：1228—1233年创建，1244年扩建，1258年降于蒙军。

位置、规模、布局：东经106.09°，北纬31.73°。在今苍溪县城东20公里的王渡镇大获山上（图2.8）。属云丰山支脉，山峰突起，四周悬崖峭壁，天生奇险。三面环嘉陵江上游支流宋江，一面通铜鼓山。位于南宋四川御蒙体系的第一条线，即苦竹隘、大获一线。上接剑门

苦竹隘，下连蓬州运山城、南充青居城。据文献记载，城因石岩为之，中通四门，周十里[144]。据1800尺为1里，十里即18000尺，宋1尺=31.4厘米❶。因此，笔者推算大获城周长约为5652米。岩壁将山势分为江边到岩壁的缓坡、岩壁和山顶平地三个部分。缓坡开垦为良田，岩壁上修建城墙。

　　主要城防及附属设施遗迹：据记载有4座城门。目前，仅南城门遗址状况较好，阜

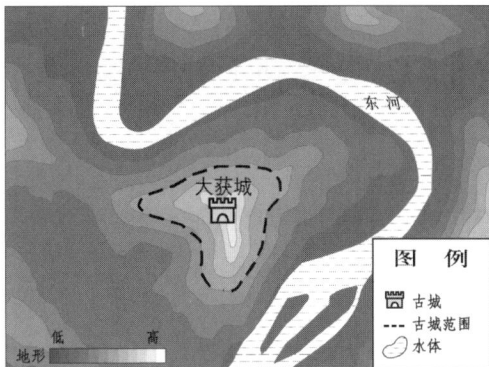

图2.8　阆州大获城位置示意图

财门位置尚可寻。通过大获山玄妙观复古重修碑记可知，山顶位置原有1座玄妙观，除此之外山上还有诸多古迹，例如墨池、刀枪库、大获莲池等。清代遗留《大获城怀古》七律1首[19]。

7. 利州路阆州跨鳌城，目前史实研究属于第四层级

　　现有保护级别：未列入文物保护单位。

　　历史沿革：创建于宋宝祐年间，城破时间不详。

　　位置、规模、布局：东经105.65°，北纬31.53°。位于四川南充南部县南跨鳌山[42]（图2.9），与蓬州运山城、南充青居城的抗蒙斗争相互支援。规模与布局不详。

　　主要城防及附属设施遗迹：不详。

图2.9　阆州跨鳌城位置示意图

8. 利州路蓬州运山城，目前史实研究属于第二层级

　　现有保护级别：1985年运山城被列为蓬安县级文物保护单位。

　　历史沿革：1243年始建，1258年降于元军。

　　位置、规模、布局：东经106.45°，北纬30.99°。在今蓬安县河舒镇燕山村内，北距县城13公里（图2.10）。运山城为蜀中八柱之一，位于米仓道上，地处利、达州之间，连巴州、引梓州，被元军占领后与青居、大获、大良同列为"四帅府"。运山城所在的披衣山顶面积约0.2平方公里。

　　主要城防及附属设施遗迹：相传原有城门10—12处，据学者调研现存城门遗迹11处；龛窟现存

❶ 资料来源：丘光明，邱隆，杨平. 中国科学技术史/度量衡卷［M］. 北京：科学出版社，2018（05）：353-369.

7处，观音洞1处，洞内另有观音龛1处；存
有《宝祐纪功碑》；城上有大面积的堰塘；
另有宋井遗迹1处[32]。

9. 利州路龙州雍村城，目前史实研究属于第四层级

现有保护级别：未列入文物保护单位。

历史沿革：1236年始建，元世祖于1285年将其撤销。

位置、规模、布局：东经104.73°，北纬31.86°。位于四川省绵阳市江油市大康镇旧县村（图2.11）。《宋史·地理志》记载，江油郡属于军事重地。1236年，受到元军袭扰，后于1258年，时任平武土司王行俭将其治转移至雍村，并率军抗击元军[145]。城规模与布局不详。

主要城防及附属设施遗迹：不详。

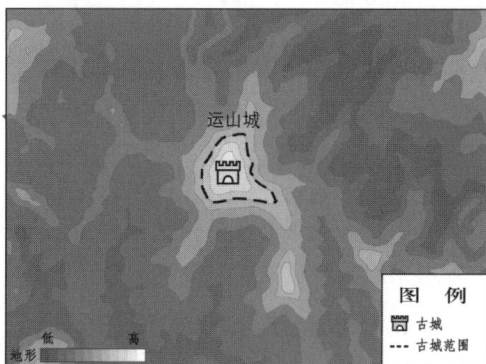

图2.10　蓬州运山城位置示意图

图2.11　龙州雍村城位置示意图

10. 潼川府路怀安军云顶城，目前史实研究属于第二层级

现有保护级别：1991年金堂云顶城被列为四川省文物保护单位。

历史沿革：1243年始建，1258年降元。元代保留为四川行院隆兴西京军戍地。

位置、规模、布局：东经104.73°，北纬31.86°。城位于四川金堂县云顶山上（图2.12）。山海拔948米，相对山脚高度为513米。东与炮台山锁江相望，以扼沱江金堂峡江防，西控成都平原以拱卫成都，南凭水磨河之深谷险水，以临怀安军通往成都东山五场之通道，北恃危隘高定关，与小云顶山互为依托而控成都至潼川府之孔道，实扼成都东面之门户，而为东西川之要冲。城东西宽2公里，南北长2.1公里，总面积约1.5平方公里，周长约7.2公里[34]。

主要城防及附属设施遗迹：现存有外

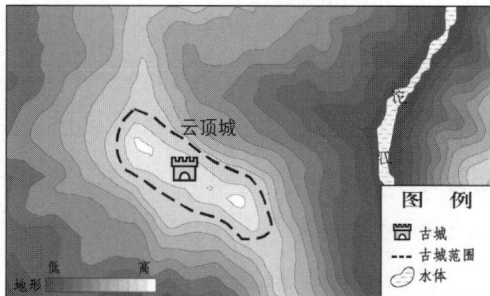

图2.12　怀安军云顶城位置示意图

城墙、内城墙、一字墙共5段；城门遗迹7处；炮台3座，暗道1处，主要道路4处；另存有军营遗迹、宋代水池5处，水井4口，寺观3座[34]。

11. 潼川府路紫金城，目前史实研究处于第四层级

现有保护级别：未列入文物保护单位。

历史沿革：1242年始建，1254年城破于元军。

位置、规模、布局：东经105.48°，北纬31.10°。位于四川省绵阳市盐亭县北十五里玉龙镇大碑垭紫金山上❶（图2.13），大碑垭下是王家山坪，通向举溪河、射洪、重庆等地。规模与布局不详。

主要城防及附属设施遗迹：不详。

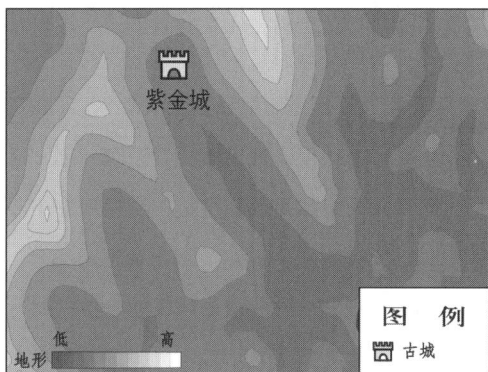

图2.13　潼川府路紫金城位置示意图

12. 潼川府路顺庆府青居城，目前史实研究处于第二层级

现有保护级别：1994年被列为南充市级文物保护单位。

历史沿革：1249年始建，1258年城降于蒙军。

位置、规模、布局：东经106.12°，北纬30.67°。位于南充市高坪区青居镇青居山上，嘉陵江在此处拐了一个大弯，形成闭合度极高的河曲，青居城正处于嘉陵东岸曲流环抱之中（图2.14）。城西临嘉陵江，东临层崖峭壁，位于米仓道（南线）上，同时控扼元军水、陆进川通道。因此，青居城号称"南充第一雄关"，一方面同大获、运山之间关系密切；另一方面和大良、钓鱼诸城之间相呼应，对于抗元山城防御体系而言具有重要意义。城平面形状不规则，总面积在2平方公里左右。

主要城防及附属设施遗迹：内外两圈城墙，现存城门遗迹3处，城墙数百米，敌台

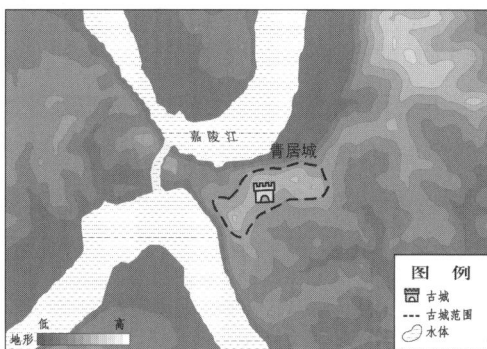

图2.14　顺庆府青居城位置示意图

❶《读史方舆纪要》载：金紫山县北十五里。相传以唐邑人严震、严砺俱贵显而名。又名紫金山。宋宝祐二年（1254年），西川帅余晦城紫金山。山，蜀之要地也。蒙古将汪德臣袭取之。《宋史》载：紫金山（金紫山），盐亭县北15里。宝祐二年余晦派甘闰于此筑城。

1处；石窟造像和碑刻题记多处，其中窟龛12个，摩崖石刻题记10通，碑刻题记11通；天池、水井各1处；文献记载有寺庙2处[36]。

13. 潼川府路渠州礼义城，目前史实研究处于第三层级

现有保护级别：2014年渠州礼义城被列为四川省级文物保护单位。

历史沿革：1254年扩建，1274年被元军攻破，后为元"渠州安抚司"所在。

位置、规模、布局：东经107.11°，北纬31.00°。礼义山坐落在四川渠县城的东北部，两者相距35公里（图2.15）。礼义城交通便利，元军经彭州、巴州、达州通往重庆，或经米仓山南下，均须经此地。宋末，此地为宋元两方必争之地，也是合州钓鱼城的重要支撑。城前倚天险渠江，后枕大小斌山，退可守，进可攻，龙盘虎踞；城东西长约200米，南北宽约100米，地广约1500余亩，山顶宽平[146]。

主要城防及附属设施遗迹：现存部分城墙和西门、南门；山上碑文记载此城修筑有横城墙；宗教建筑存有三教寺遗址[146]。

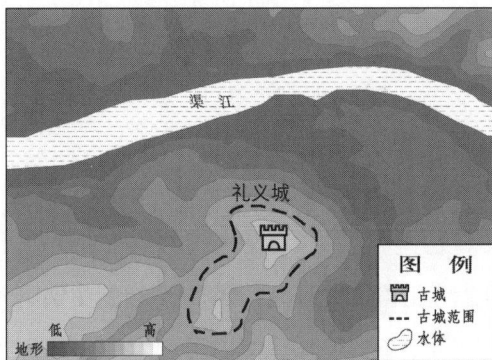

图2.15 渠州礼义城位置示意图

14. 潼川府路广安军大良城（与小良城），目前史实研究属于第三层级

现有保护级别：1980年大良城城门题刻被列入广安县级文物保护单位。

历史沿革：1243年始建，1263年城破于元军。

位置、规模、布局：东经106.88°，北纬30.56°。大良城位于四川省广安市东北八十华里❶（图2.16），隶属前峰区。城海拔429米，与山脚海拔最大相差100米。渠江自大良城西北向西南流过，城离江十二华里。大良城掌控渠江水道，上可承小宁、礼义诸城，下可连钓鱼、重庆。城西、北两面可控扼渠江，

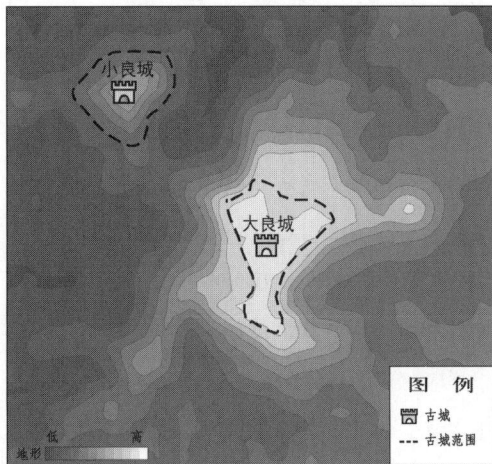

图2.16 广安军大良城及小良城位置示意图

❶1华里=0.5公里

东、南两面可控广安通往大竹县的陆路，进可攻，退可守，为一军事要地。1263年城陷落后，与运山、青居、大获三城一起，被元军作为"四帅府"。文献记载，城周围数千丈，高数百丈[35]。

小良城位于广安市前锋区小井乡小良区，南距大良城约1公里（图2.16）。城东西方向较窄，最宽处约200米，南北长约600米，总面积约1.1万平方米。

主要城防及附属设施遗迹：现存12道城门，城墙依其所在的"莲花山"而建；目前城内数百米为村落，仍有可耕地660亩，其中水田442亩；有10口大堰塘，最大者面积约14亩；有19口水井；还有山泉水供村民饮用，其中小北门与东门外皆有泉水，水流丰沛；泉水流经之处还凿有石槽、石池以储水[35]。大良城残存有宋景定初年（1260年）所刻《大良城东门石记》1处，清嘉庆《大良城纪乱摩岩碑》1处，另存摩崖文字及城门题刻多处，目前大多已风化难辨。小良城现存东西两道城门。

15. 潼川府路普州铁峰城，目前史实研究属于第四层级

现有保护级别：未列入文物保护单位。

历史沿革：1243年始建，1258年城破于蒙军。

位置、规模、布局：东经105.33°，北纬30.10°。位于四川省资阳市安岳县岳阳镇铁峰山顶[147]（图2.17）。普州地处成都与重庆交通线的中点，军事地理位置重要。铁峰城规模与布局不详。

主要城防及附属设施遗迹：不详。

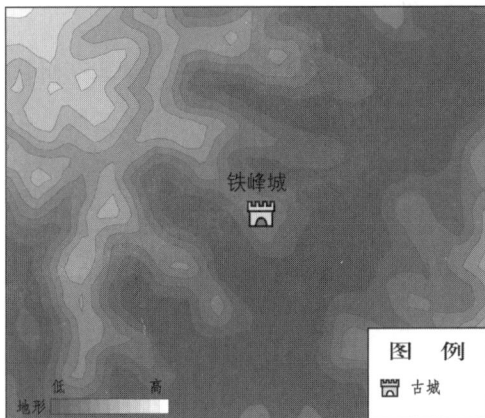

图2.17　普州铁峰城位置示意图

16. 潼川府路遂宁府灵泉山城，目前史实研究属于第四层级

现有保护级别：2007年遂宁灵泉山上的灵泉寺被列为四川省级文物保护单位。

历史沿革：据文献推测始建于1258年，城破时间不详❶。

位置、规模、布局：东经105.63°，北纬30.52°。位于遂宁东十里灵泉山[148]（图2.18），

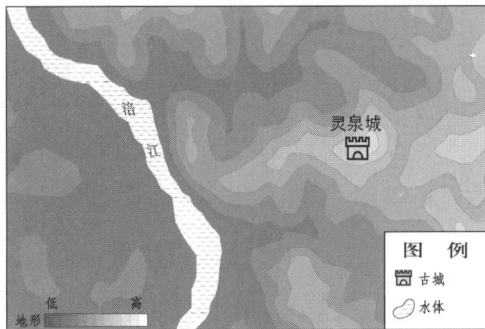

图2.18　遂宁灵泉城位置示意图

❶另说：淳祐中筑，宝祐六年（1258年）陷。任乃强，任建新. 四川州县建置沿革图说［M］. 成都：巴蜀书社，2009：32.

东南接合州通重庆，西接成都。城规模与布局不详。

主要城防及附属设施遗迹：不详。

17. 潼川府路遂宁府蓬溪寨，目前史实研究属于第三层级

现有保护级别：未列入文物保护单位。

历史沿革：始建于1236年，1267年宋军与元军在此激战，元军受挫。城破时间不详。

位置、规模、布局：东经105.78°，北纬30.76°。位于四川省遂宁市蓬溪县新会镇骡子堰（图2.19）；蓬溪位于嘉陵江、涪江的分岭处，地处成都、遂宁通往南充的老大路（又称石板路）旁，素有"川北通衢"之称；寨所在的蓬莱山海拔500余米，呈南北走向；总平面呈椭圆形，东西宽约200余米，南北长约300余米[149]。

主要城防及附属设施遗迹：寨墙、前后寨门尚存；山上有古庙；水源丰沛，有水井20余眼[149]。

18. 潼川府路合州钓鱼城，目前史实研究属于第一层级

现有保护级别：1996年钓鱼城遗址被列入国家级重点文物保护单位。

历史沿革：1240年始建，1279年城降于元军。

位置、规模、布局：东经106.32°，北纬30.01°。位于重庆市合川区东部海拔391.22米的钓鱼山上（图2.20）。钓鱼城当嘉陵江、渠江、涪江之口，控扼三江，是重庆门户，自古为"巴蜀要冲"，为南宋抗元山城体系蜀口形胜之地及核心支柱。遗址总面积约2.5平方公里，城墙总长约7320米，总体由环山城墙、一字城墙和内城墙三部分构成。

主要城防及附属设施遗迹：现存城墙全长约5810米，含环山城墙、一字城墙和内城墙，一字城墙又分为北一字墙与南一字墙两部分，其中南一字城墙包括东、西两道城墙，现存城门8处，暗门3处，地道1处，城墙内侧有跑马道；城内存南水军码头，护国寺，石照县衙遗址，

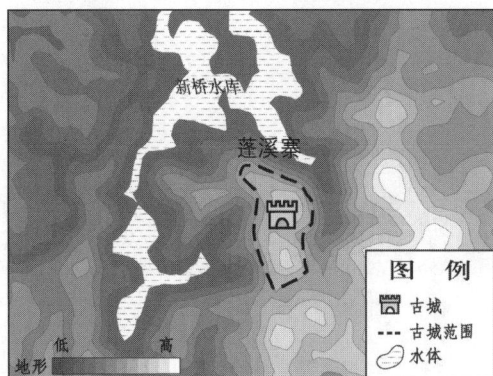

图2.19 遂宁府蓬溪寨位置示意图

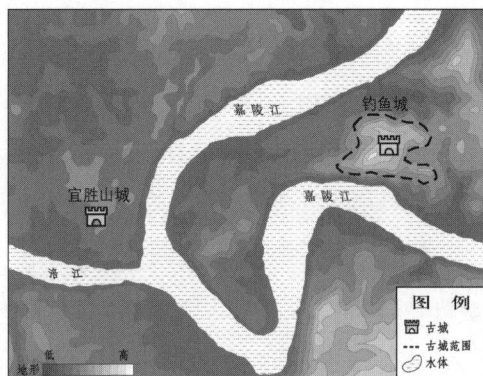

图2.20 合州钓鱼城位置示意图

九口锅等唐、宋建筑遗址和范家堰宋代大型高台建筑等遗址；现存天池14处，宋井3处；存有悬空卧佛，还有千佛崖、北宋"三尊"佛号、南宋"一卧千古"、王坚纪功碑等众多摩崖题刻，以及大量的碑刻题记[26]。

19. 潼川府路合州宜胜山城，目前史实研究属于第三层级

现有保护级别：未列入文物保护单位。

历史沿革：始建于1272年，1279年城降于元军。

位置、规模与布局：东经106.27°，北纬30.00°。位于合州旧治北二华里处的纯阳山一线（图2.21）。宜胜山城隔嘉陵江与钓鱼城相距八华里，正南面与西面为合州州治，涪江循州治东下与嘉陵江汇合；城周回约六华里，东面顺嘉陵江，南接瑞应山，延伸可达白花山，西北到张家花园上方，北到瓦子口[16]。

图2.21 合州宜胜山城位置示意图

主要城防及附属设施遗迹：城门均已损毁，仅留地名。残存部分城墙。

20. 潼川府路长宁军凌霄城，目前史实研究属于第三层级

现有保护级别：长宁军凌霄城被列为兴文县国家地质公园景区之一。

历史沿革：1257年始建，1288年城破于元军。

位置、规模、布局：东经105.03°，北纬28.28°。位于四川省宜宾市兴文县凌霄城村凌霄山顶[150]。兴文曾为云南昭通、镇雄等地商贾进入川南之要冲。凌霄山雄峰突起，三面悬崖绝壁（图2.22）。此城与叙州仙侣城、登高城共同拱卫泸州神臂城，抵挡自云南斡腹进攻重庆的蒙元军队。凌霄城占地约五六十亩，城址略呈椭圆形。

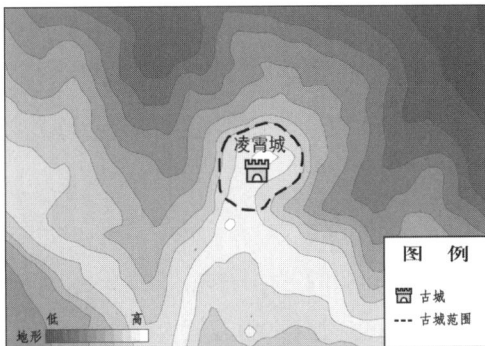

图2.22 长宁军凌霄城位置示意图

主要城防及附属设施遗迹：现存两道寨门和部分城墙基础；另有相传为烽火台、鼓楼的建筑遗迹；山下有校场坝；山上有水井；另有凌霄城碑。

21. 潼川府路叙州仙侣城，目前史实研究属于第四层级

现有保护级别：未列入文物保护单位。

历史沿革：1260年始建，1275年城降于元军。

位置、规模、布局：东经104.61°，北纬28.77°。位于四川省宜宾市仙侣山，今称真武山。山处岷江与金沙江交汇处，隔岷江与当时的叙州城相望（图2.23），城规模与布局不详[17]。

主要城防及附属设施遗迹：不详。

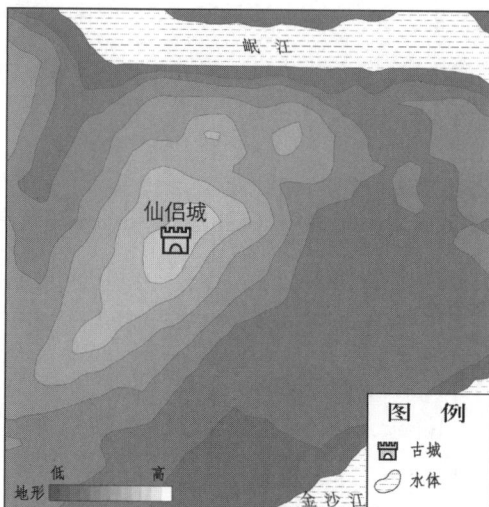

图2.23 叙州仙侣城位置示意图

22. 潼川府路叙州登高城，目前史实研究属于第四层级

现有保护级别：未列入文物保护单位。

历史沿革：始建于1267年，1275年城降于元军。

位置、规模、布局：东经104.64°，北纬28.78°。位于四川省宜宾市登高山（图2.24）。规模与布局不详。

主要城防及附属设施遗迹：不详。

图2.24 叙州登高城位置示意图

23. 潼川府路泸州三江碛城，目前史实研究属于第四层级

现有保护级别：未列入文物保护单位。

历史沿革：1239年始建，1240年迁出合江县。

位置、规模、布局：东经105.05°，北纬28.80°。位于四川省江安县西桐梓镇中坝村（图2.25）。江安西连叙州，东接泸州。三江碛所在的中坝岛位于长江之中，岛屿

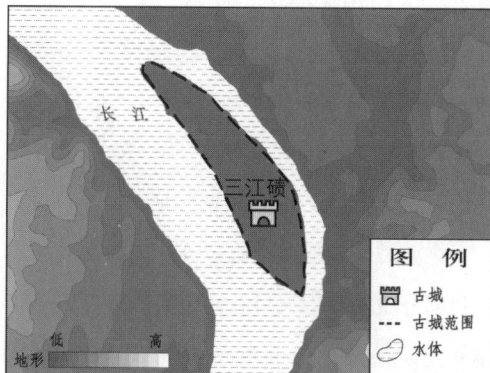

图2.25 泸州三江碛城位置示意图

呈西北—东南走向，略呈梭形，总面积约1.5平方公里，长约3.5公里，最宽处约0.84公里。

　　主要城防及附属设施遗迹：不详。

24．潼川府路泸州神臂城，目前史实研究属于第二层级

　　现有保护级别：2014年被列为国家文物保护单位。

　　历史沿革：1243年始建，1277年城破于元军。

　　位置、规模、布局：东经105.64°，北纬28.88°。位于合江县城北30公里，现隶属于神臂城镇老泸村。泸州地处云、贵、川三省接合处，沱江与长江汇合处，在宋与蒙元战争时期，成为扼守蒙元军队从西侧顺长江而下攻打重庆的重要屏障。神臂城位于一伸入长江中的略呈半圆形的半岛之上（图2.26）；半岛东西长约1.5公里，南北宽约0.8公里，总面积约1.05平方公里；山体与江岸之间为滩涂、缓坡、陡崖，城建于陡崖之

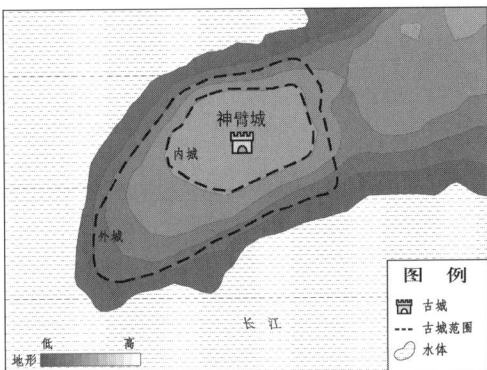

图2.26　泸州神臂城位置示意图

上，略呈椭圆形，东西长1.24公里，南北最宽处约0.55公里，周长约3.4公里，面积约0.55平方公里；城由主城墙、一字城墙和耳城墙组成[33]。

　　主要城防及附属设施遗迹：现存环山城墙与3处耳城，城南侧存有两道一字城。城门尚存5座，另外有疑似原城门遗迹4处。东门耳城附近有护城池：红菱池、白菱池（今已改为水田）。城内调研发现地下坑道多处。城内最高处相传建有衙门、钟鼓楼，现仅存约4米高土石堆。另存城隍庙、玄天宫等历史建筑。城墙底部崖壁之上，还有摩崖造像"刘整降元像"和"许彪孙托孤像"两处。城内另存炮台、墩台、敌台、哨所、校场等遗迹。

25．潼川府路泸州榕山城，目前史实研究属于第三层级

　　现有保护级别：2010年被列为泸州市级文物保护单位。

　　历史沿革：始建于1239年，1240年合江县治迁出。

　　位置、规模、布局：东经105.97°，北纬28.82°。位于四川省泸州市合江县榕右乡八仙村❶（图2.27）。榕山海拔1000米，为长形山埂，侧壁陡峭，顶部平坦。山体南北长约600米，东西最宽处不到1000米，最窄处不到10米。城围绕山顶而建，

❶《宋史·地理志》泸州："嘉熙三年（1239年），筑合江之榕山。"笔者经调研确定此城位于八仙村的榕山上。

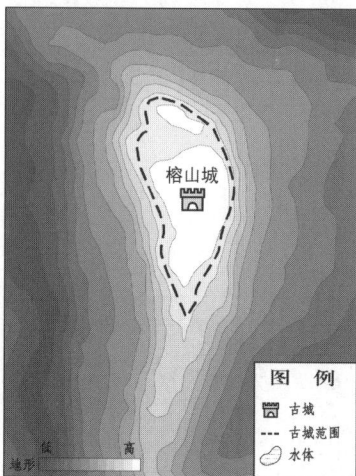

图2.27 泸州榕山城位置示意图

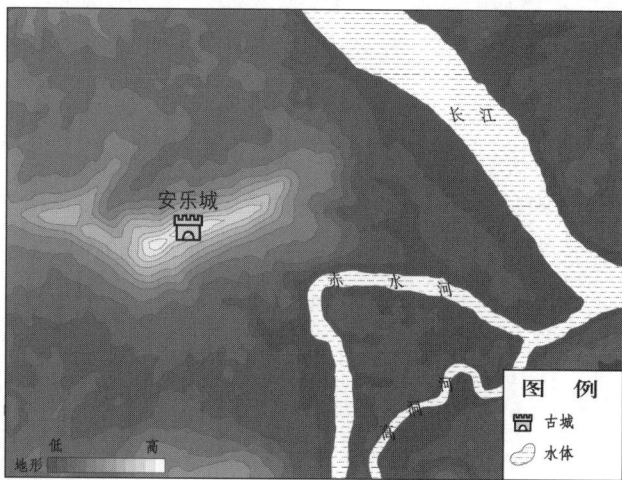

图2.28 泸州安乐山城位置示意图

总体规模与布局不详。

主要城防及附属设施遗迹：相传建有6座城门，现存3座。有石城墙约200米。水源充足，今山上建有榕山水库。

26. 潼川府路泸州安乐山城，目前史实研究属于第三层级

现有保护级别：作为"台江城垣"的组成部分，2012年被列为省级文物保护单位。

历史沿革：1240年始建，1243年县治迁出。

位置、规模、布局：东经105.79°，北纬28.81°。位于四川省泸州市合江县笔架山❶（图2.28）。山顶东部窄而西部宽，长约1.5公里，最窄处不到2米，最宽处约60米。城建于山顶，规模与布局不详。

主要城防及附属设施遗迹：现存有城墙遗迹；山上西面尚存拱形城门遗迹1座；山上有水，现今水源仍可供数百人食用。唐宋时，此山为道教名山之一。

27. 成都府路犍为紫云城，目前史实研究属于第三层级

现有保护级别：未列入文物保护单位。

历史沿革：1247年始建，1275年城降于元军。

位置、规模、布局：东经103.99°，北纬29.12°。位于乐山犍为县孝姑镇子云山上（图2.29）。嘉庆《犍为县志》卷二载："子云山，县南二十五里，

❶《读史方舆纪要》合江县："废符县，在县南。……元鼎三年，始置符县。后周时置合江县于今治。隋以因之。宋嘉熙三年，兵乱，移县治于榕山；四年，又移县治于安乐山，皆筑城为守。元复还今治。"

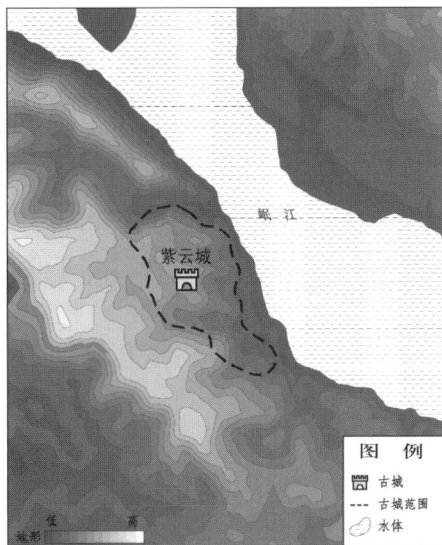

图2.29　犍为紫云城位置示意图　　　　　图2.30　嘉定府及其附属山城位置示意图

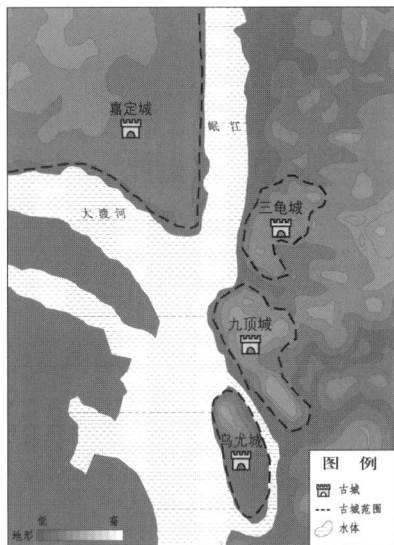

汉杨雄尝徙居于此。山腹有子云洞，其颠有池。宋宣和间，邵伯温官蜀转运，自洛阳迁居蜀中，初亦寓此。至淳祐中，余玠筑城其上，并置戍，因改名子云城。元至元十二年，速哥循嘉定下流诸城，子云、泸、叙皆降，城废，见元史崖字石刻谱。"[20]此城为加强岷江航道而建，与嘉定府及三龟、九顶、乌尤四城共同构成南宋抗元的川西重要防线。子云山自北向南呈弧形，全长约1公里，相对高度约200米，内缘弧形，东临岷江，城绕子云山顶而建，规模与布局不详。

主要城防及附属设施遗迹：遗存有前寨门、后寨门、白虎嘴等一些地名，推测为上下山的重要孔道。山上存有水月寺，另存有1口水井。

28．成都府路嘉定府及其附属山城，目前史实研究属于第二层级

现有保护级别：1994年，乐山被列为国家历史文化名城。2009年，三龟九顶城遗址被列为乐山市级文物保护单位。嘉州古城墙为四川省级文物保护单位。

历史沿革：推测在1261—1265年始建，1275年城降于元军。

位置、规模、布局：东经103.78°，北纬29.55°。四城（即嘉定、三龟、九顶、乌尤）位于现乐山附近（图2.30）。乐山在宋代为嘉定府，地处岷江、青衣江、大渡河三江合流处。《读史方舆纪要·嘉定州》："从来由外水而指成都、犍为、武阳，其必争之道也。"此处犍为即乐山雅称。《宋史·牟才子传》云："蜀当以嘉、渝、夔三城为要。"并称嘉定城为"镇西之根本"，与重庆城、白帝城、钓鱼城并列为四川四大战略要地。南宋抗元时期以嘉定城为中心，城南以大渡河

为天然屏障，并于其东面1华里的九顶山、东北3华里的三龟山筑寨戍兵，以扼守岷江。由此，嘉定府及其附近城防，与扼守青衣江的犍为紫云城相互呼应，成为成都府路仅有的两座抗元山城[20]。明清时嘉定府在宋代城防基础上有所扩建，《大清一统志》记载："嘉定府城，周十一里有奇，门十，北倚山，东南临江，宋开禧中建。"❶据此推测宋嘉定府城应在此范围之内。

主要城防及附属设施遗迹：据调研，现存三龟城分南北两段，北段全长约400米，南段全长约250米。九顶与乌尤城规模不详。九顶城现有城墙两段，炮台3座[20]。乌尤城城防遗迹已不存，但乌尤寺仍香火鼎盛。

29. 潼川府路富顺监虎头城，目前史实研究属于第二层级

现有保护级别：2019年被列为四川省第九批文物保护单位。

历史沿革：始建于1265年，1274年城破于元军。

位置、规模、布局：东经105.18°，北纬29.01°。位于四川省自贡市富顺县怀德镇虎头村东南约400米的虎头山上（图2.31）；富顺监位于叙州以北，从西北侧拱卫泸州神臂城，虎头山正位于蒙军沿

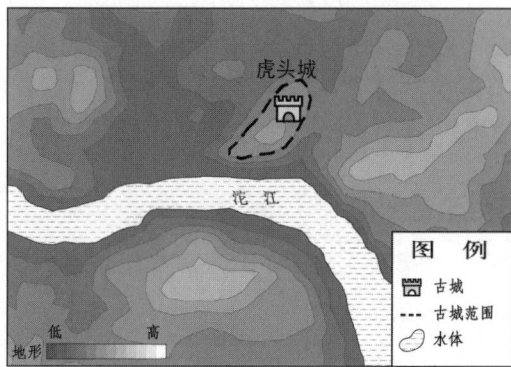

图2.31　富顺监虎头城位置示意图

沱江通往神臂城的道路沿线，城防沿虎头山而建，形状不规则，有内、外两重城墙；内城周长约1000米，外城周长约1500米，遗址总面积约0.12平方公里[37]。

主要城防及附属设施遗迹：现存城墙约900米；内城仅存1座内西门；外城尚存外西门；山顶虎头中部现存1方堰塘，其周边有水井3口，其中宋井1口；现存3处摩崖题记，均为明代所记；城内遗存有大型建筑遗址1处，年代不详；虎头顶部还有清代修建的炮台1处[37]。

30. 夔州路夔州白帝城，目前史实研究属于第一层级

现有保护级别：2019年白帝城被列入国家级文物保护单位。

历史沿革：公元33年始建，1243年增筑，1278年破于元军。

位置、规模、布局：东经109.58°，北纬31.04°。位于重庆奉节县瞿塘峡西口长江北岸的白帝山、马岭山上[27]（图2.32）。夔州地处长江三峡西端入口，自此经三峡可达湖北宜昌南津关。白帝城东连荆楚江汉平原、西控巴蜀四川盆地，为南宋四川

❶ 资料来源：胡绍曦，唐唯目. 南宋四川战争史料选编[M]. 成都：四川人民出版社，1984（09）：448.

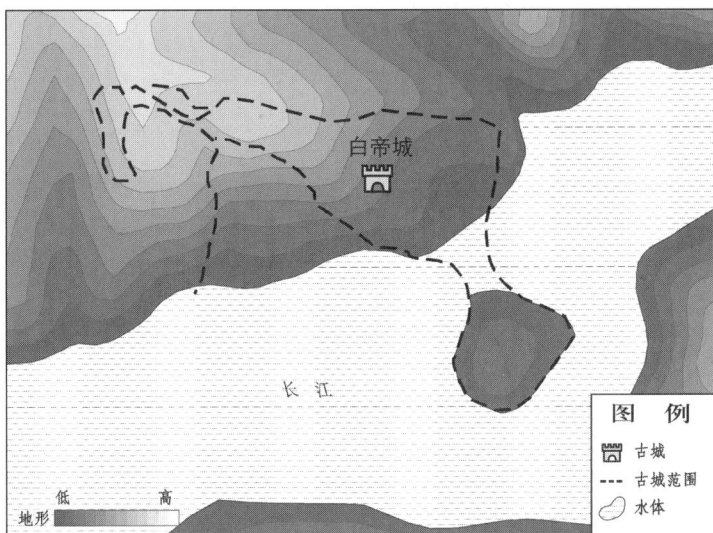

图2.32 夔州白帝城位置示意图

的东大门，地理位置极为重要。

据学者研究，白帝城始建于西汉末年公孙述据蜀称帝时期的建武九年（33年）。公孙述在此设鱼复县，并于夔门以西瞿塘峡峡口的赤甲山建城，赐名白帝；公元222年，即蜀汉章武二年，刘备在夷陵之战中战败，后率兵退至白帝城。并将时属巴东郡管辖的鱼复县更名为永安县；公元280年，此地被重新命名为鱼复县；公元554年的南北朝时期，再次被更名为人复县；至公元649年的唐朝贞观时期，首次被命名为奉节县[21]。《今县释名》记载，诸葛亮受刘备遗诏托付被任命为旌武侯，为主上鞠躬尽瘁死而后已，在大变革时不改本性，所以刘备托孤之地被改名为奉节。南宋时期，余玠于淳祐三年（1243年）提出《经理四蜀方略》，白帝城再次得到扩建，并成为当时夔州路治所在地，后被元人称作"四川八柱"之一。蒙元军队多次对其发动进攻，至元十五年（1278年）三月，城破[21]。

白帝城遗址面积约5平方公里，平面形状略呈马形。具有"城外城、城连城、城中城"的梯次防御体系，包括白帝山、鸡公山（即唐以前的赤甲山）、马岭（三峡蓄水后已淹没）的"两山夹一岭"；城由白帝城、马岭夹城、下关等部分构成[151]。白帝山原高出长江水面160米，三峡库区蓄水后，水位抬升102米至半山腰，白帝山成为江中岛屿。

主要城防附属设施遗迹：宋白帝城残存城墙7000多米，其中南宋城墙约3900米，有一字城墙两道；城门6处，东、西、北各一门，南门两座，水门1座；存有房址、兵器坑等城防设施[27]；城上遗存有始建于汉代的白帝庙。另外，白帝城悠久的历史，还吸引古人留下了众多诗词，文化底蕴深厚。

31. 重庆府城，目前史实研究属于第一层级

现有保护级别：1986年重庆被列为国家历史文化名城。

历史沿革：始建于公元前316年，南宋嘉熙年间（1236—1240年）增筑，1279年城降于元军，明、清扩建。

位置、规模、布局：东经106.57°，北纬29.56°。位于今重庆渝中半岛上（图2.33）。秦汉称江州，隋唐称渝州，宋徽宗时改称恭州，宋光宗升恭州为重庆府，之后即沿用此名，东周时期，巴国曾以这一带作为都城。《水经注》记载："江州县，故巴子之都

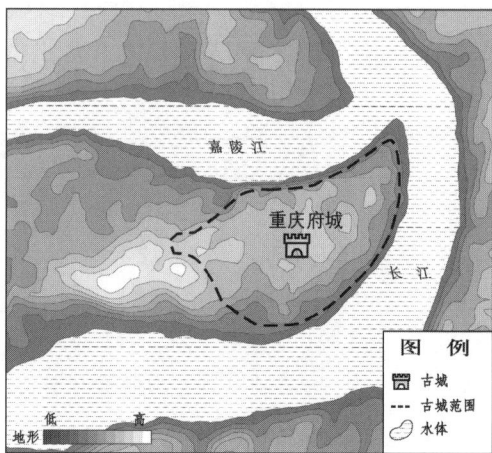

图2.33　重庆府城位置示意图

也"。顾祖舆先生描述重庆为："府汇川蜀之众水，控瞿塘之上游，临驭蛮剪，地势险要。……盖由江州道涪江，自合州上绵州者，谓之内水；由江州道大江，自泸戎上蜀郡者，谓之外水。内、外二水，府扼其冲。从来由江道伐蜀者，未尝不急图江州。江州，咽喉重地也。……宋淳祐初，余玠帅蜀，兼知重庆府，时巴蜀残破，玠多方拮据，力谋完复西南半壁，倚以无恐。彭大雅代之，急城重庆，以御利阆，蔽夔峡，为蜀之根砥。狡悍如蒙古，且夕不能以得志也，岂非他所必争欤。"❶正因为军事地理上不可替代的重要地位，1243年四川制置使司由成都迁到重庆。重庆由此成为南宋长江上游抗元的军事指挥中心。

据文献记载，重庆城经历过四次大规模筑城：第一次，战国晚期，秦灭巴国后，周慎王五年（前316年）秦国张仪筑"城江州"；第二次，三国时期，蜀汉建兴四年（226年），蜀国李严筑江州"大城"；第三次，南宋嘉熙年间（1236—1240年），四川制置副史彭大雅增筑重庆府城；第四次，明朝洪武年间，重庆卫指挥使戴鼎在宋城基础上修筑重庆城[29]。

目前确定的南宋重庆城的走向与明清城墙基本一致，规模略小，约4平方公里，平面略呈东西尖、南北缓的椭圆形。

主要城防及附属设施遗迹：现存城墙4364米，明清城墙总长约3744米，南宋城墙长约150米；南宋时期的5座城门中现存太平门、千厮门[29]两座。老鼓楼衙署，为南宋抗元战争期间的四川制置司及重庆治所。宗教建筑罗汉寺始建于北宋。城内还存有一批始建于宋的阶梯道路、作坊建筑、水井、采石场、排水设施及生活聚落房址等。

❶资料来源：顾祖舆撰，贺次君，读史方舆纪要[M]. 施和金点校. 北京：中华书局，2005：03.

32．重庆府多功城，目前史实研究属于第一层级

现有保护级别：2000年被列为重庆市级第一批文物保护单位。

历史沿革：1268—1274年始建，城破时间不详。

位置、规模、布局：东经106.56°，北纬29.70°。位于渝北区翠云街道翠云山上❶（图2.34）。多功城位于南宋抗元"防御支柱"钓鱼城和"防御核心"重庆城之间，距钓鱼

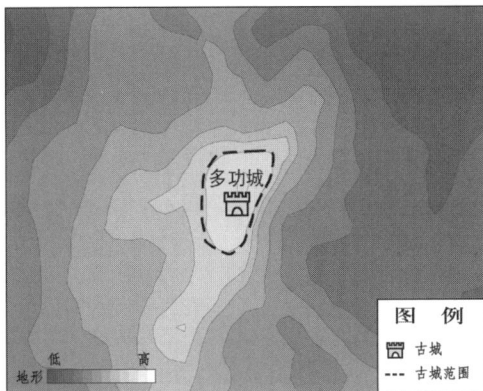

图2.34　重庆多功城位置示意图

城约40公里，距重庆城约16公里。翠云山毗邻南宋时期重庆通往合州的主要陆路通道，同时水运交通方便，距长江约9公里，距嘉陵江约3.5公里。

多功城是拱卫重庆的最后一道屏障。城平面大致呈椭圆形，北侧略宽，南侧略窄，南北长约200米，东西最长处约100米，占地面积约1公顷，沿山顶一圈为城墙，长约500米。

主要城防及附属设施遗迹：现存部分城墙及东、西两道城门。城内存翠云寺。文献记载城中有"天池水"。

33．涪州三台城，目前史实研究属于第一层级

现有保护级别：2019年，涪陵龟陵城旧址被列为重庆市级文物保护单位。

历史沿革：始建于1266年，1280年城破于元军。

位置、规模、布局：东经107.28°，北纬29.71°。位于重庆市涪陵区李渡镇东堡村（图2.35），本名"三台砦"。城因西面小溪与长江交汇沿岸呈三角阶地三迭，故名"三台山"。从长江南岸眺望三台寨，它就像一只蹲坐在江边的大乌龟，由此又名"龟陵城"。三台城位于小溪与长江汇合处三角地带的制高点上，西连重庆，东达忠州，是重庆至夔州长江水道上的重要防御据点之一❷，曾为三台县治所在地。城周回约1公里有余，占地约9万平方米。

主要城防及附属设施遗迹：现存有环山城墙、一字城以及东、西两座寨门。城内现存有井及南宋三台寨碑1处，另有炮台、衙署遗迹，年代不详。

❶ 清《四川通志》记载："多功城在县西四十里，宋淳祐中筑。"清《重庆府志·江北厅志》中记载："在巴县西，宋淳祐中筑，今在厅西北，山石□□，因岩为城，左高三丈余，右丈余，周两百余步，东西二门，创建年月无考，惟西门右上镌端明殿大学士大中大夫四川安抚制置大使朱□建……"，其中的江北舆图也清楚地绘制了多功城的位置。清《蜀中名胜记》也曾记载，"又三十里为多功城，宋末筑，有寺名多功寺，门垣犹存，寺有天池水。"

❷《宋史·地理志》载："咸淳二年移治三台山"。

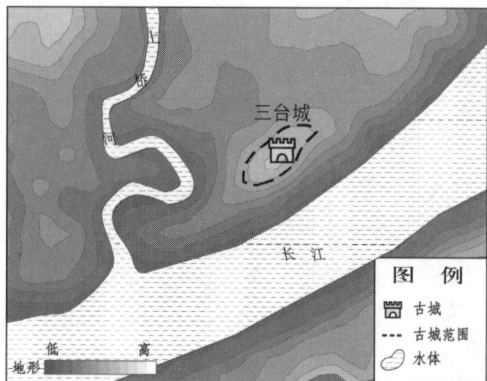

图2.35 涪州三台城位置示意图

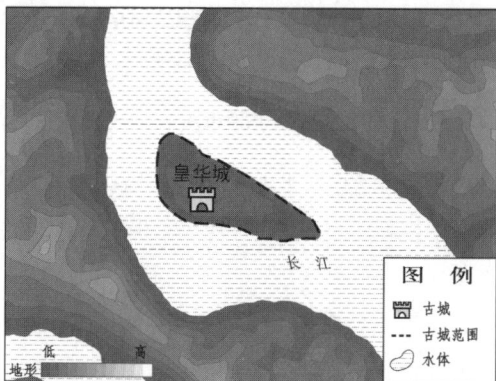

图2.36 忠州皇华城位置示意图

34．忠州皇华城，目前史实研究属于第一层级

现有保护级别：1986年被列为县级文物保护单位。

历史沿革：1254年始建，1265年始名皇华城。1277年城破于元军。

位置、规模、布局：东经108.10°，北纬30.34°。位于重庆忠县城东8公里处的顺溪乡皇华村境内[152]，城建于长江江心岛上（图2.36）。此城西接涪州达重庆，东连万州至夔门，与涪州三台城一起共轭重庆至夔州长江水道。岛又称皇华洲，原名江浦，原面积2.5平方公里，因三峡工程蓄水，面积缩小到约1.5平方公里。城沿岛而建，呈西北、东南走向。

主要城防及附属设施遗迹：经考古发现，城墙由内城墙、外城墙及一字墙三部分组成，长约5645.74米；调查发现墩台、排水沟、采石场、道路、墓地、水井、古民居、宋至明清摩崖题刻、码头、庙址、祠堂等文物遗存55处；另存有形制规整、保存较好的建筑基址，可能为当时衙署区❶。

35．大宁监天赐城，目前史实研究属于第三层级

现有保护级别：1985年被列为县级重点文物保护单位。

历史沿革：1262年始建，1278年城破于元军。

位置、规模、布局：东经109.65°，北纬31.30°。位于重庆市巫山县龙溪镇天城村天赐山❷（图2.37）。城周长约3200米，面积约0.8平方千米，东西城门相距约1.5千米。

主要城防及附属设施遗迹：现存有少量城墙遗迹，有南宋大、小石碑，有古七星观遗址。

❶资料来源：重庆市文物考古研究院。
❷光绪《巫山县志·山川志》："县西北，废大昌西四十里，有城连凤岭。"

36．梁山军赤牛城，目前史实研究属于第二层级

现有保护级别：未列为文物保护单位。

历史沿革：1242年始建，1277年城降于元军。

位置、规模、布局：东经107.73°，北纬30.64°。位于重庆市梁平县双桂牛头村，因"山赤而牛形"[153]得名（图2.38）。梁平西接渠州，东达万州，为成都到万州陆路的重要交通节点，宋置梁山军。相当于州一级行政单位，但军事作用更加明显。赤牛城依山而建，据清光绪《梁山县志》记载："周三百六十步，敌楼百四十三座，四门各有题识"❶。

主要城防及附属设施遗迹：现存寨门2座，年代不详。"赤牛卧月"为"梁山八景"之一。

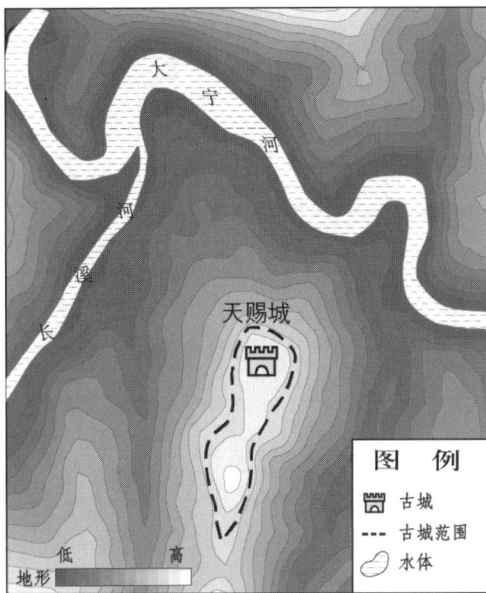

图2.37　大宁监天赐城位置示意图

37．黔州绍庆城，目前史实研究属于第四层级

现有保护级别：未列为文物保护单位。

历史沿革：始建年代不详（一说1276年[41]），1272年绍庆府治所迁入，1278年城破于元军。

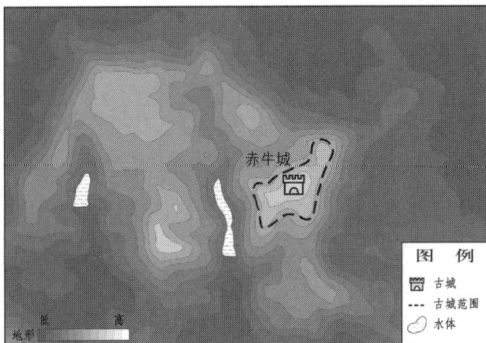

图2.38　梁山军赤牛城位置示意图

位置、规模、布局：东经108.16°，北纬29.28°。位于重庆市彭水县绍庆区乌江西岸壶头山麓[41]（图2.39）。彭水位于武陵山区，控扼乌江下游，东接湖北，南通贵州。绍庆城西北可达涪陵三台城，二城共同抵抗沿乌江逆流而上的元军。城规模与布局不详。

主要城防及附属设施遗迹：不详。

38．南平军龙岩城，目前史实研究属于第一层级

现有保护级别：2000年被列为重庆市文物保护单位。

历史沿革：始建于1255年，1259年击退蒙元军队，城破时间不详。

❶ 资料来源：重庆市文物考古研究院，目前重庆考古队正在开展赤牛城的考古工作。

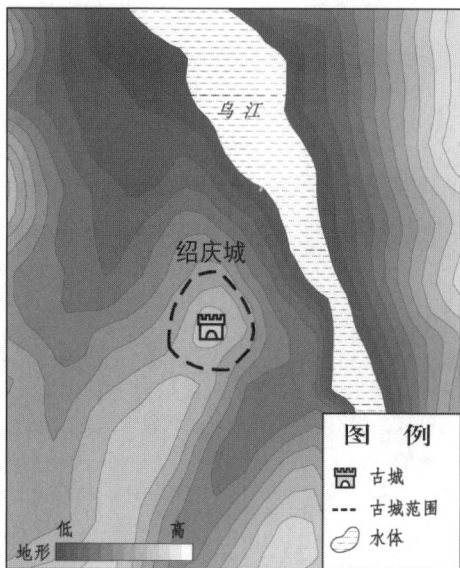

图2.39 黔州绍庆城位置示意图

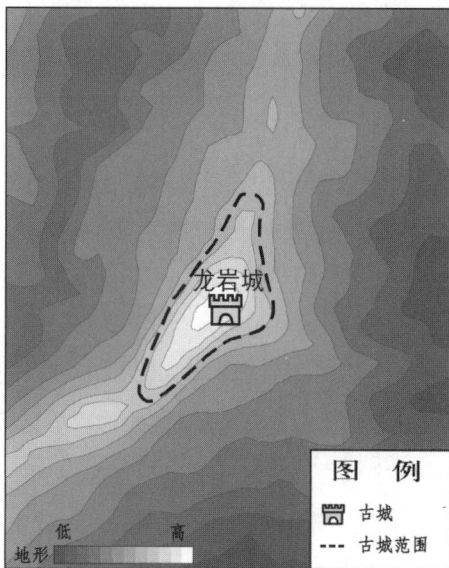

图2.40 南川龙岩城位置示意图

位置、规模、布局：东经107.31°，北纬29.06°。位于重庆市南川区三泉镇马脑乡马脑山[154]（图2.40）。南川，南宋置南平军，北邻重庆，位于播州北上进攻重庆的交通要道之上。南平军龙岩城与播州海龙囤、养马城，共同构成重庆南方屏障。

据文献记载，城"高二里，长过之，阔半焉。"[154]；另据考古发现城墙沿山顶岩石走向布置，环城墙道路长约2.9千米，推测城墙长度略同。

主要城防及附属设施遗迹：尚存有部分城墙遗迹，另存民国时期重建的城门1处。有南宋"龙岩城抗蒙纪功碑"；有水塘名菖蒲湾，推测是当年天池所在[154]；经考古发现城内存有明代佛教、清代道教、采石场等遗址❶。

39．万州天生城，目前史实研究属于第一层级

现有保护级别：2013年万州天生城被列为国家级文物保护单位。

历史沿革：1243年始建，1275年城破于元军。明末清初，"夔东十三家"之"三谭"抗清武装曾将天生城当成据点。清代，当地人在天生城结寨自保以防匪患。民国时期，天生城继续延续堡寨功能。

位置、规模、布局：东经108.37°，北纬30.83°。位于重庆市万州区周家坝街道天生城社区天生城山上[155]（图2.41）。万州天生城与云阳磐石城、奉节白帝城等共同构成扼守由京湖入蜀的军事重镇。天生城山体南北长约1500米，南宽北窄，南端最宽处约500米，北部最窄处约

❶ 资料来源：代玉彪. 不攻之城——重庆龙崖城考古调查札记[EB/OL]. (2020-7-14)[2020-12-23].

40米；山顶台城为城主体，周长1820米，面积11.1145万平方米；东外城南北长408米，东西宽30～55米，面积约1.65万平方米；台城外侧另有东外围城和北外子城[28]。

主要城防及附属设施遗迹：内城现存3座城门，即前寨门、中寨门、后寨门，城墙全长约749米。北外城城墙残长约83米。东外城现存一字城墙2道，卡门2座[28]。

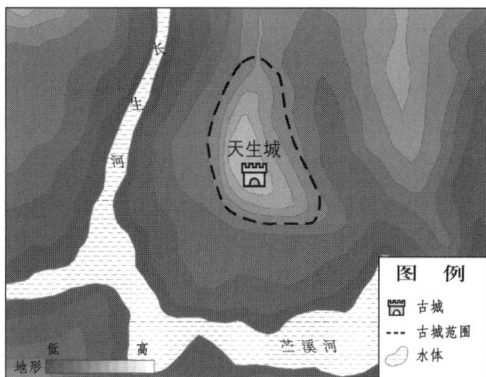
图2.41　万州天生城位置示意图

40. 云安军磐石城，目前史实研究属于第一层级

现有保护级别：2010年被列为重庆市文物保护单位。

历史沿革：唐中叶始建，1243年扩建，1276年城破于元军。

位置、规模、布局：东经108.42°，北纬30.56°。又称磨盘寨、大石城，位于重庆云阳县新县城内，与彭溪河相连，南临长江，东、北依山谷[156]。磐石城临江而立，俯视三峡，扼夔巫咽喉，掌涪万锁钥，南通施利，北达房庸，连山带江，既有水路，又有陆路，一直都是军事和交通要道，享有"夔门砥柱"的盛名，军事地理位置重要（图2.42）。城建于天然巨石之上，平面椭圆形，三面临江，四周陡峭，雄峙一方。城长轴大体沿东西向，前后城门分别为长轴的两个端部，相距约420米。南北两面为陡峭绝壁，相距约130米，面积达3.5万平方米[157]。

主要城防及附属设施遗迹：现存有城墙、城门、水井、采石场、暗堡、墙基等大量文化遗址。城墙砌筑在高100余米的四面绝壁上，围墙通高2米，厚约0.5米；城门有前、后寨门，其中前寨门卡门顶建有敌楼，设有炮孔、射孔和观察孔，推测为清代重建；另据文献记载，城南北两边都曾设有炮台，城内配置有武器库、弹药库、防炮洞和粮仓、蓄水池等设施[158]。

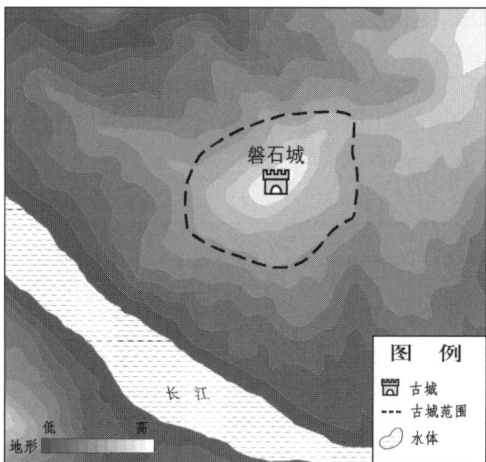
图2.42　云阳磐石城位置示意图

41. 播州海龙囤，目前史实研究属于第一层级

现有保护级别：2015年播州海龙囤与湖南永顺老司城、湖北唐崖土司城三处遗址以"中国土司遗址"为名，被列为世界文化遗产。

历史沿革：1257年始建，城破于元的年代不详。明代仍为播州土司囤堡，1600年城破于明军。

位置、规模、布局：东经106.82°，北纬27.81°。别称龙岩囤，位于遵义市汇川区海龙囤村西北的龙岩山巅，附近群山环绕；东南方向和播州宣慰司治（遵义老城）相呼应，二者间约有20千米的路程（图2.43）；遵义西通云南，南通广南西路，控扼由南向北进入四川的要道，是忽必烈攻占大理（1252—1254年），采用斡腹之计攻击四川的必经之路。现存城垣围合面积约0.38平方千米，城垣总长5773米[30]。

主要城防及附属设施遗迹：现存关隘及门址13个；城墙、城门及关隘大致可分为南宋晚期和明晚期两个时期，南宋时期的城垣与门址主要位于囤顶，有部分叠压在明晚期的遗址之下；城址南北侧临深渊，西抵万安关，东至飞龙关；另外在囤东侧的一些关隘，如朝天关，发现可能有南宋时期的遗迹存在；目前已明确属于南宋晚期的遗存，有囤顶南北围合的城垣及4座门址[30]。

42. 播州养马城，目前史实研究属于第一层级

现有保护级别：属海龙囤的辅助城防，被共同列为世界文化遗产。

历史沿革：1257年始建，城破于元的年代不详。明代仍为播州土司囤堡，1600年城破于明军。

位置、规模、布局：东经106.85°，北纬27.81°。位于遵义市汇川区高坪镇大桥村养马组（图2.44），西南距海龙囤约2.5千米；据考古发掘推测，与海龙囤建造历史背景相同，是海龙囤附近的重要辅助城防；城位于多个小山头围绕的山间盆地上，城墙顺山脊蜿蜒而建；现存城垣围合面积约0.35平方千米[31]。

主要城防及附属设施遗迹：现存较好的城墙总长约3500米，城门6座，均为南宋遗存；城墙上有环城主道；城内有采石场和始建于南宋的大型建筑遗址；另经考古推测城内有冶铁或铁器加工作坊[31]。

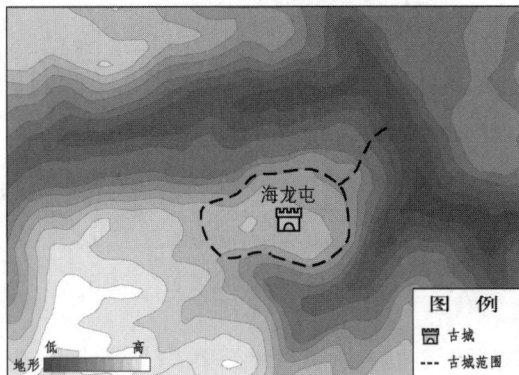

图2.43　播州海龙囤位置示意图

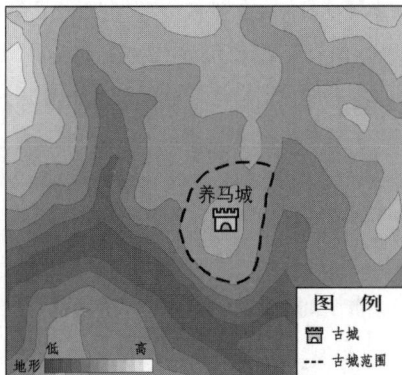

图2.44　播州养马城位置示意图

第二节

南宋长江上游抗元城防体系
所属文化景观的类型

文化景观理论为研究南宋长江上游抗元城防体系提供了全面的视野。为认清这一遗址的本质特性，本书将其置于"主旨—维度—类型"的框架中，分析其具有的文化景观类型特征，并追溯这些类型的研究维度与主旨，从而寻求深入剖析其特质的切入点。

创建于南宋的长江上游抗元城防体系，其军事防御功能目前已停滞，城防设施仅剩遗址。因此从"时间"维度来看，南宋长江上游抗元城防体系为遗址类文化景观。

从"动力"维度来看，这一城防体系景观是当时抗元军事斗争的伴生产物，所以，可以将其归类为军事设施类文化景观。但是，在这一城防体系形成之后，尤其是南宋抗元斗争行动结束之后，即13世纪末起，构成体系的城防多因其雄美的景象与可歌可泣的历史而成为当地的风景名胜，渗入了大量的人类美学思想。因此，城防体系遗址兼具风景名胜类文化景观的类型特征。

从"功能"维度来看，城防体系主要为军事斗争这一物质功能而存在，但宗教思想与民俗教化是实现这一物质功能不可或缺的精神支撑。所以南宋长江上游抗元城防体系遗址兼具宗教与民俗这类"非物质"文化景观的类型特征。另外，长江上游抗元城防基本沿南宋时期的主要交通路线分布，抗元军事行动是这些交通路线文化活动的重要组成部分。这些路线也串起了各城防之间的社会、经济等活动，同时串起了具有地域性的自然景观，因此，长江上游抗元城防体系也兼具线路类文化景观的特征。

结合"动力"与"空间"维度来看，城防设施从一开始创建就具有"屯兵纳民"的特点，且目前基本位于乡村管辖地。而城防体系分布于当今四川、重庆、贵州等不同省（直辖市），总面积约17.94万平方公里的范围内。所以，城防体系也兼具区域性乡村聚落类文化景观的特征。

一、具有军事设施类文化景观的类型特征

（一）军事设施类文化景观的内涵

军事设施，是为实现人类军事行动目的而设立的机构、系统、组织、建筑等物质实体。本书所指的军事设施文化景观，是将军事设施视为地表文化现象以及人类文化组成部分，依托文化景观理论而提出的概念，旨在深入剖析军事设施的本质特征，并补充完善人类文化构成研究。

1．国际防御与军事遗产科学委员会的价值认知与分类——感情共鸣的物质基础

国际防御与军事遗产科学委员会（Icofort）认为，军事遗产唤起了体验者的感情共鸣，因此是一种有价值的文化遗产。委员会感兴趣的主题包括与防御工事和军事遗产有关的不同项目，例如：①建筑，包括防御工事（含设防城镇）、军事工程、武库、港口、兵营、军事和海军基地、试验场以及为军事和防御目的建造和（或）使用的其他飞地和建筑；②景观，包括古代或近现代的战场、领土、水下或海岸防御设施和土方工程；③纪念性历史遗迹，包括战争纪念物、战利品、墓地、纪念碑和其他牌匾或标志❶。

委员会对防御与军事遗产的价值认知建立在感情共鸣的基础之上。对于引起共鸣的感情是什么，未给出明确回答。通过分析委员会的介绍，本书将这种感情理解为对正义的追求，以及由此衍生出的对侵略者的痛恨、对逝者的缅怀、对生命的珍惜等多种复杂的情感。虽然战争是人类最残酷的行为，但是，由于非公平正义的存在，战争与人类的历史如影随形，是人类不可回避的历史组成部分，而见证这一历史的正是防御与军事遗产，也即本书所指的军事设施类文化景观。

委员会将此类遗产分为景观、建筑和纪念性历史遗迹三种类型。从尺度上来看，涵盖了大、中、小三种类型；从自然与文化的角度来看，兼顾了遗产的某些自然属性，具有一定的借鉴意义。但是，上述分类主要关注了军事设施的物质属性，尚未涉及遗产的非物质属性，也就是未提及与遗产相关联的精神属性。而后者，恰是深入分析军事设施类文化景观的维度之一。

2．国内学者对军事设施的相关研究——从建筑到文化景观

国内学者将军事设施视为我国文化遗产的重要组成部分，并开展了大量研究。对军事设施遗产的认知，从视其为文物古迹的组成部分到视其为文化景观的一种类型；从仅关注遗产的物质

❶ 资料来源：国际防御与军事遗产科学委员会网站http://icofort.icomos.org/home。

要素到兼顾遗产的精神属性，并视后者为军事设施遗产演变的主线。

建筑是军事设施的主要物质形态，因此军事设施最初被作为古建筑，而成为我国遗产保护的对象。长城就是其中最典型的代表。1961年，长城成为第一批全国重点文物保护单位，随后成为我国最早的世界文化遗产之一。而后，学者围绕长城的文物古迹构成要素展开研究，逐渐厘清其实物遗存及其历史、地点和年代要素，为长城的原真性、完整性和突出而普遍的价值的认知提供了重要依据。值得注意的是，在此过程中，学者始终将长城视为防御体系，不仅关注某段城墙、敌台等设施，而且将城墙内外的墩台、烽燧、壕堑等设施统一纳入研究；不仅关注城防设施的科学、技术、艺术价值，同样关注长城内外的自然景观和风土人情[159]。之后，随着古代城防研究的兴起，古代都城以及重要军事城镇的研究方兴未艾[160]。由此，对军事设施的研究从建筑物拓展到了建筑群，甚至城市的层面。

在此基础之上，单霁翔先生明确提出了"军事类文化景观"[105]的概念。这一概念的提出，把对军事设施的研究视野拓展到了文化景观，强调了军事设施遗产的文化属性，即"体现人类和平诉求"。这一概念强调了军事文化是人类文化不可或缺的组成部分。战争是军事行动的直接表现形式，与人类文明的产生、发展如影随形。为实现战争的目的，军事科学、军事文化不断进步。战争行动必然带来了某些难以回避的破坏与倒退，但是，当把战争中蕴含的军事科学与文化运用在非军事行动中时，往往能够起到推动人类社会发展的进步意义。例如飞机的发明与应用就充分印证了这一逻辑。1903年，美国的莱特兄弟发明了飞行器，成为现代飞机的先驱，但是还有很多缺陷，正是两次世界大战，促使飞机制造技术迅速进步。而二战结束后，大量军用飞机转为民用，直接改变了人们的交通方式，推动了社会的高速运转。因此，从文化景观的视野来审视军事设施，是我国文化遗产研究的一大进步。

（二）军事设施类文化景观的特征

军事设施类文化景观以军事设施类文化遗产为主体，考察目前世界文化遗产名录中的相关遗产，可以初步概括此类文化景观的特征。

1. 法国沃邦防御体系文化遗产的特征

法国沃邦防御体系于2008年被列为世界文化遗产，由位于法国西部、北部和东部边界的12组防御建筑和遗址组成（图2.45、图2.46）。它们代表了路易十四的军事工程师——塞巴斯蒂安·勒普雷斯特·德·沃邦（Sébastien Le Prestre de Vauban，1633—1707年）的杰出作品。这一系列遗产包括了由沃邦从零做起的城堡、城市堡垒墙和棱堡塔楼，还包括山上、海边的防御

1	La tour Dorée de Camaret-sur-Mer	7	les forts des Salettes, des Trois-Tête, du Randoouillet et Dauphin
2	Les tours-observatoires de Tatihou et de la Hougue	8	La place forte de Mont-Dauphin
3	La citadella d'Arras	9	L'enceinte, le fort et la Cova Bastera de Villefranche-de-Conflent
4	La place forte de Longwy	10	L'enceinte et la citadelle de Mont-Louis
5	La place forte de Neuf-Brisach	11	La citadelle et le fort Paté et Médoc de Blaye/Cussac-Fort-Médoc
6	La citadelle, l'enceinte urbaine et le fort Griffon	12	La citadelle el l'enceinte de Saint-Martin-de-Ré

图2.45 沃邦城防体系分布示意图
资料来源：底图来源于联合国教科文组织世界遗产中心网站

工事，以及山地炮台和连接两座山头交通的构筑物。这一遗产见证了西方军事建筑传统堡垒最辉煌的成就。直到19世纪中叶，沃邦在欧洲甚至其他大陆的防御建筑史上都起着非常重要的作用。

沃邦防御体系被认为符合OUV评价标准的第（i）、（ii）和（iv）条。标准（i）：见证了传统棱堡防御体系的巅峰，是现代西方军事建筑的典范。标准（ii）：在防御建筑史上起到了重要的作用。欧洲以及美洲大陆上复制它的标准模型，它的防御形式被运用在俄罗斯、土耳其等地，它的理论被作为防御体系的模板在远东传播，这些都见证了沃邦防御体系的普遍性价值。标准（iv）：这些作品证明了人类历史的一个重要阶段。沃邦防御体系是人类思想在军事策略、建筑与建造、土木工程、经济和社会等方面综合的结晶❶。

从沃邦防御体系来看，军事设施遗产具有如下特征。

1）见证了人类某重要阶段军事策略与军事技术的进步

沃邦防御体系见证了人类历史上重武器盛行后，军事防御策略转变的重要阶段。这一阶段，欧洲国土防御的重点由面（大量重要城镇）向点（位于各个交通要道交汇处的要塞）转变；城市防御的方式由全城墙向市郊要塞转变；防御设施从高耸的圆形城堡向低矮的三角形或梯形棱堡加多重堑壕转变，从而保护城堡的主体远离敌军火炮的射程。

这一军事防御策略的演变顺应了当时军事技术的进步。16—17世纪是欧洲军事技术全速发展的时代。火枪和大炮普遍使用，射程远达600—800米，这一进步使得欧洲原有

图2.46 沃邦城防体系之纽夫布里萨奇要塞全景鸟瞰图
资料来源：联合国教科文组织世界遗产中心网站

❶ 资料来源：关于沃邦防御体系OUV的评价整理自联合国教科文组织世界遗产中心网站。

高大的石质堡垒失去了防御效果。16世纪，意大利人首先发明了棱堡而逐渐取代了圆形堡垒。棱堡由两条成夹角的外墙呈现，避免了圆形堡垒的防御射击死角。17世纪，法国路易十四的军事工程师沃邦将棱堡体系推向高峰。层层叠叠、相互配合的星状角（Les Bastions）突出于防线以外，对攻击方形成了包围态势。低矮的棱堡与其外侧的堑壕相配合，充分吸收了炮弹的能量。而直线形的棱堡则增加了射击的角度和长度。

2）反映了军事防御工程技术的进步，同时促进了城市规划、土木工程、建筑学等学科的发展

棱堡和堑壕体系的运用，使得城墙的防御作用弱化，城墙在某些城市中的作用逐渐减弱，由此，推动了城市逐渐转向不再以实体的城墙为边界，带来了城市规划学科的进步。

棱堡和堑壕的建造技术，影响了土木工程、建筑学等学科的发展。在棱堡受到攻击的情况下，进攻方会挖堑壕。这些堑壕的主要特点是相互平行，外侧一般炮火无法达到，深度在3到4英尺❶之间，挖出的土汇聚到城堡另一边，形成胸墙。以基本堑壕作为出发点，沿着城堡呈之字形方向来建，形成锯齿状的壕沟，对抗炮火的效果很不错。在挖到离城堡600米的情况下，攻方旋转方向，挖出前沿堑壕，其主要特点是同基本堑壕保持平行。还有最典型的一点是各类型壕沟的深度及构筑方式基本一样，在前沿壕沟挖好的情况下，攻城部队打到该地方时，可以借助胸墙打掩护。若是此种攻击不能起作用，可以通过上述方法继续向前，挖出第三、四条堑壕，直至用火炮彻底摧毁守军防御。由此，沃邦提出的堑壕攻城体系将原来零散的壕沟整合成体系，是野战阵地体系的一大进步。这一体系促进了土木工程、建筑学等学科在军事设施建设中的应用发展。

2. 哥伦比亚的卡塔赫纳港口、堡垒和纪念碑组文化遗产特征

哥伦比亚卡塔赫纳的军事及其附属设施（Port, Fortresses and Group of Monuments, Cartagena）早在1984年即成为世界文化遗产。卡塔赫纳位于哥伦比亚北部海岸加勒比海对面的一个隐蔽海湾上，拥有南美洲最广泛和最完整的军事防御系统之一（图2.47）。作为军事设施文化遗产，卡塔赫纳的特征主要表现为以下两个方面。

图2.47 卡塔赫纳的军事设施局部
资料来源：联合国教科文组织世界遗产中心网站

1）军事地理位置重要，是交通路线的重要节点

卡塔赫纳与哈瓦那和波多黎各圣胡安

❶1英尺约0.3米。

一道，是西印度群岛航线上的重要环节，构成了世界勘探史和大型商业海上航线的重要篇章。几个世纪以来，卡塔赫纳一直是争夺"新世界"控制权的主要欧洲大国之间对抗的焦点。因此，这座城市的战略位置险要，它既是加勒比地区最重要的港口之一，也拥有美洲16、17和18世纪最完整的军事建筑。

2）见证了由交通、军事等原因带来的文化交融进步

卡塔赫纳设防城市同样见证了交通、军事等人类活动而带来的文化交融。这些防御工事由西班牙人在1586年建造，并在18世纪得到加强，且扩建到目前的规模。防御工事是当时军事建筑的典范。它们充分利用了众多海湾通道及其提供的自然防御。最初的防御工事系统包括城市围墙、玻卡瓜德（Bocagrande）入口处的圣马丁（San Matías）堡垒和圣弗利普·得·玻阔尔龙（San Felipe del Boquerón）塔。港口的所有天然通道最终都被堡垒所控制，包括：圣路易斯和圣何塞、圣费尔南多、圣拉斐尔和圣巴巴拉（西南通道）、圣克鲁斯、圣胡安·德曼萨尼略和圣塞巴斯蒂安·帕斯泰利洛（San Sebasián de Pastelillo），以及令人敬畏的卡斯蒂略·圣费利佩·德巴拉贾斯（Castillo San Felipe De Barajas）。

而在殖民地城墙围合的狭窄街道上，可以看到美丽的居民区和重要的纪念碑，它们同样见证了宗教、社会等文明的演变。一系列的边界将城市划分为三个街区：中心为卡塔赫纳大教堂的所在地，圣皮特罗·克雷威尔（San Pedro Claver）的修道院，宗教裁判所的宫殿，政府宫和许多富人的高级住宅；圣地亚哥（或称Santo Toribio）是中产阶级商人和工匠居住的地方；盖特塞玛尼（Getsemaní）则是曾经为该市经济活动提供动力的工匠和奴隶居住的郊区。这些美丽的城市街区见证了16世纪以来，军事、交通、贸易等活动带来的文化交融与进步❶。

（三）作为军事设施类文化景观的南宋长江上游抗元城防体系研究的切入点

综上所述，军事设施类文化遗产往往位于重要交通路线的节点，具有重要的军事地理位置。同时，它们是人类军事策略、军事技术的历史见证，更是军事防御工程技术进步的直接反映。而后者运用到的城市规划、土木工程和建筑学等学科知识，对人类科学技术的进步同样起到了重要的推动作用。

从文化景观的主旨来看，上述两处军事设施遗产均以防御体系的形式呈现；两处遗产均因军事斗争行动而建，并随之变迁，具有历时性和动态性；两处遗产都拥有特色鲜明的防御设施作为物质实体，同时，也都促进了宗教、民俗等非物质文化的传播与发展；两处遗产的建设都充分利用了地形、地貌的防御优势，反映了人类行动与自然环境的交融。

❶ 资料来源：关于卡塔赫纳港口、堡垒和纪念碑组的遗产特征整理自联合国教科文组织世界遗产中心网站。

从文化景观的维度来看，上述军事设施遗产的防御设施，在时间上已基本停止演进，主体部分已成遗址；空间上属于城市，并以区域为背景；促成其产生的原生动力是军事斗争行为，但经济、社会等动力同样促进了其遗产整体形态的形成与发展；遗产的主要功能是反映了为军事斗争提供的物质支撑，但同样蕴含了包括保家卫国的爱国主义精神在内的多重精神功能，也就是非物质功能，同时记载了攻防双方多元文化的传播与交流。

对照来看，长江上游抗元城防体系因南宋末年的抗元斗争行为而建，其景观形成的直接动力是军事行为。这些古城遗址的主体是城墙、城门、炮台、校场等军事设施。而这些成体系的军事设施，显然具有"大尺度、动态性、兼具物质与非物质、融合自然与文化"的特征，与本书所概括的文化景观概念的主旨相互呼应。因此，南宋长江上游抗元城防体系遗址具有军事设施类文化景观的类型特征。

由此，本书从军事设施类文化景观的视域来研究南宋长江上游抗元城防体系，将结合军事设施世界遗产的主要特征，研究"区域—单个城防"的军事地理重要性；同时，将其置于城市规划和建筑学等学科知识的背景下，探索其如何见证与反映了人类的军事策略、军事技术，以及军事建筑工程技术。并且，将上述研究遵循文化景观"主旨—维度—类型"的框架，探讨这一城防体系在大尺度、动态性、兼具物质与非物质及融合文化与自然四个方面的对应关系，从而寻求长江上游文化景观的特质。

二、兼具线路类文化景观的类型特征

（一）线路类文化景观的内涵

《实施世界遗产公约操作指南》提出线路类文化景观涵盖遗产运河、遗产线路两类。

1. 遗产运河

1994年9月，世界遗产委员会在加拿大召开会议，报告中就"运河"概念展开深入阐述，将其定义为：运河可直接理解为由人类修建的水路。基于历史和技术层面分析，可将运河归于文化遗产范畴，其在普遍价值方面具有较高的代表性。历史运河是人类发展历史中的遗留物，透过运河可了解线性文化景观的特征及其作为文化景观的构成特点[1]。定义同时对运河遗产的技术、经济、社会和景观意义进行了概括。

❶ 世界遗产委员会第19届会议，德国柏林，1995年，见文件WHC-95/CONF.203/16，关于遗产运河的专家会议报告，加拿大，1994年9月15-19日，见文件WHC-94/CONF.003/INF.10。

2．遗产线路

1994年12月，世界遗产委员会专家会议在西班牙马德里召开❶，会议报告上提出可将线路归于文化遗产范畴，明确线路在历史文化中的重要地位❷。同时，在《实施世界遗产公约操作指南》中就遗产线路概念给出明确解释：

1）遗产线路在概念层面涉及诸多内容，它是一种构架，通过这一构架，人们可以了解其所呈现的历史观、文化特色及其共存与和平发展；

2）遗产线路存在多种构成要素，这些要素为跨国及跨地区交流和发展提供基础，这说明遗产线路存在时空交流活动。

上述两点分别从线路遗产的作用及其要素的文化意义，对这一遗产类型进行了阐释。《实施世界遗产公约操作指南》同时指出，可将线路遗产归于文化景观范畴，因其具有特殊动态特征。

世界遗产委员会在制定《世界遗产名录》时，对遗产线路进行多方面的确认与筛选，考虑了以下内容：是否满足突出普遍价值的特性；对各种动力和有形要素综合考量，以突显线路本身的重大意义；构成线路诸多要素的真实性、现今背景下的使用程度、相关族群对其发展的合理期望。尤其强调了遗产线路概念的动态性，在时空方面具有持续性、可交流性；呈现多维度共同发展趋势，可为宗教、商业、行政或其他需求提供支撑，起到补充或协调作用；从总体层面看，遗产线路价值要高于其自身价值，并为国家或地区交流提供渠道，这种整体性也使其具有了文化意义。

同时，世界遗产委员会表明需根据线路的自然框架，及其无形象征性层面来考虑上述所提及的因素。其实质也是在强调文化景观兼具物质与非物质以及融合自然与文化的基本主旨。

（二）线路类文化景观的特征

因本书所指的线路类文化景观包含了上述两种遗产类型，因此下文将分析目前已列入世界遗产的有代表性的运河遗产与线路遗产的特征，并对照文化景观的主旨与维度，归纳线路类文化景观的特征。

1．中国大运河体现的线路类文化景观特征

2014年，中国大运河成为世界文化遗产。其南北线路终点分别位于浙江和北京，整体分布在我国东北和中东部平原地区。其流域面积达20819.11公顷。公元前5世纪，大运河开始正式建

❶参见世界遗产委员会文件WHC-95/CONF.203/16。
❷参见世界遗产委员会文件WHC-94/CONF.003/INF.13。

立。公元7世纪，隋朝时期，整
个国家都被纳入大运河水道体系
中。运河包含了一系列大型建造
项目，其范围及规模均位居世界
首位；13世纪时期，大运河长度
已扩展至2000多公里，将我国5
个主要河流流域连接了起来。历
史上，在国内交通体系中，大运
河占据重要地位，为国家经济发
展与政治统治提供便利。以大运

图2.48　京杭大运河古纤道
资料来源：中国文物古迹保护准则（2015年修订）

河为基础，国家通过漕运制度和税收控制，为粮食和战略原材料运输提供交通渠道，并实现国家对重要物资的管理垄断。当前，大运河依然是我国交通体系的组成部分（图2.48）。

　　通过分析大运河所对应的OUV的评价标准，可见运河这种线性文化景观有如下主要特征。

　　1）运河（线路）工程是人类科学技术的杰作

　　世界遗产委员会评价大运河适用于OUV标准（ⅰ）和标准（ⅳ），概括了大运河工程的科学技术成就。

　　标准（ⅰ）：在人类发展中所建设的水利工程中，大运河具有最高水平，因为它的起源非常古老，整体规模宏大，能够根据社会发展及需求而不断调整。它是人类的智慧、勇气和决心的体现。大运河表明中国人伟大的创造力，展现出中国人民对水文的了解与掌握，打造了中国在世界范围内农业帝国的地位。

　　标准（ⅳ）：大运河在长度及历史时间上均具有世界之最的特征。通过大运河这一工业革命前的典型范例，可了解我国早期水利工程的发展现状。它是处理困难自然条件的基准，这反映在许多完全适应环境多样性和复杂性的建筑中。它充分展示了东方文明的技术能力。大运河包括重要的、创新的特别是早期水利技术的例子。它还见证了中国在建造堤坝和桥梁方面的具体技术，以及使用石材、夯土和混合材料如黏土和稻草等的技术。

　　2）运河（线路）承载了国家漕运系统历史文化传统，促进了文化交流

　　世界遗产委员会评价大运河适用于OUV标准（ⅲ）和标准（ⅵ），概括了大运河承载的文化传统及其起到的文化交流促进作用。

　　标准（ⅲ）（节选）：大运河见证了漕运系统运河管理的独特文化传统，它促进谷物、盐和铁的运输储存，并维持了税收制度。这是维持当时中国稳定的一个因素。大运河沿线的经济和城市发展见证了伟大农业文明的发展，并起到核心作用，在水路网络的发展方面起到决

定性作用。

标准（ⅵ）：自7世纪以来，大运河一直是经济和政治统一的有利因素，也是文化交流的地方。它创造并维持了一种生活方式和文化，这种生活方式和文化是生活在运河沿岸的人们所特有的，在漫长的历史时期，中国大部分领土和人口都感受到了这种生活方式和文化。大运河是中国古代大统一哲学概念的体现，是历代中国大农业帝国统一、互补、巩固的重要因素❶。

2. 皇家大道：安第斯道路系统（Qhapaq Ñan, Andean Road System）

同在2014年，穿越阿根廷、玻利维亚、智利、哥伦比亚、厄瓜多尔、秘鲁的皇家大道：安第斯道路系统（又称印加大道）也成为世界文化遗产。

印加人历时几个世纪建造了这一道路系统，它覆盖了约3万公里，是印加通信、贸易和防御的道路网络。这一道路系统具有世界上最极端的地理地形之一，穿过炎热的热带雨林、肥沃的山谷和荒芜的沙漠，将安第斯山脉海拔超过6000米的雪顶山峰与海岸相连。它在15世纪扩张至最大，当时从长度和广度上横跨了安第斯河。安第斯公路系统包括273个分站，分布在6000多公里，这些站点是相关的贸易、住宿和储存的基础设施，突显了道路网络的社会、政治、建筑和工程成就，同时具有宗教意义（图2.49）。

对照分析世界遗产委员会对印加大道文化遗产的OUV评价，可见其文化景观的特征主要体现在以下三个方面。

1）见证了文化区域内货物交换和文化传播交流的重要过程，也见证了印加文明的独特价值观和原则

标准（ⅱ）：这一道路系统在印加帝国15世纪的鼎盛时期，发展到长达4200公里。它的基础是整合前安第斯祖先的知识及安

图2.49 安第斯道路系统玻利维亚段局部
资料来源：联合国教科文组织世界产中心网站

❶ 资料来源：关于大运河的OUV评价整理自联合国教科文组织世界遗产中心网站。

第斯社区和文化的细节，形成了一个国家组织系统，使帝国的社会、政治和经济价值得以交流。若干路边结构提供了沿河交易的宝贵资源和货物的持久证据，例如贵金属、木屑、食品、军事用品、羽毛、木材和纺织品，这些物资在这里完成从收集、生产到制造的过程，并运往印加各经济中心和首都。

标准（ⅲ）：这一系统集中展现了印加文明，系统的主要基本原则是二元价值观、再分配以及互惠互利，这种价值观和原则是在印加文明一种奇异组织体系中构建的。道路系统网络成为安第斯景观的重要组成部分，成为印加帝国文明的重要见证，呈现了印加帝国几千年的文化发展和变化，同时也体现了安第斯地区帝国的力量，甚至成为一种文明象征。直到今天这一系统的原则和价值观，对沿线社区乃至于人们的社交关系都有重大影响，甚至成为人们处理和利用土地资源的文化哲学。而其中最关键的莫过于，生活的核心定义和伦理原则依旧是近亲的互相联系和支持。

2）是历史上与道路相关技术的杰出范例

标准（ⅳ）：安第斯道路系统是一个技术综合体的杰出例子，尽管地理条件非常恶劣，但该道路在农村和偏远地区表现出非凡的技术和工程技能，为持续和正常运作的通信和贸易系统提供了支撑。墙壁、道路、台阶、路边沟渠、污水管道、排水沟等特征类型明显，其施工方法根据位置和区域背景而变化，是印加人特有的。

3）是分享与传播无形文化价值的重要手段

标准（ⅵ）：在安第斯区域广袤的地域空间中，印加大道对其社会组织有重大影响。在那里，道路被用作分享具有突出无形意义的文化价值的手段。直到今天，印加大道还在向社会以及周边社区居民提供文化认同感，也是促进社区文化、习俗、传统技能长期传递的重要因素之一。社区内成员以自己的存在为基础，以安第斯宇宙视觉为基础，这是世界上独一无二的，并适合日常生活的各个方面。印加大道至今仍然与安第斯社区建立的无形价值体系有密切联系，其中包括衣饰习俗、古代技术以及传统贸易等，这些是对有关社区文化特性至关重要的、活生生的传统和信仰。安第斯公路系统继续发挥其原始职能，整合、交流货物和知识，尽管目前现代贸易和社会多有变化，但它在整整几个世纪里仍然保持其针对性和重要性，并起到文化参照物的作用❶。

（三）作为线路类文化景观的南宋长江上游抗元城防体系研究的切入点

综合上述两处文化遗产，可以归纳出线路类文化景观具有如下特征：一是，线路及其相关工程是人类工程技术的杰出范例；二是，线路承载或见证了区域文化的成就及其传播与交流。另

❶ 资料来源：关于安第斯道路系统OUV评价整理自联合国教科文组织世界遗产中心网站。

外，线路遗产与文化景观的研究主旨相吻合，都具有"大尺度、动态性、兼具物质与非物质、融合自然与文化"的特征。

从现有资料来看，南宋长江上游抗元城防遗址主要沿南宋四川境内的主要水、陆交通线（即通常意义上的蜀道）分布，包括了南北、东西两个主要方向，涵盖了由甘肃、陕西、云南、贵州、广西、湖北等周边地区入川并穿越其全境的多条水陆通道。例如，著名的荔枝道、米仓道、金牛道、嘉陵道等。城防遗址在承载军事这一主要功能的同时，也是这些交通路线上重要的驿站，见证了南宋长江上游经济、文化的交流与传播。城防体系依交通线路而建，线路类文化景观因城防体系而发展。因此，城防体系是南宋蜀道的重要组成部分，长江上游抗元城防体系也是南宋蜀道线路类文化景观的重要组成部分。

对照上述线路类文化景观的特征可以得出，从线路类文化景观的视角来考察长江上游抗元城防体系，就要从以下两个方面开展研究：一方面，要分析城防遗址作为蜀道的重要工程设施，如何体现了建筑技术的历史先进性；另一方面，还要探索城防遗址如何体现了区域文化的历史成就，如何见证了区域文化的传播与交流。

三、兼具乡村聚落类、风景名胜类等文化景观的类型特征

（一）兼具乡村聚落类文化景观的类型特征

长江上游抗元城防体系自南宋创建起就以城的形式出现。但是，这种"城"与当代的"城市"概念不同，它的主要功能是军事防御。在以农业为主导产业的南宋，尤其是在特殊的战争年代，要维持城的军事防御功能，粮食等后勤物资供给是重要一环。因此，这些城自创建起就容纳了农耕功能，并且这一功能也是维持城防体系运转的重要支撑。所以，包括农田、水井、果园、农舍等在内的乡村聚落要素，也是抗元城防遗址的组成部分，从而使城防体系兼具了乡村聚落文化景观的特征。

单霁翔先生将乡村聚落文化景观定义为"乡村类文化景观"，指出这一类文化景观包含了自然与环境之间互相影响作用的多种形式，体现的是在特定环境情况下，可持续利用土地的技术和理念思想，体现了相关文化景观所在自然背景条件的限制和特征[105]。

结合现有乡村聚落文化景观的研究来看，关注南宋长江上游抗元城防体系这一景观特征，就要关注城防内外农田、果园的土地利用方式，以及水池或水井的数量、形式及分布等特征，由此完善以文化景观为视域对长江上游抗元城防体系的研究。

（二）兼具风景名胜类文化景观的类型特征

从现存遗址来看，长江上游抗元城防大多依山傍水而建，自然环境或雄险或秀美，战争经历又为这些城防增添了丰富的历史文化内涵，因此，这些城防历来是当地的重要风景名胜，多为当地"集称文化景观"的重要组成部分。

例如，合川钓鱼城为"合州八景"之"鱼城烟雨"所在。据清乾隆十三年和光绪十四年《合州志》记载，明正德间四川监察御史卢雍和清朝合州诗人张乃孚，都曾作诗赞合州八景之美。卢雍诗："悬崖三面阻江湍，古堞摧颓烟雨寒。盘石刻能容我坐，绿蓑青笠弄长竿"。张乃孚诗："鱼山标胜概，百仞倚苍穹。雨洗孤城白，烟浮废垒青。晓妆开嶂黛，佳气沦山灵。壁立自今古，真堪作画屏"。直到今天，在春日微雨的清晨登钓鱼城，仍可见钓鱼城沐浴在烟雨之中，景色壮观。

另外，重庆城是"巴渝十二景"之"字水霄灯"所在；奉节白帝城涵盖"夔州十二景"的"赤甲晴晖""白帝层峦"，同时又是"白盐曙色""夔门秋月""滟滪回澜"等景色的观赏点；万州天生城是"万州八景"之"天城倚空""仙桥虹济"所在；金堂云顶城是"金堂八景"之"云顶晴岚"所在；巴中平梁城是"巴州八景"之"平梁古城"所在；梁山军赤牛城是"梁平八景"之"赤牛卧月"所在；顺庆府青居城是"南充八景"之"曲水晴波"观赏点；嘉定三龟九顶城所在凌云山一侧悬崖即是"嘉州八景"之首的乐山大佛；南川龙岩城所在的马嘴山是"南川八景"之"金佛晓霞"所在金佛山向东北延伸的一条支岭；播州海龙囤则是遵义民间诗人所描写的"飞龙关踏海龙囤"之所在。

集称文化景观采用数字集合对于特定范畴或区域或某一时期景观予以统称，是我国集称文化的集中体现[104]。这一文化约于周朝时萌芽，兴起于唐、宋，繁盛于明清。上述四川地区集称景观名称的出现，多晚于宋，集中于明清，即是在抗元城防体系形成多年后逐渐积淀而成。但这些八景或十二景是当时的地方官员与文人遍访周边景色后筛选而成的，是当地主要的风景名胜。抗元城防名列其中，可见它们在当地景色中居于重要的地位。例如，清代乾隆年间，由董邦达主持绘制完成的《四川通省山川形势全图》，就用中国古代设色山水画散点透视的方式表现了各州的典型山川形势。其中"合州图"中描绘了钓鱼城所在的钓鱼山的形象，与合州城跨江相望，构成合州城外一处重要的风景（图2.50）。而"万县图"中，也清晰地描绘出了天生城所在的天生城山，此山的色彩特意区别于周边山体，显示其当时仍是万县郊外重要的风景之一（图2.51）。此二图经当代学者研究虽在准确性上有所欠缺❶，但反映出强烈的审美取向。钓鱼、天生二城在图中出现，印证了二城在明清时期仍是当地重要的风景名胜地。

❶ 蓝勇. 重庆古旧地图研究[M]. 重庆：西南师范大学出版社，2013.

图2.50　清乾隆董邦达所绘合州图中可见钓鱼山景致
资料来源：蓝勇．重庆古旧地图研究［M］．重庆：西南师范
大学出版社，2013（01）：410.

图2.51　清乾隆董邦达所绘万县图中可见天生城山景致
资料来源：蓝勇．重庆古旧地图研究［M］．重庆：西南师范
大学出版社，2013（01）：373.

　　这些风景名胜是文化景观的重要组成部分，恰恰处在人们审美活动和体验的核心。它们由人们的审美活动出发，巧妙地将自然因素与人文因素汇聚为自然与人文系统，从而形成一个完整的、独特的视觉审美体系[105]。

　　长江上游抗元城防体系虽不是因审美而建，但能够给予人们以强烈的审美体验的根本原因，是城防景观和自然环境景观之间的融合。因此，以风景名胜文化景观为视角，来审视南宋长江上游抗元城防体系，更多是关注其自然与人文综合的审美效果。而厘清城防体系建造中利用自然环境的具体方式，将为从上述视角开展研究奠定基础。

　　综上所述，南宋长江上游抗元城防体系可视为军事设施类文化景观，同时兼具了线路、乡村聚落、风景名胜，甚至民俗宗教文化景观的类型特征。这种复合型特征，其实也为其他文化景观遗产所共有。这也是文化景观研究视角的包容性与多维度带来的必然。由此，以军事设施为切入点，同时关注线路、乡村聚落、风景名胜、民俗宗教等多种类型特征，较为全面地考察这一文化景观的内容组成与特征表现，为深入揭示其生成与发展机制提供较为全面的视角。这一视角将以融合自然与文化为出发点，全面关注长江上游抗元城防体系文化景观的覆盖范围、演化动力、物质与非物质功能。

第三节

南宋长江上游抗元城防体系
文化景观的演化

一、制度背景

宋朝自建国起就面临较为复杂的内、外政治格局，强化中央、弱化地方，成为宋代恪守不渝的家规。但是，这种强干弱枝的政策，在面对强大的外患时往往穷于应付。而民众为求自保，往往自发或配合官府结成防卫组织，成为一种武装力量，参与到了保家卫国的斗争中去。两宋朝廷通过在中央设置枢密院，并向重要军事战区地方派驻镇抚使、宣抚制置史等一系列制度设计，实现了对民间自卫武力的控制和整合。这为南宋时期在长江上游建设抗元山城防御体系提供了制度保障。

（一）两宋强干弱枝的兵制设计

从军种上来看，两宋时期的军队包括乡兵、禁军、番兵、厢军。其中，禁军最为强悍能战，归属于三衙（殿前司、侍卫亲军马军司及步军司）管理；厢军与禁军同属正规军，只是分工倾向负责地方防御、畜牧、修缮等多项工作；乡兵负责维持地方治安，主要来自户籍地或土民招募；另外，在西北沿边地区由少数民族组成番兵，以捍卫乡里。

从军事权上来看，军队训练、军队调动和作战指挥分别由不同的部门负责，互相牵制，以文御武，将从中御。

从已有数据来看，禁军与厢军的数量都在变化。除真宗天禧年间，厢军兵籍数额超过禁军兵籍数额外，其余时间禁军数额占优势（表2.2）。例如，宋太祖晚年，全国军队总人数为378000人，禁军总人数193000人，占了一半以上[161]。之后，二者的数量都有增长，但是禁军的职责主要是拱卫京师和守卫边防，相对单纯与集中。而厢军的职责则较为宽泛，除军事职能外，还承担了较多的非军事职能，如城防建设、递铺❶、治河、官营手工业等。加之厢军源起

❶ 递铺是宋朝递运系统中的基本单位，具有信息传递、官物运输和为过往官员提供相应服务等功能。此处指厢军中设有递铺兵。

于"诸州之镇兵"中较差的兵员,是禁军的补充,往往接受禁军淘汰下来的兵员,其战斗力显然要弱于禁军。

表2.2　北宋禁、厢军兵籍数量变化对照表

时间	禁军兵籍数额	厢军兵籍数额
太祖开宝年间	193000	185000
太宗至道年间	358000	308000
真宗天禧年间	432000	480000
仁宗景祐中	438000	—
仁宗庆历年间	826000	433000
英宗治平年间	663000	499000
神宗熙宁初	500000	—
神宗熙宁四年	227627	—
哲宗元祐七年	550000	200000

资料来源:参考文献[162]

南宋以来,厢军的军事职能更弱于北宋[162],而远在长江上游的四川能与金或蒙元外来武力相抗衡,屯驻大军与民间自卫武力相互协同发挥了重要作用。

（二）朝廷对民间自卫武力的控制整合

两宋以来,面对未曾中断的外来侵略,又得不到朝廷的有效保护,百姓为求自保,往往自觉成立防卫组织,自行筹措财源、兵器和建立防御据点。而朝廷同样在一定程度上默许了这种行为,并发挥了其对本乡本土的熟悉与热爱,扬长避短,通过镇抚使、宣抚制置使之手,既加强了边疆的防御又维持了对地方的统治。这一点在川陕防区表现得十分明显。

1. 镇抚使、宣抚使、制置使的设置

南宋朝廷深谙五代以来藩镇割据的弊端,设置藩镇是救亡图存的权宜之计。宋廷采取了一系列措施,使镇抚使、宣抚使、制置使的权力始终在朝廷之手。

镇抚使在南宋经历了从设置到罢废,然后晚期再置的曲折发展过程。

南宋早期,于建炎四年(1130年)正式在京畿、淮南、湖北、京西、京东几个区域设立藩镇,由镇抚使(帅)统领。职称上,镇抚使与各路安抚相当;财政权上,权力略多;行政权

上，依规定管辖区内的州县官吏，并且具有对地方官员和行政管辖予以节制和升迁罢黜之权；编制及军事权方面，其日常对于辖区范围内的所有州军都有节制权力，战时可"便宜从事"；身份保障方面，镇帅除受皇帝召擢可以不除代，如因悍御外敌，有显赫战功，可允世袭；司法权上，拥有相当的司法权。但镇抚使军队战斗力的强弱、组织的松严，以及其根本问题——屯田问题解决的好坏，直接取决于镇帅个人的性格与能力。有些出身于盗贼的镇帅，其部队显然是一群乌合之众。朝中对镇抚使的批评逐渐增多，终于在绍兴五年（1135年）四月召回京南镇抚使解潜赴行在，标志着南宋早期的镇抚使全部罢免。

南宋嘉定年间之后，宋与蒙元战事时期，宋廷主要是在靠近云南的四川、湖南、广西等地设置了镇抚使，先后于宝祐五年（1257年）任命刘雄飞为广南西路融、宜、钦三郡镇抚使，兼知邕州，又于开庆元年（1259年）命向士璧在湖北任职安抚副使同时兼任峡州知州，兼归、峡、施、珍、南平军、绍兴府镇抚使，全力防堵蒙军从北路进犯，后又于景定二年（1261年）任命余玠部将韩宣兼任常德、辰、沅、沣、靖五郡镇抚使。正是韩宣先后筑渝、嘉、开、达、常、武诸州城。而前文提到的刘雄飞，于咸淳五年（1269年）改任知沅州，兼常德、沣、辰、沅、靖五郡镇抚使。之后，宋廷又命张朝宝任渠、洋、开州及宁西军镇抚使。咸淳十年（1274年），吕文德临危受命知沅州，任常德、沅、辰、沣、靖五郡镇抚使。晚宋的镇抚使，虽在地位、权力上逊色于南宋早期，但在抗击蒙元进攻的战争中发挥了重要的作用[163]。

据学者研究，制置使和宣抚等职务的演变发展，大体有三个不同阶段。阶段一为唐中期到北宋哲宗时期，发展平稳，这两个职务属于某个或数个高层政区军事领导；阶段二为宋徽宗至南宋绍兴五年（1135年），属于历经短时混乱后逐步稳定的突变发展阶段，绍兴六年（1136年）时，京湖、四川和江淮三地已经逐步建立了制置使和宣抚使的管理辖区体系，任职者管辖区域范围内的民政以及军事两大重要工作相互融合，军管型准政区自此最终形成；第三阶段在第二阶段基础上往复变化。上述三大辖区唯有四川一直有宣抚或制置使在任，京湖、江淮宣抚、制置使辖区则时置时罢，分合不常❶。

四川宣抚、安抚制置使的辖区成型较早且较为稳定。建炎三年（1129年），朝廷任命张浚为川陕宣抚处置副使，为四川宣抚使的前身，其辖区包括四川、陕西。张深于绍兴元年被朝廷任命为制置使，当时在行政管辖上归属于川陕宣抚司，为四川制置使设立的开端。宋朝此后因为没有将陕西地区多数领土收复，绍兴十四年（1144年）时仅仅收复了阶、成、岷、凤等州，所以将其纳入四川利州路统管。由此，绍兴五年之后，成都府路安抚使同时任职四川安抚制置大使，制司与宣司成为并列的机构。"川陕宣抚使"亦改为"四川宣抚使"。其后，比较重要的曾任四川宣抚使的有：绍兴九年（1139年）的吴阶、绍兴三十一年（1161年）的吴璘、嘉熙四年

❶ 资料来源：姚建根．宋朝制置使考述[J]．甘肃社会科学，2008（06）：197-200．

（1240年）的孟珙、宝祐二年（1254年）的李曾伯。需要指出的是，淳祐二年（1242年）任制置使的余玠同时兼任重庆府知府。余玠虽未成为宣抚使，但他于四川危难之际在前人经验基础之上，开创了抗元山城防御体系的思想，并加以践行。

2. 朝廷对川陕防区地方军的控制与整合

南宋初年张浚、吴阶积极训练地方武装，有效地支持了正规军作战，并依托秦岭、巴山，在山势险要之处构筑山寨，多次打败金兵。例如，吴阶在任时，蜀军有正规军十万人之众。但至蒙古人入侵时，仅余3~5万人[164]。战斗力也锐减，寇来为盗。南宋将领因此不得不设法找到其他支持力量，将地方包括一定户以上的百姓招募为士兵、弓手，在法律上认可其地位并且提供一定武备，利用民、军两者并行的体系同时指挥管理、维护基层地方治安，弥补正规军在治安管理方面的缺陷[165]。

南宋前期，川陕防区的主要武装力量包括忠勇军（关外）、义士（利州路）、良家子（兴元府）等。吴阶家族三代于绍兴至开禧年间（1131—1207年）主政川陕防区期间发展了民间武力，南宋朝廷为稳定这一边远防线，对其发展地方军的行为采取了默许的态度。因此，这些地方武力得以按正军建制，守寨戍边，定期训练，战斗力较强。

义士（兴元府）是川陕建设地方军的开端形式，这一做法吸收了当地弓箭手旧制的优点。据文献记载，王庶担任守将时，正规军人数不多，所以洋州、兴元两府与三泉等地方取强壮者，组建义士队伍（每队50人），军正由知县担任，军副由"尉"担任。这一做法得到了张浚的肯定，并上言于朝廷后，被首肯，兴、洋、三泉等多地共发展了70000名义士。绍兴四年（1134年）张浚、吴阶等采用签丁法，三、五丁分别取一、二，在关外四州编成忠勇军。不仅为他们提供土地、免除税赋，而且将之驻扎于寨屯内由"县教阅"，并在淳熙五年（1178年）加以增募。

乾道三年（1167年），四川宣抚使虞允文在任期间积极整顿义士制，在全区域范围内推广实施，良家子（兴元府）、土丁（黎州、嘉定府）、义军（夔州）等均如利州义士般发展了起来[135]。

但是，四川防区民间武力的这种发展势头在开禧二年（1206年）吴璘趁北伐之机叛变，被朝廷镇压之后急转直下。南宋中央平判之后立即加强对川陕地方武力的控制，采取兵民分离、军政分离等一系列措施，加强中央集权。首先，令官兵守城，民丁保山寨，义兵为游击，互不相涉。其次，地方武力还受到不公正待遇，长期被正规军欺压奴役。例如，原来规定的成为地方军丁之后家业钱予以免除，实际上经常未落实；战时地方军出征，无事则返回本家，唯调发才能够差遣，其实却常常被官府以其他各种差役调遣。地方武力与官府、官军等矛盾日益恶化，由此带来地方军数量与质量不断下滑。虽然一些有识之士试图重振地方军士气，但效果有限，如端平二年（1235年）时蒙古阔端带兵入侵，知沔州曹友闻举全部家财召集至少5000名"忠义"

之士予以支援；带兵驻守黄金渡的高稼（时任知州），将散卒聚集起来，同时不断招募忠义之士，不过由于大多数人没有受过严格军事训练，纪律更谈不上严明，救急效果并不显著。

因此，如何在保持南宋中央对地方控制的同时，充分整合与发挥民间自卫武力的战斗力，是应对蒙元对四川进攻的核心问题所在。

二、历史先声

以文化景观为视域，考察南宋长江上游抗元山城防御体系的建设，就要将其置于整个南宋，甚至更加宽广的历史背景中来看当时的山城、水寨在对抗骑兵作战中发挥的功效，寻求其历史之先声。

（一）宋之前——民间独立坞壁、堡寨的兴起

据文献及考古研究显示，汉晋以来，每逢乱世，民众就会占据险要之处，以土、木、石、砖等材料环绕修筑而成封闭性的军事防御设施以求自保。汉晋称之为"坞""堡""垒""壁"等，唐以后称之为"寨""堡"。

最早见于史籍的有两汉之际遍于北方的坞堡，多数出现在以长安为核心的三辅、以洛阳为核心的中原、黄河以北等多个区域。这些坞壁、营堡已具有民寨的性质。之后，东汉末年，《三国志》记载有大族为避祸率众住进堡壁之事。从甘肃武威的雷台汉墓中出土的绿釉陶坞堡（图2.52）上可见当时坞堡的大致形象。晋以后，关于"堡""壁"的记载较多，仅《晋书·石勒传》一篇，相关记载就有9处，地域上涵盖了黄河流域、淮河流域、长江以北等地区。巴蜀地区，为躲避以李特为首的流民造反伤及生命，百姓并结村堡。关中、江南同样出现了大量民间堡壁。隋唐统一之后，民间坞堡失去了存在的土壤，迅速消亡。

但是，安史之乱后，中央政权受到冲击，百姓

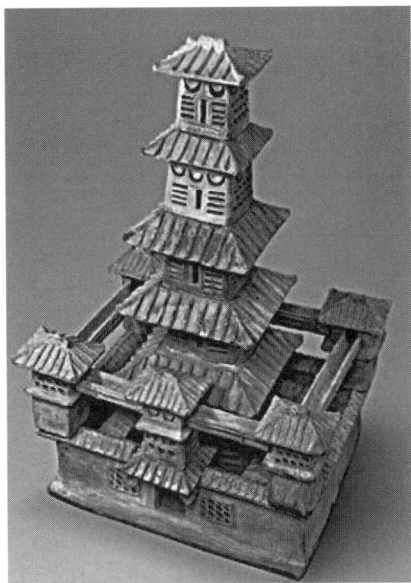

图2.52　甘肃武威的雷台汉墓中出土的
绿釉陶坞堡
资料来源：甘肃省博物馆藏

又复筑寨。当时的唐王朝面对飞扬跋扈的藩镇割据势力已捉襟见肘，更无力应对风起云涌的反叛武装，只有下令乡村各置武器，以备群盗。而此时，地方豪强又纷纷聚寨而屯。例如，当黄巢起义攻破长安，唐僖宗被迫逃入四川时，川中各种武力割据相争，战乱频仍，四川大足豪族韦君靖即主持修建了永昌寨[166]。

总之，由汉晋至唐，每当乱世之时，在中央又无力维护地方安全的情况下，地方豪强就会带领百姓修筑寨堡以自卫。这些临时性的防御聚落，是彼此独立的政治、军事、经济基层组织。各类政权都会对其进行拉拢以巩固自身利益，而各寨堡首领，为谋求个人或集团利益，也多会投靠某一势力，但还会保持一定的独立性。可是，当国家走向大一统时，这些寨堡就会由于阻碍国家推行统一的政策而被取缔，最终走向衰落。

（二）北宋至南宋——国家调遣下的山城、水寨

进入宋朝，一改唐末以来藩镇割据的局面，坚决推行"重文轻武，强干弱枝"的政策。可国家正规军在面对来自辽、西夏、金、蒙等政权，不断侵扰的过程中，疲于奔命，常常力不从心。朝廷内外恢复藩镇的呼声逐渐响起。北宋中央即在延边地区实行了"堡寨"政策，尤其是在与西夏接壤的环州（今宁夏环县甜水堡一带）设立了众多堡寨。这些堡寨，有些经明确考证为范仲淹所筑[167]，将之前孤立于政府体制之外的民间武装力量，甚至番人调动、训练起来，给予其一定的身份认可，如称为"义兵"等，并减免其一定的税赋，这一做法大大提高了堡寨的战斗力。北宋末期有些区域，甚至出现了"弓箭手"完全替代禁军和厢军守卫寨堡的现象。靖康之难后，各地出现了百姓自立的寨堡。据时人记载，仅河北相州以北就曾有50多处山寨坚持据险持久抗金。朝廷在地方政府无力维持社会秩序以保护百姓的情况下，下诏允许了寨堡的存在。当时的东京留守宗泽，就充分发挥了汴京周边寨堡的力量，使之成为城外的山水寨防御网，取得了较好的效果。

南宋初年，两淮的军事战略地位凸显。但是屯驻大军仅呈点状部署，防御不够全面。因此，两淮山水寨成为辅助正规军抗金的一支重要力量，为百姓提供了避难所，为官府提供了避难据点。这一局面一直延续至开禧和议之后，两淮山水寨都是南宋防御金及蒙元武力进攻的重要依托。此时，一些南宋将领主动结合百姓需求开始了山水寨的建设和发展。如：时任黄州知州的孟珙招纳边民，设章家山堡、毋家山堡，组建先锋、虎翼、飞虎等自卫武力。正如姚勉《檄诸乡教民兵筑山寨文》所述："守土封疆城郭，全为效死弗去之谋，设险山川丘陵，合为以全取胜之计，宜依山而筑寨，庸卫国以护民，贫富相资，主佃相养，用古者寓兵于农之意，以时乎教战于守之中，外而屯、内而耕，各有攸处，攻则胜，守则固，何惮不为。"[168] 这些山水

寨在战争中发挥了积极的作用[169]。

南宋朝廷一方面组织、训练与奖励山水寨，另一方面也始终致力于将山水寨整合与凝聚于国防体系之中，使其发挥更加积极的作用。其奖励措施主要有减免赋役和任命山水寨领导人为官。例如当时其中的刘位、赵立、刘纲都曾被任命为镇抚使。宋廷甚至制定了从山水寨当中选官、补官的具体制度。另外，宋廷组织、训练山水寨民间武力的措施也较为有效。如《东牟集》记载："乡分土豪，各已分定把隘去处，实时拘集，当官教阅，使识旌旗、金鼓坐作之节，不过三日，实时放散。"[170]即反映了当时训练的基本情况。通过这一系列举措，宋廷有效地将两淮山水寨纳入了当时的军事体制中。虽然山水寨在发展过程中也遇到了一些困难，如劳役负担重影响农业生产、地方官苛扰百姓生活、归正人或江南人乡土认同较弱、百姓为了谋生有时敌我界限模糊、地方势力为各自利益发生争斗，等等。这些方面，引起了朝廷对两淮山水寨的一些负面评价[171]。但是，两淮山水寨已是处于朝廷控制之下的地方武力，在南宋对抗外敌的斗争中发挥了积极作用。

由此，自北宋至南宋，从对抗西夏的堡寨到抵御金、蒙的两淮山水寨，朝廷已积极主动地开始了对民间自卫武力的组织、训练和奖赏，使其成为国家调遣之下的一种重要武装力量。

三、演进阶段

从时间维度纵观南宋长江上游抗元城防体系的演进，大体可分为两个主要阶段：第一阶段为南宋时期，第二阶段为明末至清末。其中第一阶段为城防体系的创建与扩建阶段，这一阶段城防作战体系特征明显；第二阶段为城防体系的分散发展和再利用阶段，这一阶段城池多各自为政，未形成作战体系。

（一）南宋时期——初兴、役兴、创建与完善

1．兵民合一，山寨初兴，有效御敌

南宋初期，主政川陕防区的张浚、吴阶采取兵民合一的政策，积极组织、训练地方武装，并在边防要地择险立寨，官民同守。在南宋朝廷的支持下，川陕边区建设了诸多山寨。利州路家计寨（吴阶创立）最重要也尤其典型。家计寨作为山寨群，均控要据险而建，共包括四处山寨，即：仇池（岷州）、秋防原（凤州）、杨家崖（阶州）、董家山（成州）。

这一时期山寨主要有下列两大特征：其一，官兵与义士共同相守，无论是立家寨还是营屯

田，或者是安排正兵在重关镇守，或调配义士对支路进行防卫支持，并没有固定条例和管理办法[172]。其二，军民自行筹备粮饷，例如，隆兴二年（1164年）底，江淮防区、川陕成以及西和等多个地区、州县的土豪与山水寨首领，自行募集乡兵，并犒劳有功者，给予推恩嘉奖。当时的家计寨内有泉水、钱粮、屋居和充分的粮饷，同时还支持农产和防御。据载，岷州的仇池寨，不仅有天险峻岭，同时还有百亩良田，近百处飞泉，可解决大旱时期的给水问题[173]。

这一阶段，在南宋中央支持之下，山寨之中，地方军依靠地方兵农结合，为保卫家乡庐田、妻子而战，意志坚定。再加上官兵对其组织有力、训练有素，二者相互配合，成为绍兴至开禧年间，抵抗金兵入侵的重要据点，取得了良好的防御效果。

2.兵民分离，山寨役兴，难以御敌

三代世袭的吴氏家族在蜀边驻守，建立了具有地区性特点的武装力量。行政管理和军事管理二者合一，地方和军队一体控制了川陕防区民、军、财政等权力。但是，地方势力不断膨胀，终于在开禧二年（1206年），吴曦趁北伐之机叛金后被南宋政府迅速平灭。之后，新任的四川宣抚副使从两方面贯彻了朝廷意图，重建川陕防线。一方面，整修各州驻地城池，调官兵由山寨迁入城中防守；另一方面，大兴修建山寨之役，山寨总量超过70座[174]，不过都由民防守，由此建立了地方武力、官军武力相互隔离的重要政策，并长期执行。直至宝庆三年（1227年），蒙军首次侵扰四川，桂如渊当时在此任职制置使，创立了八十四寨，广募5000名义兵，同时与乡民约定：敌人若来袭扰，由官兵守原堡，民丁保山寨，义兵为游击[135]，以使敌军既无法掠夺财物，也待不长久。但其实这种各自为战的策略御敌效果不佳。

南宋中期的这种兵民分离的政策，对地方武力的发展起到了较强的抑制作用，虽加强了中央的统治，且山寨役兴，数量众多，但川陕防区的抗敌能力日渐衰落。究其原因在于兵民的分离，州城与山寨的分离，分散了防御力量。一方面，山寨仅限自保，军事力量薄弱，无力抵抗蒙元正规军队；另一方面，秦岭山区修建的州城，地方狭窄，所容官兵甚少，且力量分散，无险可守。由此造成了绍定二年（1229年），蒙军分兵攻入汉中、四川[175]，川北众多山寨被破。而蒙军最终攻到西水县，至少有四十寨被占领[135]。

这一阶段，南宋中央为了进一步强化中央权力，控制本地武力，使得山寨中官、兵相互分离，义军和官兵至此互相割裂，虽建设了大量山寨，但御敌效果差，城与寨均在蒙军的进攻中迅速沦陷。

3.责兵卫民，择险立城，体系创建

四川防区的被动局面，使得南宋朝廷不得不调整政策，赋予地方官员更多的自主权，允许

其遇事可就地措置、先行后奏。孟珙、余玠等正是在此种政策指导下，将前一阶段分散的兵与民重新整合起来，在沿长江上游地势险峻之处，创建了抗元山城防御体系。

嘉熙四年（1240年）九月，孟珙出任宁武军节度使、四川宣抚使兼知夔州。孟珙到任夔州后，整顿军务，建设山寨，发展屯田。孟珙认为四川驻守必须利用天险资源，设置寨栅；必须汇集流离民众积极开展农事耕种活动，才能够养兵安民。其思想奠定了这一时期山寨建设的主导思路，他除命彭大雅筑重庆城外，还陆续兴建了三江碛（江安）、安乐城（泸州）、赤牛城（梁山）、钓鱼城（合州）等多城。并于淳祐二年（1242年），移夔州治于白帝城[176]。

淳祐二年（1242年），时任四川安抚制置使、重庆知府、总领兼夔州转运使的余玠，同时掌握了四川的财政、军、民管理大权。余玠肩负南宋中央重托，立制置使司于重庆。在充分吸纳民间有识之士冉琎、冉璞的建议和前人经验的基础上，作《经理四蜀图》，整修、扩建、新建了约20座山城，由此创建了山城防御体系。

余玠制定治蜀方略时，其实从多方面吸收了之前及当时多位有识之士的主张，可谓是在前人智慧基础之上的再创新。余玠到任后，通过发布招贤榜，表明自己意在效仿蜀相诸葛亮，鞠躬尽瘁以治蜀，同时强调集思广益的思路，对前来进言的贤士给予很高的礼遇。他总结前期蜀地在对抗蒙军进攻中失败的原因，注重扶持陕南和四川地区的地主阶级，鼓励他们再次组织起抗蒙武装，协助官军的斗争。他还接受李鸣复的建议，组织起民兵乡勇，守卫乡里。而最为重要的是在吴泳、吴昌裔、李鸣复、冉琎、冉璞和播州都统杨文等建议的基础之上，余玠在重点加强重庆城建设的同时，亲自或者派遣可靠的下属先后前往四川地势险要之地监督筑城。例如，他在请得朝廷同意之后，首先任张实为都统，全面负责谋划整个四川的建筑城寨一事；然后，委派冉琎、冉璞兄弟到钓鱼城，扩建城池；曹致大则被余玠派往泸州，负责神臂山建城；而为了以更加积极的进攻代替单纯的防御，余玠在谋划北伐陕南时，亲自到通江，视察得汉山，并决定在山上建城。当然，这其中最为重要的在于，余玠听取冉氏兄弟的核心建议，将钓鱼城作为守蜀的根本，并迁合州治于山上，使得此城成为夔、渝和全川的藩篱，从而确定了南宋长江上游抗元山城的主体框架。

这一体系与前期的山寨相比又有了新进步。首先，余玠移府、州、县等治所于城内，使得早期的"山寨"演变为当时的"山城"。山城不仅为民间避祸的临时寨堡，且成为战时某一地区的军事、行政中心，兼有作战指挥与生产、生活功能。第二，政府直接组织山城的修建，从军事防御效果出发，充分占据防御所需的有利地形，据险立城。同时考虑后勤自我保障，选择山顶宽平，水源充足，适宜耕种之处建城。第三，城与城之间能够互相支援形成网络体系。各城或沿嘉陵江、长江的支、干流，或沿当时主要的陆路交通而建，彼此互通，而成犄角之势。

由此，在孟珙奠定的基础之上，余玠一改南宋中期兵民分离、城寨割裂的弊端，初步创建了在政府主导下，体系性强、城池坚固的长江上游抗元山城防御体系。这一体系"依山为垒，棋步星分，屯兵积粮为必守计"[177]，自淳祐三年（1243年）至淳祐四年（1244年）间，宋与蒙之间"大小三十六战"皆获全胜。之后，余玠又率军北伐兴元府，虽未成功，但宋军士气大增。余玠在川西成都、嘉定方向同样击退了蒙军的进攻。上述战例，充分证明了这一防御体系的有效性和先进性。

4. 兵民齐心，顺势筑城，体系完善

宝祐元年（1253年），余玠被宋理宗召回朝。余玠闻诏知被陷害，愤懑成疾而亡于四川。

余玠虽逝世，但他城防建设的思想被后任者所继承。宝祐年间（1253—1258年）李曾伯任四川宣抚使，咸淳四年（1268年）至咸淳十年（1274年）朱禩孙任四川安抚制置使。其间，四川各地，沿蒙军不断调整的进攻方向，顺势调整筑城的重点，又加筑了数十座山城。如李曾伯曾向朝廷奏疏汇报四川发展民兵、修筑山城的情况："臣去冬以禀庙堂省札专委制阃见差官措置，团集渠、广诸郡强壮，邛、蜀、黎、雅、珍、南等州皆可仿行"，又奏"北边诸城规模已定，南边诸州有可以措置者，亟议图之"[135]，说明当时已意识到要在蒙元进攻的另一主要方向——四川南部加筑山城。另外，朱禩孙在任时，主持修建了连接合州钓鱼城与重庆府城的重庆多功城，增加了重庆城的防御层次。经过不断加筑，四川抗元城防体系渐趋完善。至元朝占据四川时已有"城邑洞穴凡八十三"之说，并分布在北、南、西、东不同方向，跨越了长江北、南两岸。

这一时期的山城中，官兵与义军团结一心，守卫家园，多个城在南宋与蒙元军队间数次易手，战况惨烈。泸州神臂城即是其中一典型实例。宋理宗景定二年（1261年），潼川路安抚副使兼知泸州刘整率潼川路统辖的十五郡、三十万户，向蒙古成都经略使刘嶷送款投降。景定三年（1262年），宋夔州路策应大使、四川宣抚使吕文德重新从刘嶷军手中夺回神臂城，改为江安军。1275年6月，宋潼川路安抚使、知江安州梅应春以神臂城降元，元再次占领神臂城。1276年6月，以泸州义士先坤朋、刘霖为内应，宋合州将领赵安、王世昌率军破神臂门，尽歼元守军，收复神臂城。1277年春，元西川行院军得知泸州失守，即由重庆回师，围困神臂城直至11月，最终元军"入泸城，克之，斩其将王世昌、李都统。"[33]至此，神臂城最终失陷。在抗击蒙元进攻的34年间，泸州城在宋蒙之间五易其主。正是南宋官兵与义军的通力合作，才使得包括神臂城在内的城防体系坚持抗元如此之久。

自余玠去世直到四川被元朝完全占领，南宋不断推进其先进的山城建设思想，纳民间武力于国防体系之中，避免了地方武力各自为政的弊端，据险筑城，兵民屯聚，官兵与义军始终齐心协力；自1253至1279，又坚守了二十六年之久，留下了人类战争史上一段值得称颂的历史。

（二）明清时期——分散发展与再利用

经历了元朝毁城与衰落之后，明清时期长江上游抗元而建的山城部分被地方百姓作为避祸之场所。由此，这一城防体系进入其演进的第二阶段。

明末至清末，城防体系分散发展并被再利用。明末清初，四川战乱频发，地方叛乱、农民起义不断，先后发生了奢崇明之乱、李自成入川、清军入川后围剿农民军与明军、张献忠剿四川、摇黄之乱、夔东十三家的抗清、"三藩"之乱❶。这期间，南宋时期遗存下来的城防，有些被起义军利用作为城寨，有些被平民利用来躲避兵灾匪患。一些城防设施被修复或改、扩建。清末民初，军阀混战等纷乱时期均为民众自保的重要区域。例如广安大良城在清嘉庆（1796—1820）年间、咸丰五年（1855年）以及民国四年（1915年）多次进行培修，内部城镇、水井等设施不仅得到了修缮，而且增设造像、窟龛等多种设施[35]。云阳磐石城也曾在明末作为官军的据点，抵抗张献忠和李闯王对川东的进攻。清乾隆末年，白莲教兴起时，云阳地主涂氏重金买下磐石城，重修城池，并新建宗祠，修筑池塘，迁其族人搬入城中避祸[178]。而在明代万历《重庆府志》的合州图中，清晰地表达了钓鱼城与合州城隔江而望的位置关系（图2.53）。从目前钓鱼城保留的明清时期城墙、城门情况推测，当时此城仍被作为一处城寨而加以利用。另外，在清康熙二十五年（1686年），《夔州府志》的万县图中明确可见天生城位于万县县城北部，

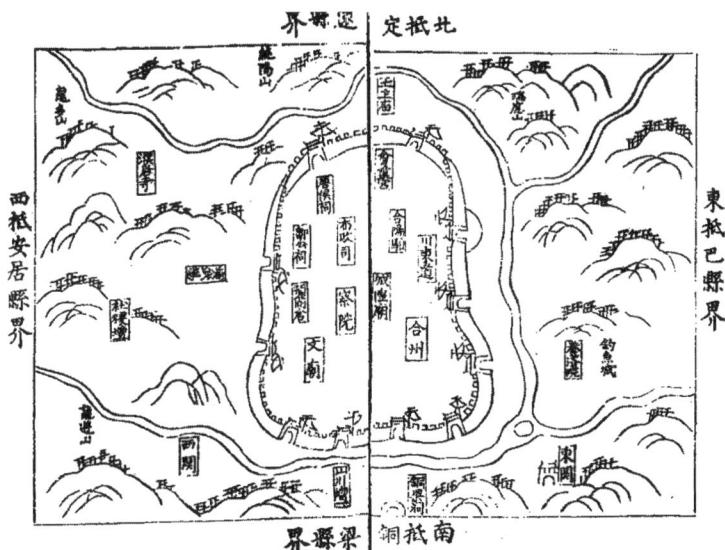

图2.53 明万历《重庆府志》中的合州图
资料来源：蓝勇. 重庆古旧地图研究 [M]. 重庆：西南师范大学出版社，2013：409.

❶ 资料来源：何智亚. 重庆湖广会馆[M]. 重庆：重庆出版社，2008.

图2.54　清康熙《夔州府志》中的万县图
资料来源：蓝勇. 重庆古旧地图研究［M］. 重庆：西南师范大学出版社，2013：372.

山顶宽平，四面陡崖耸立。图上还清晰地画出了上山的梯道，推测天生城当时仍是万县一处重要的避险城寨（图2.54）。

综合来看，明末至清末这段时间是南宋抗元城防体系的再利用阶段，城防建设有所发展，但已失去体系化特点。

由宋至明清，南宋长江上游抗元城防体系的动态演进，也是文化景观的重要特征之一。这一城防体系伴随区域的历史发展而演化，南宋末年至元朝初年是其体系化演化的主要时期，本书的研究将主要围绕这一时间阶段进行。

四、动力分析

从南宋抗元城防体系的历史沿革来看，军事斗争行为和自然环境是推动其演化的主要动力来源。而从城防设施遗址中蕴含的工程技术来看，南宋时期的建筑技术发展推动了城防体系的演化。

军事斗争行为促成了长江上游抗元城防体系的产生与演化。自1235年蒙军大举入蜀，至1279年合州钓鱼城降元的约45年间，体系内城防的数量和建设重点不断调整，以适应蒙军进攻战略的不断调整。梳理不同阶段蒙宋战争的攻防战略，再对照分析体系内城防的创建、扩建等行为，将能够更加明确军事斗争行为推动南宋长江上游抗元城防体系演化的动力机制。

长江上游的自然环境是南宋抗元城防体系成功建设的另一动力源泉。蒙宋战争初期，蒙古统治者将四川作为进攻的主要方向，正是希望利用其地处长江上游这一位置特点，更好地控制长江中、下游，即南宋的政治、经济中心。但是，他们忽略了四川多山、多江河的地理特点，可能对骑兵兵团进攻造成的阻碍。而南宋军民恰恰利用了这一自然环境优势，成功阻滞了蒙军约45年。在宋元战争进行过程中，南宋不断扩建、改建城防体系，其建设的重点位置多位于自然环境险要之处。梳理城防体系所处的自然环境特征，并对照分析城防设施建设与自然环境相适应的具体做法，将能够更加明确自然环境是如何为城防体系演化提供动力依托的。

城防设施是南宋长江上游抗元城防体系遗址的主体，城防设施的营建技术为其发展演化提供动力支撑。宋代是我国建筑技术历史发展的一个重要时期，砖石建筑技术在城防设施上有了重要发展。城墙的建筑材料由以土为主，开始向土石结合转变，城门的形式由以木构梯形向石质拱券形转变。正是这些建筑技术的进步，支撑了长江上游抗元城防体系的建设。因此，可以将南宋时代的建筑技术，视为长江上游抗元城防体系演化的动力支撑。

综上所述，军事斗争需要城防体系建设，自然环境为城防体系建设提供依托，时代建筑技术为城防体系建设提供支撑。三者共同构成了城防体系演化的动力，但又有着不同的作用方式。

从另一方面看，城防体系同样对军事行为、自然环境与时代技术有着反作用力。城防体系的建设推动了抗元斗争行为的实现；城防体系与自然环境融合而成区域文化景观；正是在长江上游抗元城防体系的建设过程中，砖石城墙、城门的建造技术有了新的进步。

因此，南宋长江上游抗元城防体系与军事斗争行为、自然环境和时代的建筑技术相互推动，共同促成了这一文化景观的动态演化，而代表了南宋中央的正规军与代表了民间自卫武力的义兵相互协同，共同推进了这一文化景观的不断演进（图2.55）。

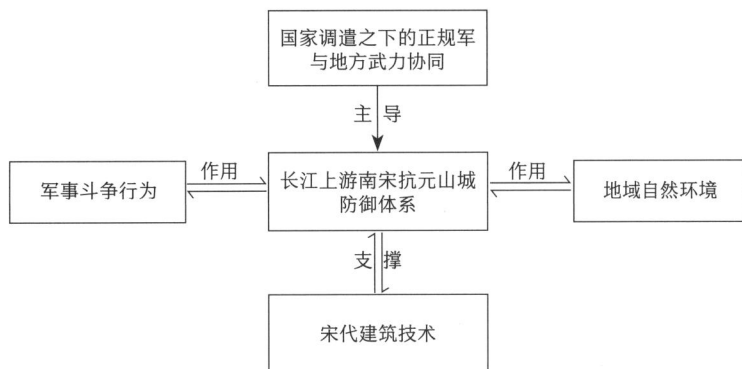

图2.55　长江上游抗元防御体系在南宋时期演进的动力分析

第三章

南宋长江上游
抗元山城防御体系的
时空分布

区域体系与环境有机互动是文化景观的主要特点之一。本章围绕文化景观的研究主旨从区域尺度对研究对象开展研究，探讨南宋长江上游抗元城防体系的时空分布与宋元战事及自然环境的关联性。第一，明确文化景观视域下研究长江上身游抗元城防体系时空分布的侧重点；第二，分析南宋长江上游抗元城防体系建设与宋元战事时空分布的关联性；第三，从城防体系格局与主要城防选点两个方面分析城防体系与主要交通网络分布的关联性；第四，分析城防体系内部的空间层次结构、间距及各城防规模的基本规律；第五，归纳长江上游抗元城防体系在时间和空间分布上与抗元战事和自然环境间的关联性，从而初步澄清研究对象在体系层面的文化景观特质。

第一节

文化景观视域下城防体系
时空分布研究的侧重点

一、文化景观视域的关注点

关注点1：文化景观如何自觉地体现文化。

广义来看，人类的物质财富与精神财富共同构成文化。文化是文化景观概念的基础并自觉地反映在文化景观中；文化景观最初的定义为"由某一文化族群从自然景观中塑造而成。以文化为代理，以自然区域作为载体，进而呈现出独特的文化景观"[106]。《欧洲景观公约》将景观解释为"某一区域被人们所感知，基于自然与人类二者之共同作用呈现出相应的特征"，强调"自然"与"人类"以某种交互行为的结果而赋予了景观以文化的意义[99]。UNESCO世界遗产名录将文化景观解释为人类与自然共同影响所形成的文化遗产，属于联合体范畴……它们是人类社会在自然环境制约下以及在社会、经济与文化等因素的内在和外在影响下的持续演进。上述学术界与官方对文化景观的定义表明：文化自觉地反映在文化景观中。

关注点2：文化景观的特异性与可识别性。

古代文化在空间向度上呈现明显的独立性，在时间向度上呈现较大的延续性，即形成不同空间文化的特异性，并带来人类文化在空间向度上的多样性表现。随着人类的交流，不同文化相互碰撞、交融，在遵循优胜劣汰规律的同时，不同文化仍具有较强的延续性。所以，不同的文化就具有了一定的可识别性，它反映了这一人类团体的历史和现实生活[106]。伴随着现代社会文化"全球化"现象，被输入地区逐渐意识到，外来文化在人文与自然环境方面的某些不适应。本土文化的特性重新受到重视，地域空间文化的延续性变得更加重要，如何在全球化的背景下增强文化的可识别性备受关注。由此，文化景观是承载文化特异性与可识别性的重要要素，特异性与可识别性是文化景观研究的核心。

二、城防体系时空分布的基本情况

（一）城防体系建设的时间分布情况

南宋时期，四川成为宋与北方金、蒙（元）政权的边境，早在蒙古攻宋之前，四川军民就自发地在一些险峻山头结寨自保。南宋端平二年（1235年），蒙军开始大举入蜀，四川地方文武官员利用地形建设了一批山城；绍定年间，时任都统的孙臣、王坚建设阆州大获城；嘉熙时期，泸州的三江碛城、榕山城、安乐山城修建完成；淳祐初年，钓鱼城、赤牛城建设完成。同时，部分山城的建设要早于这一时间，宋蒙战争初期，一些郡守知州对山城进行了培修，并迁治所于其上。例如，公元1236年，即南宋端平三年，遂宁府将政治中心移至蓬溪寨，隆庆府移至苦竹隘，淳祐二年，夔州路治所移到白帝城。

余玠主政四川时期（1243—1253年），历史记载共有20座城防被重新修整和新建。淳祐三年到淳祐四年（1243年—1244年）为建城主要时期，淳祐五年（1245年）以后，余玠对部分山城进行重新修整，包括加固、扩充等。同时，在水陆核心处修建山城，并且学习前人的成功经验，将山城作为州郡政治中心。

这10年间，余玠将帅府定于重庆，对嘉定城进行扩增，新修三龟、紫云等山城；新筑多座山城并将其政治中心进行迁移，其中泸州治迁到神臂城，广安、渠州治迁到大良平，蓬州治迁到运山城等；扩建钓鱼城，将其作为合州治之所在；阆州政治中心迁至大获城，梁山军迁至赤牛城。之后，余玠在淳祐九年（1249年）和淳祐十一年（1251年），发布政令筑造得汉及平梁二城，将它们作为攻取汉中的核心依托。之后，他将金戎司迁到大获城而守卫蜀口；将沔戎司、兴戎司分别迁到青居、钓鱼城，防卫嘉陵江；将利戎司迁到云顶城，防备长江之敌[179]。

余玠逝世后，其后继者在面对元军绕道吐蕃至大理，将云南作为起点，直接向南宋中心地发起进攻的"斡腹之谋"时，吸收了余玠的经验，对山城防御体系进行修整与完善。1253—1279年，也就是宝祐元年到南宋灭亡期间，历史记载共修建了18座山城。尤其是在长江以南，此阶段新建了多座山城，包括龙岩城、绍庆故城、凌霄城等，分别位于南平军、彭水县、长宁军等。另外，为进一步加强长江流域的防御，叙州新建了登高城和仙侣城。夔州路长江下游，新建了三台城、皇华城、天赐城等。嘉陵江流域，蒙军学习南宋筑城屯田的方式，于宝祐年间在利州和成都筑城，堵死了宋军北进西征的大门，并且为蒙军步步进逼蜀中奠定了基础。宋军方面，为应对宝祐年间蒙哥大举南下的进攻，嘉陵江流域又修建了多个城池，包括长宁山城、紫金城、礼义城等。

（二）城防体系的空间分布基本情况

宋元战争爆发前期成都府路曾经多次遭到蒙元军队入侵。由于此路地处川西平原，地势平坦，大多数地域无险可守。淳祐二年（1242年），四川制置司移至重庆。但南宋并不想完全放弃成都路，就只有依靠龙泉山脉的嘉定府城，并在其附近修建了三龟城、九顶城和紫云城，以防备蒙军由西向东的进攻。

四川北部区域的利州路首当其冲面对蒙军进攻。蒙军在宝庆三年（1227年）一举将西夏拿下并立即发起"丁亥之变"，大军迅速入侵利州路，使得南宋王朝关外五州分崩离析。宋蒙两军的对峙阵地撤退到了大巴山和米仓山下的巴州和利州区域。宋军因此不但没有了秦岭天险的庇护，连蜀口要隘都盘踞了大量蒙军。为应对这一形势，淳祐年间，余玠在利州路创筑巴中小宁城、巴中平梁城、通江得汉城、剑阁苦竹隘、利州长宁山城、利州鹅顶堡、阆州大获城、南部跨鳖城、蓬州运山城。现已明确位置的有9座，渠江上游有得汉、小宁和平梁3城，主要作用是防备汉中方向的蒙军走米仓道进攻蜀地；隆庆府内设有长宁山城、苦竹隘、鹅顶堡3城，主要作用是控制利州通道，阻碍蒙军直接进攻成都；嘉陵江干流设立的跨鳖、大获和运山3城则分别依据天险阻抗蒙军南下。

夔州路位于四川盆地东部边缘，控扼蒙军沿长江进入荆襄的门户。此路山城修建活动一直延续至宋元战争后期。重庆城恰处长江和嘉陵江两江交汇区域，成为四川抗元的指挥中枢，也是四川抗元防御山城的核心。其附近建有多功城，连接钓鱼城。长江沿线建有三台（涪州）、皇华（忠州）、白帝（夔州）、天生（万州）、磐石（云安军）等多座城池。梁山军和大宁监分别驻守于赤牛、天赐，两座城池均处在长江北岸，依据天险阻抗南下的蒙军。长江以南分别有龙岩（南平军）、绍庆（黔州）等城池。

潼川路位于四川中心区域，嘉陵江的干流、支流流经此路。在利州、成都两路几乎完全失守后，潼川路自然成为宋蒙争夺的关键区域。蒙军从汉中沿着嘉陵江南下，如果进一步攻克钓鱼、重庆两座城池，就能够直插四川宋军心脏地带；蒙军从成都翻过龙泉山之后就能够对全川以及内水都形成强大威胁；蒙军南下荔枝道穿过渠江就可能进一步攻打万州、夔州，对蜀地形成军事压迫。因此，宋军为加强潼川路的防御，共筑有18座山城，其中宜胜、青居、钓鱼3城位于嘉陵江干流，大小良城、礼义城位于渠江下游，灵泉山、铁峰、雍村、紫金4城位于涪江，虎头、云顶山两城位于沱江上。余玠迁治的戎司共有4个，潼川路就有3个，分别为沔戎司（青居）、利戎司（云顶）、兴戎司（钓鱼城）。另外，位于潼川路西面的泸州、叙州和长宁军，控扼蒙军沿岷江、沱江而下袭击重庆府的重要屏障，同时防备云南蒙军斡腹北上，攻取川南。这一区域修建的山城有榕山城、安乐山城、神臂城、三江碛、登高城、仙侣城和长宁军的凌霄城（图2.2）。

三、研究的侧重点

　　结合上文分析的文化景观研究的关注点和长江上游抗元山城城防体系的基本情况，在以文化景观为视域开展本章的研究时，侧重点将放在：城防体系时空分布如何体现出了文化，并形成了文化的特异性和可识别性。以文化景观为视域，其实是将文化视为景观产生的动力，将景观视为文化现象的载体。那么要研究城防时空分布如何体现文化，就首先要分析推动城防营建的动力是什么？聚焦南宋长江上游抗元城防体系，不难发现，其产生动力一方面来自抗元军事斗争的主观需求，另一方面也来自其所处的被南宋君臣称为"长江上游"的这一独特的客观自然环境。正是在这两方面的作用下，最后形成这一文化景观。而城防体系的时间、空间结构特性可以视为其时空分布的独特性与可识别性。

　　南宋四川抗元城防体系分布于长江上游嘉陵江、长江的干流和支流沿线，以山城和江河中的岛屿为主。从相关史料记载来看，余玠时逐渐成熟的山城防御体系，重在利用山地地形地貌来抑制骑兵行动迅速的优势。首先，山城建在山险水急之处，蒙元军队骑兵的运动速度被大大遏制。其次，宋军依靠易守难攻的山城，不仅能够减少消耗，同时还能够进一步发挥步兵近身战斗的优势。再次，山城上有田有塘，且依靠江河与周边城防互通粮草，利于长期驻守，而敌军长途奔袭，补给困难。

　　由此可见，影响城防体系时空分布的自然要素主要表现为山、水，军事活动要素主要为宋元双方的作战时间、攻防路线。因此，文化景观视域下城防时空分布研究的侧重点就在于分析城防体系时空分布与双方军事行为及攻防时间与交通路线的关联性，由此分析作为文化景观的城防体系在时间、空间分布上具有何种特性，并如何自觉地体现了上述主、客观因素。

第二节
城防体系与宋元战事时空分布的
关联性

一、宋元战事的时空分布

宋元战事自宝庆三年（1227年）蒙元军队以借道取金、夏为名抄掠利州路起，至祥兴二年（1279年）钓鱼城降元止，共计53年。在此期间，四川的利州、成都、潼川和夔州四路都相继发生了战事。从战事的时间进展上，前后可以分为6个阶段[180]，每个阶段双方攻防的区域又各有侧重。

第一阶段：南宋宝庆三年至端平元年（1227—1234年）。这一阶段，蒙军灭金，进入河南的邓州、唐县。蒙军先后有三支部队侵入宋境（图3.1），其中1230年托雷部从宝鸡出发南下，袭扰蜀口三关，也就是武休关（今陕西汉中留坝县南40里）、仙人关（今甘肃陇南徽县东南）、七方关（今陕西汉中略阳县与甘肃陇南徽县之间）。1231年，阔端部入大散关，破西和州。托雷

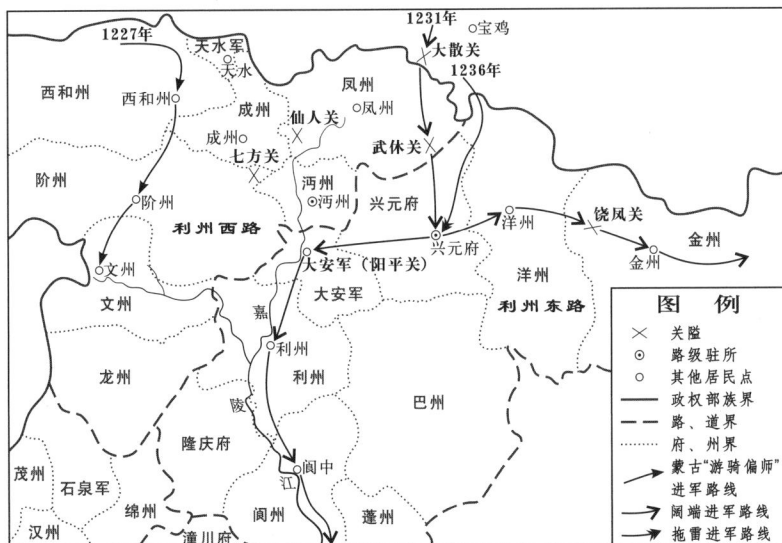

图3.1　战争第一阶段及第二阶段早期（1227—1236年）蒙元军队入蜀示意图

部在夺取蜀口三关、兵围兴元之后，"分军而西"，破大安军，陷沔州，破葭萌（今四川广元元坝区昭化镇），"自利而阆，自阆而果，长驱深入，若蹂无人之境"，一路上破四川城寨140余处[181]。这一时期蒙军对四川其他地区以袭扰为主，宋军的抵抗战事主要发生在利州路。

第二阶段：南宋端平二年至淳祐元年（1235—1241年）。这一时期宋元战争正式爆发，窝阔台汗集结兵力向南宋的两淮、京湖、四川三大战区发起了大举进攻（图3.2）。南宋端平二年和三年（1235—1236年）阔端攻破蜀边五州据点，攻入成都，分兵四出川南、川北、川东，全川所有54州只有夔州一路、果、泸、合等少数几个州得以保全，其余全部被破[182]（图3.3）。蒙军于淳祐元年（1241年）再次率大军入川，攻破成都府，俘虏了陈隆之（时任职四川安抚制置使）并将其杀害。南宋此后将四川大军抵抗蒙古军队的军政管理核心迁往重庆。这一时期是宋蒙战事最多的时期，波及四川大部。

第三阶段：南宋淳祐二年至淳祐十一年（1242—1251年）。这一时期宋蒙战事较少。蒙古方面政局不稳，汗位几经空悬，直到1251年宪宗蒙哥即位，政局才稳定下来，缺乏持久的攻宋政策。南宋时期，自从余玠于淳祐三年（1243年）入川任职安抚制置使以后，任用贤能，整顿军政，逐步创立形成了适合天然地理条件的山城军事防御体系，也逐步扭转了四川被动挨打的局面。从文献记载的几次蒙军入蜀战事来看，山城防御体系发挥了很好的效果。如淳祐六年（1246年），蒙军四道入蜀，但在运山城受到重创，其骁将汪直臣战死、汪良臣坐骑被击毙。这

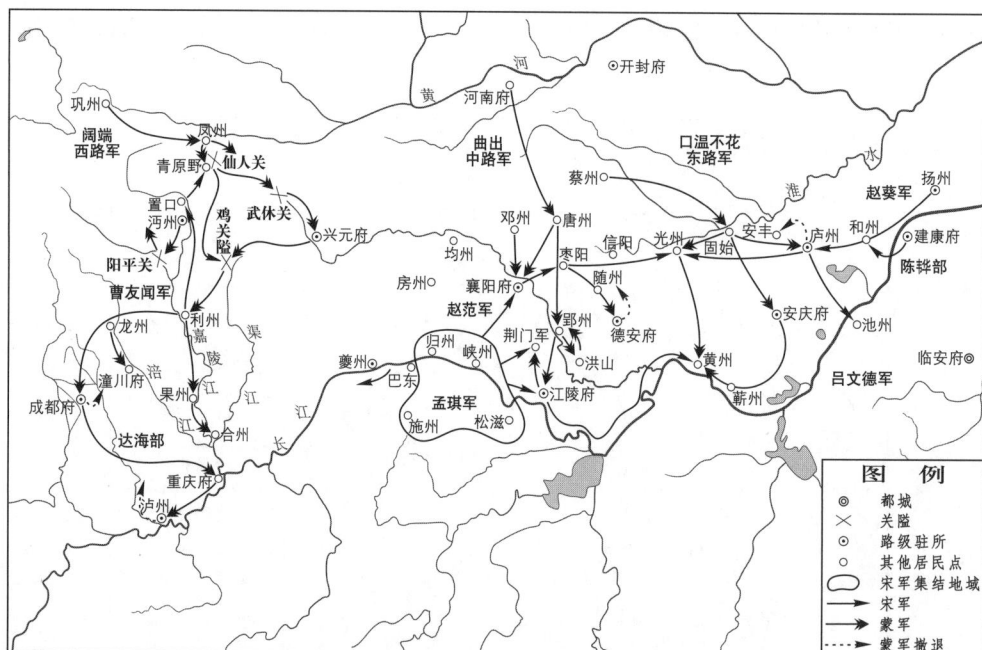

图3.2 窝阔台三路进攻南宋示意图

一时期，余玠还于淳祐十年（1250年）冬到十一年（1251年）春，发动了积极反攻，北伐兴元，但由于敌人的及时驰援而未成功。这一时期，宋蒙战事在四川各路都有零星分布。

第四阶段：南宋淳祐十二年至开庆元年（1252—1259年）。这一时期蒙哥汗对宋发动全面进攻，但最终因其驾崩于钓鱼城下而告终。蒙军在蜀边筑城、积粮、驻兵，修复沔州，筑城利州。两军在苦竹隘、大获城、云顶城等区域多次发生战争，宋、蒙两方各有得失。隆庆府、阆州、蓬州、顺庆府战事频发，甚至直接影响了渠江和涪江两大流域的渠州、遂宁以及川西的嘉定府。宝祐三年（1255年）蒙古征服大理后，自云南出发进攻四川，多次入侵叙州，顺江抵达重庆后北上会合蒙古北部大军。宝祐五年（1257年）蒙军兵分三路进攻四川。中路由蒙哥汗亲率，苦竹隘由于裨将的叛降而陷落，长宁军被攻破，运山、大获、青居、大良被招降，只有渠州礼义城还为宋军坚守。嘉陵江流域范围内，蒙哥汗率领大军甚至直抵钓鱼城。蒙军在西川进一步攻破云顶山、汉州、彭州、绵州和怀安军，同时很快降服了茂州和威州番部。蒙军已陷西川于危局。后因蒙哥汗于开庆元年（1259年）在钓鱼城作战时伤重不治而逝，战局才彻底扭转[140]（图3.4）。这一时期四川各路都发生了战事，尤其是利州路与潼川府路，

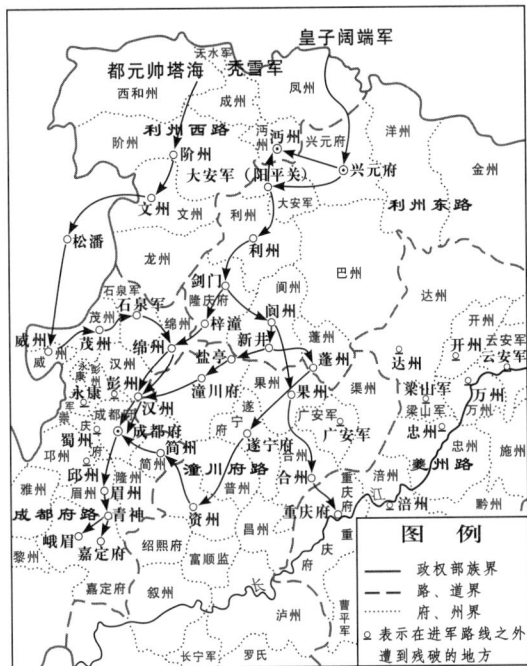

图3.3　1236—1241年四川主要战争形势图

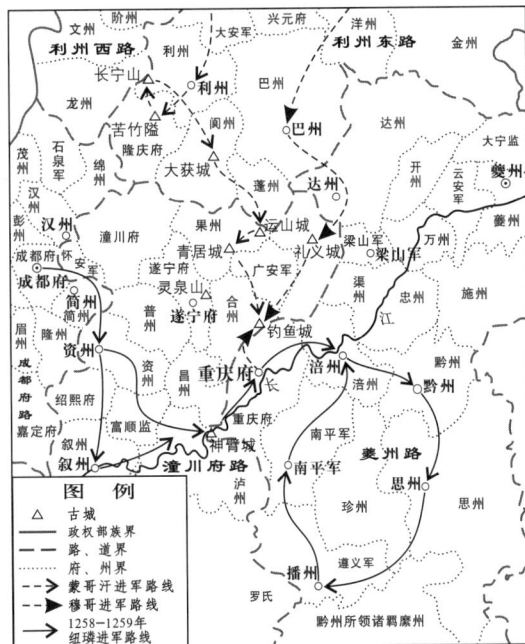

图3.4　1252—1259年蒙哥汗征蜀路线图

其中礼义城、钓鱼城战事最多。夔州路的开州、达州和重庆府，成都府路的成都府与嘉定府也发生了较多战事。

第五阶段：南宋景定元年至咸淳九年（1260—1273年）。这一阶段，蒙古方面忽必烈称汗，与其弟阿里不哥进行了激烈的争夺。待其政权稳定后，蒙古方面将对宋的主攻方向由四川转移到了京湖。咸淳三年（1267年）之后，元军对襄阳长期围困，终于在咸淳九年（1273年）二月攻克襄阳[183]。四川方面元军展开了牵制性的战事。西川方面，元军几次进攻嘉定城、云顶城、潼川府。中路、东路方面，元军利用占据的青居山设立帅府，对渠州、广安军、重庆府、合州、达州和开州等地展开进攻，然而两军对垒战力相当，元军无大进展，宋军亦无力抽出兵力援助京湖。这一阶段除成都府路和潼川府路外，夔州路的战事较多。

第六阶段：南宋咸淳十年至祥兴二年（1274—1279年）。这一阶段元军最终灭宋，完全占领四川地区。咸淳十年（1274年），元朝开始大举灭宋。西川方面，嘉定抵抗数月终不自守，挟九顶、三龟、紫云三城向元朝投降。之后，叙州、富顺监、长宁军、泸州相继降元。之后，宋军虽于1276年复夺泸州，但于次年最终陷落。东川方面，元军首先攻陷渠州与广安军后，进展缓慢，直到景炎二年（1277年），万州、忠州、施州等先后陷落之后，重庆孤立无援，才于景炎三年（1278年）陷落，很快夔州、绍庆也先后陷落，钓鱼城于祥兴二年（1279年）降元。至此，四川抗元主要战事全部结束。这一时期战事多数发生在夔州、合州、泸州等潼川路上。在1276年宋廷降元之后，四川军民还在坚守，战事异常惨烈。多个城防在宋元之间多次易手，有些城防，例如泸州神臂城被元军攻陷时，全城的将士几乎全部牺牲。

二、城防体系建设活动的时空分布

（一）宋元战事第一阶段——城防体系未创建

战事第一阶段，战争尚未正式爆发，蒙军以借道为名袭扰宋边，南宋朝廷尚未做好迎战准备，守蜀的重点仍在陕西、甘肃与四川交界的蜀口三关五州。虽然在南宋遭遇金兵入侵前期，川蜀守臣利用秦巴区域天险地势修筑山寨，在五州三关据险守要，例如吴阶在利州路创建的家计寨。但开禧二年（1206年）吴曦投金叛乱被平之后，南宋政府进一步强化集权，对地方采取削弱权力和兵力、兵民分离的政策。民间山寨，仅能自保，官军城寨，力量有限[135]。这一阶段，目前可知的只有阆州大获城创筑，是为孤例。因此，这一阶段，抗元城防体系尚未创建。

（二）宋元战事第二阶段——城防体系萌芽期

战事第二阶段，南宋端平二年至淳祐元年（1235—1241年），宋元战争正式爆发。蒙元军队先后于1235、1241年大举进攻四川，成都两次沦陷，全川除夔州一路及泸州、果州、合州数州外，均为蒙军铁骑踏遍。这一时期，以四川制置副史彭大雅为代表的一批有识之士，在地方军民的支持之下先后修建了7座山城，如利州路隆庆府苦竹隘、潼川府路遂宁府蓬溪寨、泸州榕山城、泸州安乐城和合州钓鱼城等，主要分布在蒙军主要入蜀方向的利州路，以及深入四川必经的潼川府路（图3.5）。同时，夔州路重庆城的创建，遏制了蒙军沿长江而下打通京湖战区的战略企图。但这些山城应急分散而建，尚未形成抗元城防体系，可以称之为萌芽期。

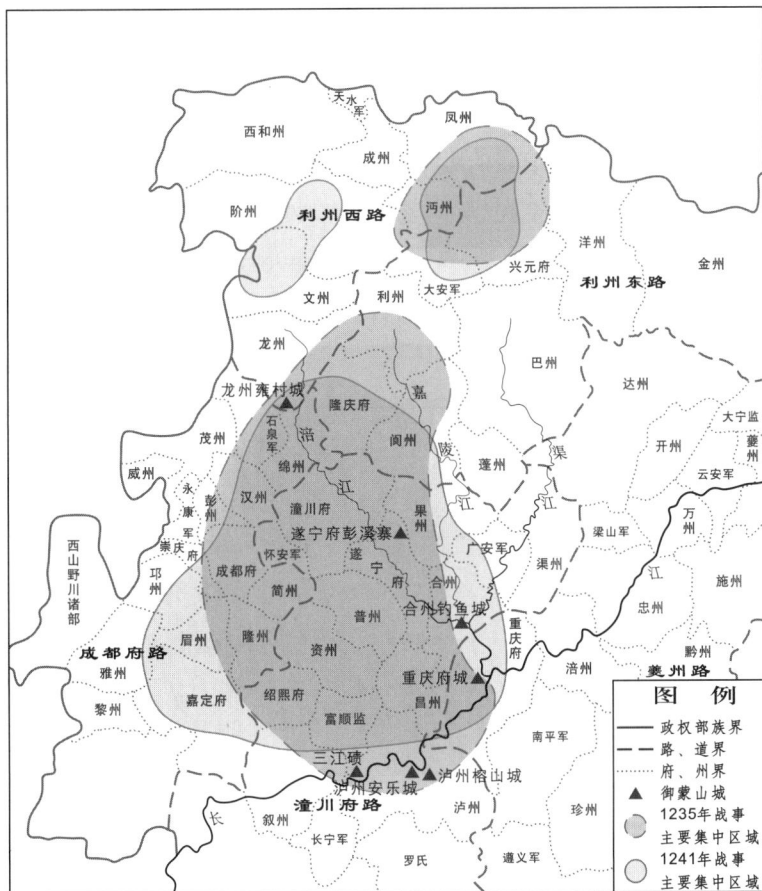

图3.5　城防体系萌芽期（1235—1241年）宋军创筑主要城防与宋元战事分布区域比较图

（三）宋元战事第三阶段——城防体系创立期

战事第三阶段，南宋淳祐三年至淳祐十一年（1242—1251年），宋元双方政治、军事情况均发生变化。蒙古方政局不稳，为宋方带来喘息之机。宋廷于1242年将全川抗元指挥中心由成都迁至重庆，并任命余玠为四川制置使。余玠采取的一系列治蜀军政措施，有效扭转了前一阶段的被动局面。这一阶段创筑山城17座，是创筑山城最多的时间段。山城在四路均有分布。其重点仍在利州路与潼川府路，同时夔州路的城防有所加强，并且突出了成都府路嘉定附近城防的防御作用。这一时期创筑的城防不仅数量最多，分布区域也最广。最为重要的一点是，余玠接受多位仁人志士的建议，以重庆为中心，主要依托合川钓鱼城，并以长江为防御屏障，以其南北两侧分别为御敌的正面范围和纵深地带，展开全面布局，形成"如臂指使，气势联络"的山城防御体系（图3.6）。这一防御体系有效地遏制了蒙军的进攻。淳祐四年（1244年）正月，主持南宋军机大事的枢密院发出通报：余玠在四川经历36次大小战役，应该予以嘉奖。淳祐六年（1246年）闰四月，余玠向朝廷报告：北兵分别划分为四路入川，他嘉奖了其中有功兵将，因此时常出现由于立有军功补转官资的案例。概括起来，这一阶段城防体系在3次战役中有效发挥作用。一是，1239年起，蒙军就企图从云南斡腹入蜀，1246年四路入蜀失败后，蒙军便转而集中力量进攻蜀之西边。1247年冬起，蒙军沿今松潘—泸定—大渡河方向推进，余玠派遣嘉定守将，依托扩建的嘉定府及新建的犍为城进行西征，1258年冬大败敌军。二是，1250年冬，

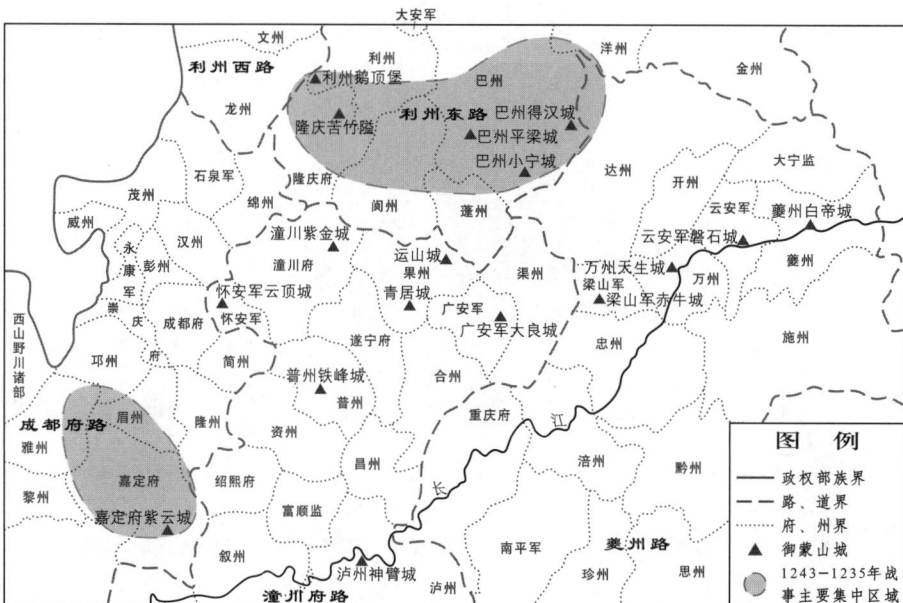

图3.6 城防体系创立期（1242—1251年）宋军创筑主要城防与宋元战事分布区域比较图

余玠决定趁蒙军各路空虚，发起收复陕南的战斗，制定了以收复兴元为主要目标的严密作战方案，新筑小宁、得汉、平梁三城。这一计划前期进展顺利，但由于蒙军各路援军的到达而功亏一篑。三是，1251年，宪宗即位，结束了蒙古政权混乱局面，再次主动侵犯南宋。汪德臣率部抄略蜀境，围攻嘉定，但被余玠有效击退。蒙军在退兵过程中，又遭遇苦竹隘等一系列山城的拦截。由此，这一阶段，可以称之为抗元城防体系的创立期。

（四）宋元战事第四、五阶段——城防体系完善期

战事第四阶段，南宋淳祐十二年至开庆元年（1252—1259年），宋军充分发挥城防体系的优势，顽强应对了蒙哥汗对四川的全面进攻，并最终依托钓鱼城，有效阻退了蒙军的进攻。四川北部，蒙军依托沔州、利州筑城，与宋军的苦竹隘、大获、云顶城形成了对峙。虽然蒙军在西、中、东三路都取得了较大的进展，并最终推进到了钓鱼城下，但其在进军过程中受到了四川抗元城防体系的有力阻击。这一时期新筑的8座城防发挥了重要作用，例如渠州礼义城、南平龙岩城等都有力阻挡了蒙军的进攻。真正被蒙军攻破的城防仅长宁、云顶等城，多数城防是由于守将投降而陷落（图3.7）。

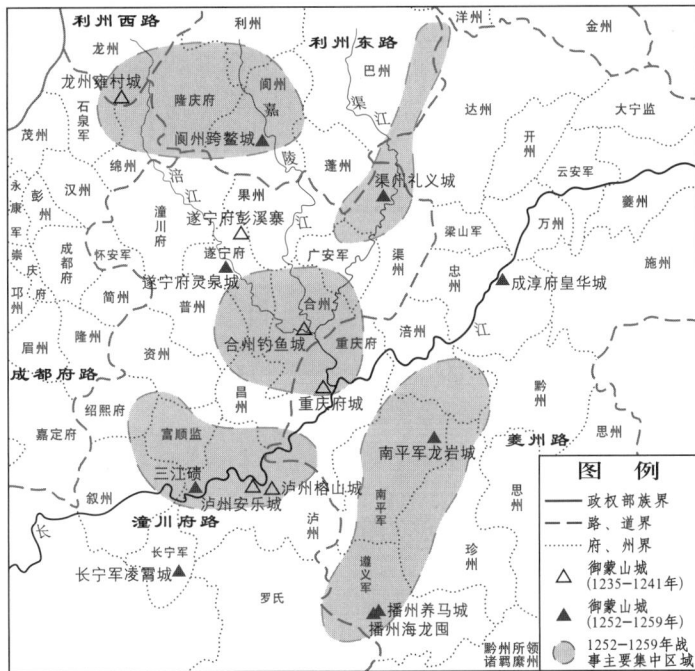

图3.7 城防体系完善期——战事第四阶段（1252—1259年）宋军创筑主要
城防与蒙宋战事分布区域比较图

战事第五阶段，南宋景定元年至咸淳九年（1260—1273年），蒙军将攻宋的重点转移至京湖，志在占领襄阳，对四川的战事则以牵制为目的。潼川府路依然是蒙军进攻的重点方向之一，除北部继续依托大良、礼义、钓鱼等城顽强抵抗外，这一时期创筑4座城防，叙州的仙侣城、登高城和富顺监的虎头城，与泸州神臂城等原有城防相互支援，宜胜山城则距离钓鱼城仅8华里，直接辅助钓鱼城的防御；夔州路创筑4座城防，与潼川路相持平，明显与其京湖门户的地位相一致，这4座城防分别是重庆多功城、涪州三台城、大宁监天赐城和黔州绍庆城，有效增强了重庆以下长江流域的城防密度。另外，成都府路在此阶段创筑了嘉定府三龟九顶城，补充支援了嘉定府城，抵挡住了蒙军的多次攻势（图3.8）。四川城防体系在这一时期基本完成，确保了长江上游仍被宋军控制的战略局面。这一阶段同样属于抗元城防体系的完善期。

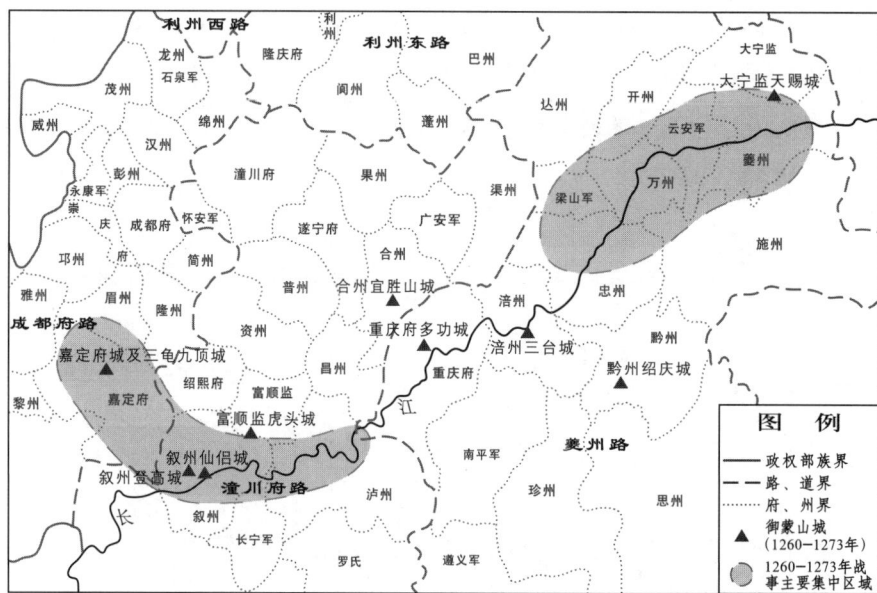

图3.8　城防体系完善期——战事第五阶段（1260—1273年）宋军创筑主要城防与蒙宋战事分布区域比较图

（五）宋元战事第六阶段——城防体系停滞期

战事第六阶段，南宋咸淳十年至祥兴二年（1274—1279年），四川成为蒙元灭宋的最后抵抗力量。这6年间，宋元双方在四川展开了艰苦的拉锯战。1276年南宋朝廷投降后，宋军在西川和东川方面都还坚持斗争，直到元军1277年之后，随着抗元城防的相继失守，重庆与合川钓鱼城最终陷入孤立。即便如此，宋军还坚持抗战。但终因南宋大势已去，失败已成定局。这一时期可称为四川城防体系的停滞期。

三、二者的对照分析

由此，对照42座山城创建时间，从南宋绍定元年（1228年）延续至咸淳八年（1272年），共计42年。与宋元战事进程对照来看，第一阶段（1227—1234年），创建1座山城；第二阶段（1235—1241年），创建7座山城；第三阶段（1242—1251年），创建17座山城；第四阶段（1252—1259年），创建8座山城；第五阶段（1260—1273年）创建9座山城；第六阶段（1274—1279年）创建0座山城（表3.1，图3.9）。分析上述数据可见，山城的创建主要集中在宋元战争的第二、三、四、五阶段，即城防体系的萌芽期、创立期和完善期。四路城防都在创立期，即余玠创建山城防御体系时期建设数量最多。其中，利州路全部9座城防中有6座，即2/3创建于这一时期，再加上战事第一阶段创建的1座城防，利州路78%的城防集中创建于宋元战事的前三个阶段，该路也是这三个阶段蒙元军队进攻的重点。成都府路除增筑嘉定府外，共创建2座城防，在四路中数量最少，这与成都在四川地区战略地位的下降有一定关联。潼川府路共创建17座城防，几乎均匀分布在萌芽期、创立期和完善期，此路在宋元战争的二、三、四、五阶段都是蒙元军队进攻的重点。夔州路共创建城防13座，除5座创建于萌芽期与创立期外，另有8座，即约62%在完善期创建，这一现象显然与此路在宋元战争的四、五、六阶段为防御重点有关（表3.2）。综上来看，长江上游抗元城防的创建活动与宋元战事的时空分布具有正相关性。

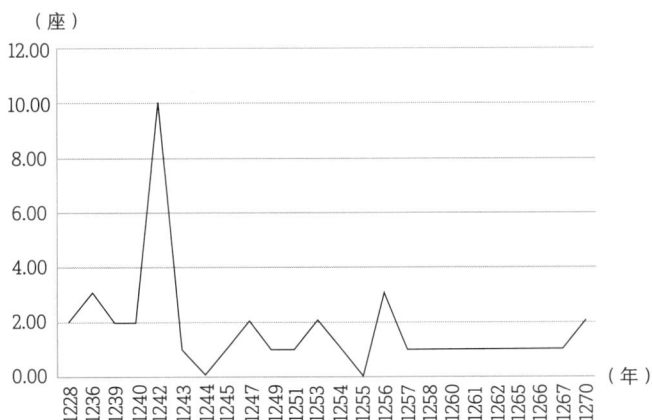

图3.9　抗元城防体系创建时间分布折线图

表3.1 南宋长江上游抗元城防创建时间与战事所处阶段对照表

创建时间（年）	城防数量（座）	战事阶段	小计（座）	合计（座）
1228	1	第一阶段	1	
1236	2	第二阶段	7	
1239	3			
1240	2			
1242	2	第三阶段	17	
1243	10			
1244	1			
1247	1			
1249	2			
1251	1			
1253	1	第四阶段	8	42
1254	2			
1255	1			
1257	3			
1258	1			
1260	1	第五阶段	9	
1261	1			
1262	1			
1265	1			
1266	1			
1267	1			
1270	1			
1272	2			

表3.2 各阶段各路抗元城防建设数量统计表

路名	阶段一	阶段二	阶段三	阶段四	阶段五	阶段六	合计
利州路	1	1	6	1	0	0	9
成都府路	0	0	1	0	1	0	2
潼川府路	0	5	6	3	4	0	18
夔州路	0	1	4	4	4	0	13
合计	1	7	17	8	9	0	42
抗元城防体系所处阶段	未创建	萌芽期	创立期	完善期		停滞期	

—— 第三节 ——

城防体系与水陆交通网络空间分布的关联性

一、城防体系与主要交通网络分布的关联性

（一）南宋四川主要交通网络的分布

从地理位置看，四川处在我国西南区域，地形呈盆地状，其西侧依青藏高原为天然屏障，北侧贯穿秦巴山，东侧的巫山往西南转折，与大娄山交接于云贵高原；长江、岷江、嘉陵江、涪江、渠江、沱江等支流从西、北、南进入四川，在其境内汇流于长江，向东流入湖北。这些江河及其支流是四川连接境内外交通的主要通道；另外，夹于大山之间的狭窄孔道和沿江、沿河的陆路也成为四川境内的重要交通线路。秦汉以后，随着四川战略意义的凸显，三国、魏晋、南北朝，尤其是隋唐时期的经营，奠定了宋代四川交通路线的基础[184]。从道路的走向上来看，主要有南北和东西两个方向。

1. 南北方向的道路

南北方向的道路涵盖了从北部和南部两个方向进入四川，并连接川内要塞的道路。北部主要从陕西、甘肃等方向进入，南部主要从贵州、广西等方向进入。

宋代四川境内的道路延续了汉唐以来的主线，经秦岭通关中的十几条南北交通线成为重要的军事交通路线，比如其中骆谷道、褒斜道、子午道等都可从严耕望先生的《唐代交通图考》卷三、《秦岭仇池区》《山剑滇黔区》（卷四）中得到考证，这些道路又有主道、支道、偏道之分[185]。

其中，金牛道，就是人们常说的石牛道或剑阁道，也是成都与秦岭南直接贯通的官道，基本走向为：成都—汉州（四川广汉）—罗江（在四川绵阳西南）—绵州（四川绵阳）—武连（四川剑阁西南）—隆庆府（四川剑阁）—利州（四川广元）—大安军（陕西宁强西北）—兴元府（陕西汉中）[185]。金牛道是南宋抗元战争初期，蒙元军队侵扰四川的主要道路。除主道外，还有

多条旁道,如阴平道从阶州(甘肃武都)至文州(甘肃文县),沿白龙江向东南至利州。从天水军(甘肃天水)至西和州(今属甘肃)或阶州,经白马关,至沔州到大安军为另一条辅道。从大散关至黄牛堡,到凤州(陕西凤县),过仙人关、白水关,至沔州到大安军为第三条辅道。南宋末年,1230年,托雷部从宝鸡出发南下,1231年,阔端部入大散关,破西和州,以及托雷部兵围兴元,破大安军,陷沔州,破葭萌等战事均是利用的金牛道。所以,此道上位于蜀边的利州和剑阁,与位于陕西的大安军和兴元府,是抵挡蒙元军队南侵的重要关隘。但在宋元战事的第一、二阶段,上述关隘防守并不到位。由此造成了成都的沦陷。南宋吴泳所著《鹤林集》卷20《论坏蜀四证及救蜀五策札子》中就指出:日常不维护、修缮关隘险要设施,大安等关键要隘也没有抵抗,致使形成险要处无人驻守的被动局面[186]。

另外,由利州而南至重庆为嘉陵道,以水运为主,也有沿江岸行进的陆路。这条道路是金牛道的一条重要辅道。利州以上接金牛道、陈仓道、散关道、阴平道。其基本走向为:利州—阆州—相如(四川蓬安)—果州(四川南充)—合州(重庆合川)—重庆府(重庆)[185]。道路基本沿嘉陵江前行,穿过陕西宝鸡嘉陵谷之后往西去,先后经过凤县(汉中)、徽州(巩昌府),经过两当县南之后折转西南方向进入宁羌州(汉中府)、略阳县、州东汇聚于西汉水;再南下转经保宁府、广元县;西南方向经昭化县汇聚于白水流;经县界之后到剑州;转东南方向经苍溪南,过府城西,然后转向东南,经南部县东进入顺庆府;再过蓬州西而向南,经过岳池县后进入重庆府;流经定远县到合州城汇聚于渠江,还有分支穿过合州城汇聚于涪江,并流之后流经府城北,后向东南汇入岷江。这一路曾因为上游汇聚于西汉水所以被称作"汉水",也曾经因其汇入阆中而被称作"阆水",还有人因其曲折而称之"巴水",也有因其经过渝州而称之为"渝水"❶。嘉陵道是南宋四川境内最为重要的军粮、马匹运输通道。当时,合州、阆州、利州都设置了转运仓。最早从绍兴二年开始,东西两川转运司每年敷对籴米达到至少60万石,在合州安排用船只运输眉、嘉、叙、泸等稻米,顺着蜀外水流动到重庆"合寓于仓",还有部分通过西汉水一直转运到阆、利州等地。绍兴十六年时,朝廷将都运司更名为总领财赋❷。南宋利州多任官员凿石、疏浚,改善了嘉陵道的通航条件。蒙军占领四川北部后,也将此道作为重要的军粮漕运通道。

南北方向第三条主要道路为米仓道。其基本走向为:自兴元府(陕西汉中)—南郑(陕西汉中)—米仓关—南江(四川巴中)—通江(四川巴中)—巴州(四川巴中)—渠州(四川渠县)—合州(重庆合川)—重庆府[185]。米仓道在南宋时期是重要的经贸往来通道,是宋元对峙时期蒙元军队南下四川的重要通道。1231年蒙军入洋州,直取巴州,长驱入蜀,就利用了米仓道。

另外,陕西方向进入四川的还有一条荔枝道,

❶ 资料来源:顾祖舆撰,贺次君. 读史方舆纪要[M]. 施和金注释. 中华书局, 2005: 3116.
❷ 垫江志[A]永乐大典·卷一万五千九百四十八·运字, 中华书局, 1986: 6962.

为南北方向第四条道路，也是川陕东路最主要和便捷的一条通道。其主要走向为由长安经子午道至西乡县—洋水—达州—高都驿—梁山驿—乐温县—涪州[185]。此道路在宋人魏了翁《鹤山集》卷108《师友雅言·上》中有记载，应是南宋由陕西东部入川的一条通道。❶

前四条道路，主要为北方进入四川的通道，第五条通道为南下贵州、云南、广西的道路。

南宋时期由四川进入贵州的道路主要有樊溪道、黔江道、符关道。

樊溪道为陆路，经重庆江津—南平州（重庆綦江）—珍州（贵州桐梓）—播州（贵州遵义）[184]。这条道路险恶难行，宋代曾为黔马贸易的大道。南宋末年，蒙军曾利用此道进攻重庆，如1258—1259年，纽璘率部企图从播州经南平军进攻涪州，对重庆形成南北夹击之势。

黔江道为沿乌江进入贵州，并到达云南的道路。具体路线为：重庆府城—涪陵—武隆—彭水—龚滩—沿河（贵州铜仁）—江口（贵州铜仁）—思南（贵州铜仁）—多田（贵州铜仁）—涪川（贵州铜仁）—余庆（贵州遵义）—建安（贵州瓮安）—南宁州（贵州慧水）—昆弥国（云南洱海）。这条古道在宋代为官道，而黔州号称"为楚西南徼道"，宋代官兵曾沿此道"进讨黔江蛮，复城黔江。"[184]开庆元年（1259年）蒙军从贵州"自乌江还北"即沿此道。

符关道，即从合江沿赤水河道进入贵州的通道，具体路线为：合江—九支（四川合江）—赤水（贵州赤水）—仁怀（贵州遵义）。宋末，此道为军事交通所重视，沿线筑有九支、遥镇、青山、安溪、绥远、仁怀等多个寨堡。

南下广西（时称广南西路）的道路虽然迂回，但在宋代也是一条重要的交通路线。南宋时期，静江府、邕州、宜州、柳州等属广南西路。其西北面与四川夔州路相连，北面与荆湖南、北路相连，西部和南部与大理国、交趾相接壤。当时成都至广南西路的道路主要有两条，一条走陆路从夔州南下，另一条走水道从长江顺流至洞庭湖，转湘江南下，从潭州、衡州至静江府。由于陆路较为偏僻难行，所以行水道者较多。后者的基本路线为：成都—叙州—万州—江陵府—潭州—衡州—静江府[185]。1252年时，蒙哥汗命忽必烈攻打大理，正是企图利用此南线进攻四川。

2．东西方向的道路

巴蜀向东至荆鄂地区的行进路线共计三条。其一，也是最为重要的即岷江—长江水系。其二，从成都到万州的陆路。其三，成都经川北，过洋州、金州到襄阳的道路。

第一条道路，岷江—长江水系的主要走向为：成都—郫县—安德镇（四川郫县西部）—永康军（四川灌县）—新津县（四川）—眉州（四川眉

❶ 资料来源：张锦鹏，王国平. 南宋交通史[M]. 上海：上海古籍出版社，2008. 原文引自：魏了翁. 鹤山先生大全文集[M]. 四部丛刊初编本，据嘉业堂宋刊本缩印，北京：商务印书馆，1936.

山）—嘉定府（四川乐山）—宣化（四川宜宾西北）—叙州—江安—泸州—江津—重庆府—涪州（重庆涪陵）—忠州（重庆忠县）—万州—云安军（重庆云阳）—夔州（重庆奉节）—归州（湖北秭归）—宜都（湖北宜昌）—江陵府（湖北荆州）—岳州（湖南岳阳）—鄂州，当代学者据文献计算，从成都到鄂州约3935里程[187]。这条水道是四川通往中原的重要通道，蒙元军队也试图经此通道实现占领巴蜀、东下荆楚的战略企图。南宋末年，宋元两军围绕嘉定、叙州、泸州、重庆、涪州、忠州、万州、云安军、夔州等地，进行了大量激烈的争夺战，其目的之一就是要争夺对这条货运和人员往来的重要通道的控制权。

第二条道路，从成都到万州的陆路基本走向为：成都府—怀安军（四川金堂）—飞鸟（四川中江）—遂宁府（四川遂宁）—蓬溪（四川遂宁）—顺庆府（四川南充）—渠州（四川渠县）—梁山军（重庆梁平）—万州—云安军（重庆云阳）—夔州[185]。这条路与从成都经叙州到万州的水道成一直角三角形，陆路为直角三角形的斜边。与水道相比，可大大缩短行程。"然泝江入蜀者，至此（万州）即舍舟而徙，不两旬可至成都，舟行即须十旬。"❶南宋时期，这条道路还是军事文书传递的官道，其速度较长江水道至少要快一倍。路途中设有摆递铺。但是，此路险阻，只适宜轻骑快马行走，不适宜大宗货物运输。宋元战争时期，此条道路同样受到了两军重视。

第三条道路，成都经川北至荆襄的道路，基本走向为：成都—阆州（四川阆中）—巴州（四川巴中）—兴元府（陕西汉中）—西乡（陕西汉中）—石泉（陕西安康）—金州（陕西安康）—平利（陕西平利）—竹山（湖北十堰）—房州（湖北房县）—襄阳府（湖北襄阳）。这条道路再向东延伸，至鄂州、江州、池州至临安的陆路，是南宋时期从川西北运送马匹的主要道路[185]。宋末，元军占领襄阳后，此道成为其进攻四川的重要通道之一。

（二）城防体系与主要交通网络分布比较分析

笔者经文献检索与实地探勘统计，南宋抗元城防体系中的42座城，均位于四川主要的交通网络上（表3.3）（图3.11）。其中，位于南北方向主要道路上的城防有21座，位于东西方向主要道路上的城防有24座，其中夔州白帝城、渠州礼义城和重庆府城位于南北、东西道路交汇处。从各城修建的时间来看，以蒙元军队调整攻宋战略的1259年为界，前期创建的山城有33座，占79%。其中位于南北方向道路上的有20座，占61%。后期创建的山城有9座，其中位于南北方向道路上的仅有1座，占11%，而位于东西方向道路上的有8座，占89%。由此可见，四川抗元防御体系在1259年已基本形成。由于此前防御体系主要针对蒙元军队

❶ 资料来源：张锦鹏，王国平. 南宋交通史[M]. 上海：上海古籍出版社，2008：79. 原文引自范成大笔记六种·吴船录：216.

从北、南以及西部进攻四川的战略企图，因此，城防位于南北道路上的较多，位于东西道路上的略少。1259年之后，蒙军调整战略方针，将进攻的重点放在了京西南路的襄阳，在四川地区进行的是牵制性作战，东西方向的道路，尤其是岷江—长江水系战略意义凸显，因此，这一时期创建的城防绝大多数位于东西方向的道路上。

表3.3　各城防创建的时间及其所处道路统计表

序号	城防名称	创建时间	所处道路
1	（隆庆府）苦竹隘	1243	南北方向—金牛道
2	（利州）鹅顶堡	1243	南北方向—金牛道、嘉陵道
3	（巴州）小宁城	1244	南北方向—米仓道
4	（巴州）平梁城	1251	南北方向—米仓道
5	（巴州）得汉城	1249	南北方向—米仓道
6	（阆州）太获城	1228—1233	南北方向—嘉陵道
7	（阆州）跨鳌城	1253—1258	南北方向—嘉陵道
8	（蓬州）运山城	1243	南北方向—嘉陵道
9	（龙州）雍村城	1236	南北方向—金牛道
10	（怀安军）云顶城	1243	东西方向—成都到万州的陆路
11	（潼川府）紫金城	1242	南北方向—金牛道
12	（顺庆府）青居城	1249	南北方向—嘉陵道
13	（渠州）礼义城	1254	南北、东西方向—米仓道、成都到万州的陆路
14	（广安军）大良城	1243	南北方向—嘉陵道
15	（普州）铁峰城	1243	东西方向—成都到万州的陆路
16	（遂宁府）灵泉城	1258	东西方向—成都到万州的陆路
17	（遂宁府）蓬溪寨	1236	东西方向—成都到万州的陆路
18	（合州）钓鱼城	1240	南北方向—嘉陵道、米仓道
19	（合州）宜胜山城	1272	南北方向—嘉陵道、米仓道
20	（长宁军）凌霄城	1257	东西方向—临四川进入云南的陆路
21	（叙州）仙侣城	1260	东西方向—岷江—长江水系
22	（叙州）登高城	1267	东西方向—岷江—长江水系
23	（富顺监）虎头城	1265	东西方向—岷江—长江水系
24	（泸州）神臂城	1243	东西方向—岷江—长江水系

序号	城防名称	创建时间	所处道路
25	（泸州）榕山城	1239	东西方向—岷江—长江水系
26	（泸州）安乐城	1240	东西方向—岷江—长江水系
27	（江安）三江碛	1239	东西方向—岷江—长江水系
28	（嘉定府）府城及三龟九顶城	1261—1265	东西方向—岷江—长江水系
29	（嘉定府）紫云城	1247	东西方向—岷江—长江水系
30	（夔州）白帝城	1243	东西、南北方向—岷江—长江水系、成都到万州的陆路、南下广南西路的陆路
31	（重庆府）重庆城	1239	南北与东西交汇—嘉陵道、米仓道与岷江—长江水系交汇
32	（重庆府）多功城	1270	南北方向—嘉陵道
33	（涪州）三台城	1266	东西方向—岷江—长江水系
34	（成淳府）皇华城	1254	东西方向—岷江—长江水系
35	（大宁监）天赐城	1262	东西方向—岷江—长江水系
36	（梁山军）赤牛城	1242	东西方向—成都到万州的陆路
37	（黔州）绍庆城	1272	东西方向—岷江—长江水系
38	（南平军）龙岩城	1255	南北方向—贵州到重庆的陆路
39	（万州）天生城	1243	东西方向—岷江—长江水系、成都到万州陆路
40	（云安军）磐石城	1243	东西方向—岷江—长江水系
41	（播州）海龙囤	1257	南北方向—南下贵州
42	（播州）养马城	1257	南北方向—南下贵州

二、主要城防与水陆交通的关联性

本书水路指的是具有通航功能的江河或其支流。陆路交通指的是当时担负陆路交通功能的路线。上文分析的南宋四川主要交通路线，除特别强调为陆路的以外，均为水路或水陆混合，并以水路为主。所以，本书均视其为水路交通。从统计的42座抗元城防来看，它们均濒临四川主要水陆交通线。其中，临四川境内主要水路的山城有36座，占86%，其余的6座城防均濒临四川主要陆路交通线（表3.4）。可见，水路交通是当时四川交通运输的主要形式。与陆路交通相比，水路交通经济性好。同时，对于四川山地而言，水路交通便捷性更高。但陆路交通的功效同样不可忽视，濒临陆路的抗元城防同样起到了重要的补充作用。

表3.4　各主要城防与水陆交通的关联

序号	城防名称	城防与水陆交通的关联
1	（播州）养马城	临白沙水（长江支流湘江的源流）
2	（播州）海龙囤	临白沙水（长江支流湘江的源流）
3	（隆庆府）苦竹隘	临小剑溪（注入长江上游支流黄沙河）、金牛道
4	（遂宁府）蓬溪寨	临成都到万州的陆路，距嘉陵江15里
5	（泸州）榕山城	距长江水道约10公里
6	（泸州）安乐城	临赤水河
7	（重庆府）重庆城	临嘉陵江、长江
8	（合州）钓鱼城	临嘉陵江、渠江、涪江
9	（梁山军）赤牛城	临成都到万州的陆路
10	（夔州）白帝城	临长江
11	（怀安军）云顶城	临沱江
12	（普州）铁峰城	临涪江支流安居水
13	（广安军）大良城	临渠江，距江约6公里
14	（嘉定府）紫云城	临岷江
15	（泸州）神臂城	临沱江、长江
16	（重庆府）多功城	临重庆至合川陆路
17	（万州）天生城	临长江
18	（阆州）太获城	临宋江（嘉陵江支流）
19	（巴州）小宁城	临荔枝河（渠江支流）
20	（蓬州）运山城	临清溪河（嘉陵江支流），去嘉陵江15里
21	（巴州）得汉城	临米仓道
22	（顺庆府）青居城	临嘉陵江
23	（巴州）平梁城	临米仓道
24	（阆州）跨鳌城	临嘉陵道
25	（潼川府）紫金城	临金牛道
26	（渠州）礼义城	临渠江、米仓道
27	（南平军）龙岩城	临贵州到重庆的陆路
28	（龙州）雍村城	临涪江支流平通河
29	（利州）鹅顶堡	临金牛道、嘉陵道
30	（遂宁府）灵泉城	临成都到万州陆路
31	（长宁军）凌霄城	临四川进入云南的陆路

序号	城防名称	城防与水陆交通的关联
32	（大宁监）天赐城	临大宁河
33	（富顺监）虎头城	临沱江
34	（成淳府）皇华城	临长江，四面环水
35	（涪州）三台城	临长江
36	（叙州）仙侣城	临岷江、金沙江
37	（叙州）登高城	临岷江、金沙江
38	（黔州）绍庆城	临涪江
39	（嘉定府）三龟九顶城	临大渡河、青衣江与岷江交汇处
40	（云安军）磐石城	临彭溪河与长江交汇处
41	（江安）三江碛	临长江、金沙江、岷江
42	（合州）宜胜山城	临嘉陵江

（一）主要城防与水路交通的关联性分析

临水路交通的城防中，大部分濒临江河而建，这类城防有33座。另有3座城防距离江河有5～10公里的路程，这3座城防分别是：泸州榕山城、广安军大良城、蓬州运山城。其中距离江河最远的为泸州榕山城，而从历史上看，榕山城也因为离水路较远，在建成1年后，合江县即迁出。另外2座城防则因其与周边城防的组团呼应关系而存留下来。由此可见，水路交通与城防的距离绝大多数在5公里以内，而以城直接临江河最为常见。

城防与江河的关系基本可以概括为4种：一面临水、两面临水、三面环水和四面环水。其中三面环水和一面临水的城防最为常见，前者有17座，后者有15座，占临水路城防的89%。下面以三面环水的城防为例展开详细分析。

重庆府城是三面环水城防的典型代表（图3.10）。渝中半岛由两江长期冲刷金碧山汇聚形成。山体阻碍了嘉陵江、长江流水而形成天然半岛，两江在半岛东北端汇聚东流。宜宾在长江上游地区，汇聚岷江支流后将重庆与成都连接起来。泸州此后还纳入了流经川中丘陵区域的沱江，如此贯通了重庆和四川中部。重庆北侧涪江和渠江在钓鱼城汇聚。重庆地区嘉陵江与长江汇合之后，乌江在涪陵进一步汇聚东流，通往长江中下游地区。由此，重庆对全川所有水系都有控制作用，具有极为重要的军事地位。另外，渝中半岛又是典型的山地地形，东南低矮、西北两侧较高，低

图3.10　光绪《重庆府治全图》可见重庆三面环水
资料来源：重庆市文化遗产研究院网站

谷位置点为朝天门河滩，海拔只有160米，而最高点位置的鹅岭高达379米，高差为219米，其中还有多个起伏变化的山峦地势，包括佛图关、五福宫、大梁子、鹅岭、枇杷山等地势高点❶。

　　三面临水、居高临下，使重庆天险自成。南宋末年，在四川受到蒙元军队多次侵扰之后，四川制置司经历了从成都到兴元（今陕西汉中）到利州（今四川广元）再到成都等多次迁移之后，最终于淳祐二年（1242年）12月定在重庆。重庆成为四川抗元的核心所在。而此时的四川已是南宋的国之西门，只有加强重庆防卫，即加强了南宋西门——夔巫的防御，才能阻挡蒙军占有长江上游，顺流东下的战略企图。在南宋抗元斗争中，嘉陵江上接渠江、涪江，长江上接岷江、沱江，下通乌江。嘉陵与长江两江，上接合州钓鱼城、泸州神臂城，下通涪州三台城、成淳府皇华城，发挥了重要的交通作用。据文献记载，重庆城依靠两江多次直接阻挡蒙元军队进攻，并通过内外水道与上下游城防间，有着大量的军事和后勤往来。而重庆府城的坚守，直接遏制了蒙军沿水陆进行的军事与后勤支援。

　　由此可见，城防沿水陆交通线布置，一可直接阻挡沿水陆进攻的蒙元军队，控扼军事要道；二可直接掌握各城防间的军事和后勤通道；三可直接遏制蒙元军队沿水陆进行的军事与后勤支援。三个方面的功能共同支撑了抗元城防体系防御的有效性。

（二）主要城防与陆路交通的关联性分析

1．城防毗邻南宋四川主要的陆路交通线

　　南宋抗元城防体系中有6座城防毗邻当时四川的陆路主要交通路线，即遂宁府蓬溪寨、梁山军

❶ 陈元棪．天设地造重庆城——从军事防御规划和实践的角度[J]．遗产与保护研究，2017，2（05）：27-34．

赤牛城、怀安军云顶城、南平军龙岩城、遂宁府灵泉城、普州铁峰城。而当时四川境内最主要的陆路为自西向东，成都到万州的陆路，以及自南向北，贵州到重庆的陆路（图3.11）。这些城有些虽也临江河，但其在陆路交通上发挥的作用更加明显。

位于贵州进入重庆陆路上的南平军龙岩城，即是此类城防较为典型的代表之一。龙岩城位于重庆市南川区三泉镇马脑乡马脑山。南川为由贵州入四川的必经之路，金佛山的支脉龙岩山（即马脑山）位于海拔约1780米的凉风岭上，龙岩江汇流于乌江。龙岩城和川黔古道相互毗邻，北通重庆，南连播州，军事地理位置险要。据《南川县志》记载称，马脑山与黔省联通，为一大要隘，其上山通道狭隘只允许一人通过，山形如同天马行空，隘道必须附葛攀藤才能通行。据载，龙岩城上有二碑刻，均为宋宝祐间遗存，其中一碑据《四川通志》的《南川县》（第58卷）中"龙岩城古摩崖碑"记载，描述了创建龙岩城的具体时间和主因。此碑当前虽已遗失，但由茆世龙、赵全等题刻的另一碑仍在山崖之上，碑刻共257字，记录了此城于宋宝祐乙卯年（1255年）兴筑，之后三年战绩斐然，最终因全城英勇抵抗蒙军而受到朝廷嘉奖的事迹。据此两

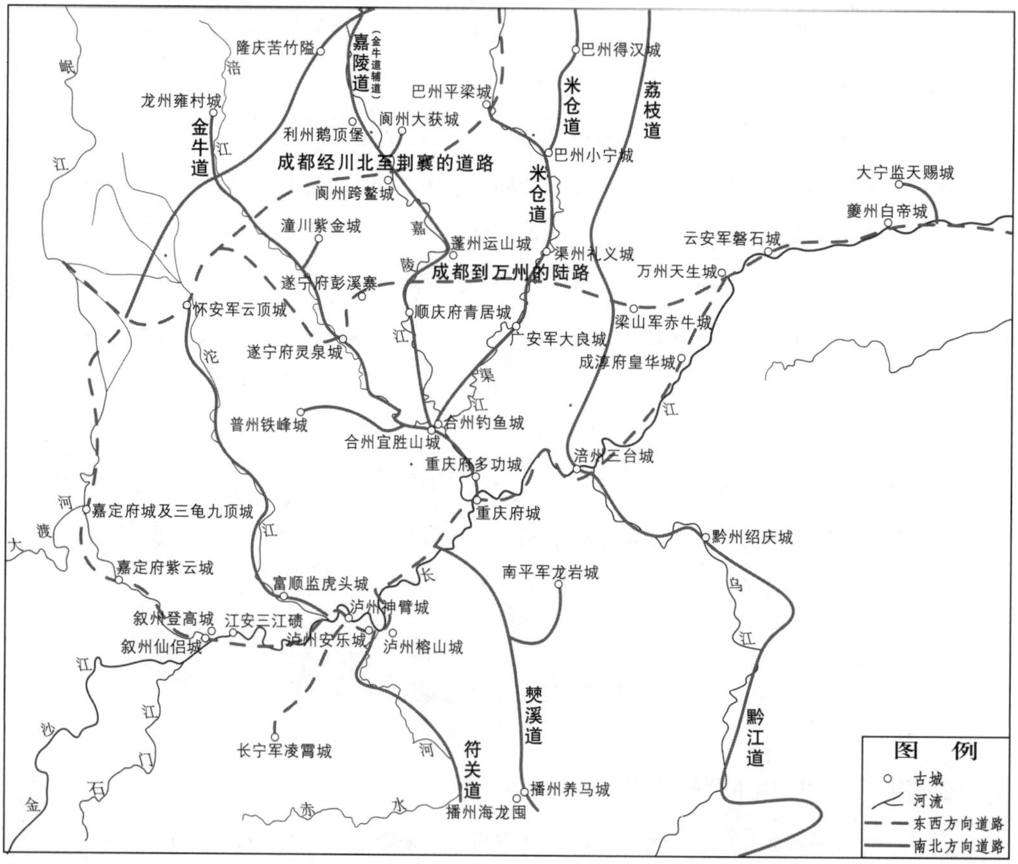

图3.11　南宋长江上游抗元城防体系与主要交通路线比较示意图

块碑文，当代学者唐冶泽考证出龙岩城抵抗蒙军进攻的主要战斗过程如下：

　　1255年，兀良合台率领蒙古大军从云南进攻四川，宋廷为进一步强化四川南部区域的防务，积极修筑和修复各地关隘。宋将史切举在南平受命，于1256年4—6月期间，花费72天修筑了龙岩城。1258年初，思、播等多地官员担心蒙军从云南入侵，抓紧时间和资源积极备战，并申请朝廷发兵支持，理宗因此进一步勒令修筑关隘，并委派官员跟进督促建设工程，驻守播州的茆世雄被派遣来专门监工龙岩城。茆世雄在前期城防结构基础上，挖深壕、修高墙，将龙岩城打造成了重庆南侧的屏障。十二月，茆世雄"知南平军"时恰遇南平边境出现的蒙军，并于次年，即1259年初，依靠龙岩城，击退奉命联系云南，对思、播发起进攻的纽璘部；两军在涪州、南平再战，宋军寡不敌众；之后，蒙军进至播州，见无可乘之机，二月末时至马脑山，第二次派人招降龙岩城，守城军民拒不投降，于是出现龙岩城外碑文中所载之史实[154]。由此，也印证了南平军龙岩城南通贵州的思、播，北接重庆、涪州，处于蒙军由南至北进攻重庆主要通道上的重要军事地理位置。

2. 城防毗邻南宋四川局部陆路交通线

　　另外，除上述6座城防外，还有些城防虽并未位于南宋四川主要陆路交通线上，但毗邻两座重要城防之间的陆路。这些城防的存在，说明当时陆、水两种交通方式在战争中互为补充，互相支撑。

　　这一类城防中较为典型的实例为重庆多功城。多功城位于重庆江北翠云山上，一面临嘉陵江，距江直线距离约3.1公里。山下毗邻南宋时期由重庆通往合川的主要陆路。多功城正是通过水、陆两条通道，连接了重庆府城与合州钓鱼城（图3.12）。

　　正是这一独特的位置，可以为当代研究多功城的建城时间提供一种思路。关于此城建城的具体时间目前有两种不同说法，一说为淳祐年间建成，另一说为咸淳年间建成。《读史方舆纪要》载：府（重庆府）西约40里处为多功城，志云：宋淳祐中为抵抗蒙古大军而建城[139]；《巴县志》（乾隆）引《四

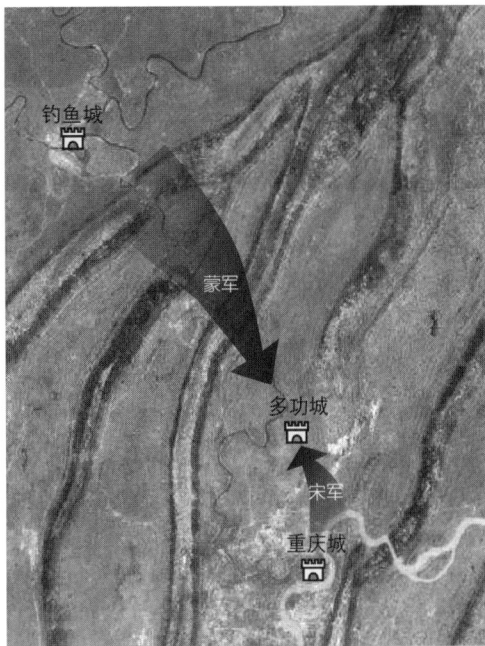

图3.12　多功城与重庆及钓鱼城的位置关系
资料来源：作者自绘，底图参奥维互动地图——
OpenCycle等高线地图

川通志》记载："县西四十里，宋淳祐中筑"，由此对照分析可知建城时间应该在宋淳祐间。不过也有称"惟西门石上书'端明殿学士大中大夫四川安抚置制大使朱禩孙建'，或谓与合州钓鱼城同造，即保辜城是也，然亦不可考"[1]，但根据《南宋制抚年表》篇记载，朱禩孙任四川安抚制置使是在南宋咸淳四年至十年（公元1268—1274年），而非南宋淳祐（公元1241—1252年）年间。当代学者粟品孝在考证朱禩孙生平时，根据西门题刻推论，正是朱禩孙任四川安抚制置使兼知重庆府时主持修建了多功城[2]。因此可以推测，多功城建城时间约为1268—1274年。

据此，结合此城规模较小、建城较晚可以推测，在南宋抗御蒙军进攻的中早期，蒙军以从北向南进攻为主，位于钓鱼城以上的渠江、涪江、嘉陵江支流的城防为防御重点。1260年以后，蒙元军队逐渐转变进攻方向，除自北向南的进攻外，开始自西向东、自东向西、自南向北地全方位紧逼重庆与钓鱼城。此时，加强二城之间的联系势在必行。因此，当时的宣抚使朱禩孙才在离重庆府城仅约40华里的江北翠云山修建了多功城。从现存遗址来看，多功城距钓鱼城直线距离约42公里，距重庆约16公里。按照当时行军速度推测，官兵当可在半日内往返两城。由此，重庆城多了一道最近的防御屏障。钓鱼城与重庆城之间也多了一个驻军停顿之处。也正因此，多功城规模虽小，但却具有不可或缺的重要性。

[1] 资料来源:（嘉庆）四川通志/山川[A]. 胡绍曦,唐唯目. 南宋四川战争史料选编[M]. 成都: 四川人民出版社, 1984: 512.
[2] 资料来源: 粟品孝. 南宋抗蒙重臣朱禩孙生平考[J]. 宋史研究论丛, 2016（02）: 235-258.

第四节

体系内各城防之间的空间关联性

各城防之间的空间关联性是长江上游抗元城防体系的重要特性之一。对于这种"如臂使指，气势联络"的格局，已有学者从防御层次上对余玠时期创筑的20余座城防进行了剖析，指出长江北部和南部分别为防御正面和纵深地带。余玠将渠江、涪江、嘉陵江、沱江几大江沿线多个城池，作为防御前沿的一组城防，将沱江、长江沿线的城防作为防御纵深的一组城防，使体系的军事防御优势明显[188]。但是，上述研究未能覆盖南宋四川抗元战争全部时空，尤其是战争的第5～6阶段，蒙军将攻宋的战略重点调整至襄阳之后，抗元城防的建设重点也随之转移到了长江流域，尤其是长江南部。另外，现有研究尚缺乏对影响城防空间关联性的各种因素，如与交通线的位置关系、城防规模、驻军数量等的全面深入分析。因此，本书受城市地理学中的"中心地"原理启发，引入"军事防御中心性"概念，综合考虑多种影响因素，探索量化阐释长江上游抗元城防体系内部各城防间的空间关联特性。

一、层次结构分析

（一）城池防御中心职能与中心化层次结构研究的提出

德国沃尔特·克里斯塔勒（Walter Christaller）在《德国南部的中心地原理》中正式提出"中心地"理论，主要运用了经济学的原理分析了城镇的数量、规模以及分布的规律[189]。这一理论自提出以来受到各方学者肯定，已成为现代城市地理学的经典理论。

长江上游城防体系自然分布在各交通线上，这些城防的数量、规模以及间距的规律是什么？虽然，这一城防体系的空间分布是以军事防御需求为主导，但是要满足军事防御目的，各城与交通线的位置关系、城防规模、驻军数量等是主要影响因素。将这些因素与中心地理论中影响城市中心性的因素，即电话线路数、人口数相比较发现，二者具有相通性。因此，借鉴中心地理论，分析长江上游抗元城防的"军事防御中心职能"，或许能够为回答段首的问题提供一种解决思路。

克里斯塔勒概括了中心地存在的基本理由在于"区域的所有部分，都可以从具有中心地功能的最小可能数量的中心地，得到一切可能得到的中心商品的供应"。构建中心地体系必须以市场、交通、行政区划等原则为基础。"一个区域中心性与其重要性余额相当，中心性换言之即该地点隶属区域重要性的相对水平"。

从军事防御角度看，可以将中心性的影响因素提炼为：该点濒临的交通线路数、地形险要程度、驻军数量、城防面积。由于抗元城防在选址时都将地形险要放在了首位，所以各城之间在这一因素上区别不明显，可以不作考虑。另外，鉴于历史资料对各城驻军数量缺乏详细记载，而对各城的行政级别记载清楚，且行政级别与驻军数呈正相关，因此，本书首先采用行政中心的级别，即路、府、州（军、监）代替驻军数，作为军事防御中心性的影响因素之一。其次，南宋时期四川的四大戎司，即沔戎司、利戎司、兴戎司和金戎司，是当时重要的军事建制，因此，戎司所在地为影响城防重要性的又一因素。再次，克里斯塔勒的中心地理论中提出的"一日中途栖留地"概念值得借鉴，即士兵或邮件在交通线上暂时停留的地方，其停留间距约一天的行程。根据这一定义，我们可将克氏的"中途栖留地"看作沿着交通线以大约一天旅途为间距而分布的中心地，它们通常呈直线路线❶。因此，南宋四川的两大政治、经济中心——重庆、成都周边1日中途栖留地的重要性明显增加。最后，边境线上城防，直接受到多方面的战争压力，重要性同样增加。

因此，本书综合以下5方面为影响单个城防重要性的主要因素，并尝试为其赋值。

1. 毗邻的交通路线数

考虑到一条交通线即增加一种对外交通的可能，所以若城防临近N条交通线路，其重要性则$+N^2$。

2. 安抚制置使司、路、府、州（军、监）、县所在地

南宋时期地方行政级别分为二级，路为第一级，其下设府、州（军、监）、县。其中府与州从级别上基本持平，但府多设在政治、经济比较重要的地方。军、监与州的级别基本相同。朝廷一般在军事要地设军，在管理矿冶、铸钱、牧马、产盐区的要地设监。南宋之后，中央为加强对地方的统治，分别在四川、荆湖、两淮三大抗击外敌的主要战区设置了制置使一职。制置使司，即制置使官署所在地，即成为战区的指挥中心[190]。鉴于上述分析，本书对制置使所在

❶ 资料来源：沃尔特·克里斯塔勒. 德国南部中心地原理[M]. 北京：商务印书馆，2010：92.

城防+16；对路、府、州（军、监）、县所在地分别+4、3、2（2、2）1。

3．四大戎司所在地

余玠任四川制置使后，在帅府之下设兴、沔、利、金四大戎司，共统兵力15000到16000人之间，是帅府帐下三军以外兵力最雄厚的统军单位。因此，本书对四大戎司所在地+4。

4．1日到成都或重庆

重庆自1242年之后即成为四川军事指挥中心。成都虽在1241年被蒙军占领，但其在四川的政治、经济中心地位并未就此结束。成都、重庆周边1日距离内的城防，是这两处中心的第一道防线，因此，本书对1日到成都或重庆的城防+4。

5．边境城防

在战争的不同阶段，蒙军分别从北、西、南、东四个方向对四川发起进攻。边境城防首当其冲，是宋军防御的重点。因此，本书对边境城防+3。

由此，参考克里斯塔勒中心性的计算方法[191]，将各因素赋值求和后计算出各城的重要性M_z，然后通过公式（3.1）求得各城区域防御中心性C_z，通过公式（3.2）求得不同防御方向各城防的防御中心性C_{zf}，运用上述计算方法，本书尝试得出了长江上游各抗元城防的重要性、区域层面各城防的防御中心性和不同防御方向各城防的防御中心性（表3.5）。

$$C_z = M_z - \overline{M_z} \tag{3.1}$$

其中，M_z为各城的重要性值，$\overline{M_z} = \sum_{i=1}^{N} \frac{M_z(i)}{N}$，$N = 42$。

$$C_{zf} = M_z - \overline{M_f} \tag{3.2}$$

其中，$\overline{M_f} = \sum_{i=1}^{N_f} \frac{M_{zf}(i)}{N_f}$，$N_f$、$N_f$为各防御方向的城防总数。

表3.5　长江上游抗元城防的重要性、区域中心性和不同防御方向中心性列表

序号	城防名称	所处道路	行政级别	计算方法	重要性 M_z	区域中心性 C_z	方向中心性 C_{zf}
1	重庆府重庆城，今属重庆	南北与东西交汇——嘉陵道、米仓道与岷江—长江水系交汇，贵州、广西到重庆道路	四川制置使司	临4条路线+4²，制置使+16	32	25.36	北南❶：24.05；南北：19.4；东西：24.44

❶指自北向南防御方向，无单位。

序号	城防名称	所处道路	行政级别	计算方法	重要性 M_z	区域中心性 C_z	方向中心性 C_{zf}
2	合州钓鱼城，今属合川	南北方向——嘉陵道、米仓道	合州、石照县、兴戎司、兴元府	临2条路线+2², 府+3，州+2，县+1，戎司+4，1日+4	18	11.36	北南：10.05
3	夔州白帝城，今属奉节	东西、南北方向——岷江—长江水系、成都到万州的陆路、南下广南西路的陆路	夔州路	边境+3，临3条路线+3²，路+4	16	9.36	南北：3.4；东西：8.44；东西陆路：9.13
4	阆州太获城，今属苍溪	南北方向——嘉陵道、成都经川北至荆襄的道路	利州西路、阆州、奉国县、金戎司	临2条路线+2², 路+4，州+2，戎司+4	14	7.36	北南：6.05；东西：7
5	怀安军云顶城，今属金堂	东西方向——成都到万州的陆路	成都府路、利戎司	路+4，戎司+4，1日+4	13	6.36	东西陆路：6.13
6	嘉定府府城及三龟九顶城，今属乐山	东西方向——岷江—长江水系	嘉定府	1日+4，临1条路线+1，府+3，边境+3	11	4.36	东西：3.44
7	泸州神臂城，今属泸州	东西方向——岷江—长江水系	泸州、潼川府	1日+4，临1条路线+1，府+3州+2	10	3.36	东西：2.44
8	隆庆府苦竹隘，今属剑阁	南北方向——金牛道	隆庆府	临1条路线+1，边境+3，府+3	8	1.36	北南：0.05
9	顺庆府青居城，今属南充	南北方向——嘉陵道	顺庆府、沔戎司	临1条路线+1，府+3，戎司+4	8	1.36	北南：0.05
10	合州宜胜山城，今属合川	南北方向——嘉陵道、米仓道		1日+4，临2条路线+2²	8	1.36	北南：0.05
11	涪州三台城，今属涪陵	东西方向——岷江—长江水系，南北方向荔枝道		临2条路线+2², 1日+4	8	1.36	北南：0.05
12	利州鹅顶堡，今属剑阁	南北方向——金牛道、嘉陵道		边境+3，临2条路线+2²	7	0.36	北南：-0.95
13	巴州小宁城，今属平昌	南北方向——米仓道、成都经川北至荆襄的道路	巴州	临2条路线+2², 州+2	6	-0.64	北南：-1.95
14	巴州得汉城，今属通江	南北方向——米仓道、成都经川北至荆襄的道路	洋州	临2条路线+2², 州+2	6	-0.64	北南：-1.95
15	蓬州运山城，今属蓬安	南北方向——嘉陵道	蓬州、相如、仪陇、营山县迁入	临1条路线+1，州+2县+3	6	-0.64	北南：-1.95
16	长宁军凌霄城，今属兴文	东西方向——岷江—长江水系	长宁军	临1条路线+1，边境+3，军+2	6	-0.64	东西：-1.56
17	叙州登高城，今属宜宾	东西方向——岷江—长江水系	叙州	临1条路线+1，边境+3，州+2	6	-0.64	东西：-1.56

续表

序号	城防名称	所处道路	行政级别	计算方法	重要性 M_z	区域中心性 C_z	方向中心性 C_{zf}
18	梁山军赤牛城，今属梁平	东西方向——成都到万州的陆路，南北方向荔枝道	梁山军	临2条路线+2^2，军+2	6	-0.64	东西陆路：-0.88
19	万州天生城，今属万州	东西方向——岷江—长江水系、成都到万州陆路	万州	临2条路线+2^2，州+2	6	-0.64	东西陆路：-0.88
20	播州海龙囤，今属遵义	南北方向——南下贵州	播州	临1条路线+1，边境+3，州+2	6	-0.64	南北：-6.6
21	渠州礼义城，今属渠县	南北、东西方向——米仓道、成都—万州的陆路	渠州	临2条路线+2^2，州+2	6	-0.64	东西陆路：-0.88
22	阆州跨鳌城，今属南部县	南北方向——嘉陵道、成都经川北到荆襄的道路	南部县	临2条路线+2^2，县+1	5	-1.64	东西川北：-2
23	广安军大良城，今属广安	南北方向——嘉陵道	广安军、渠州	临1条路线+1，军+2，州+2	5	-1.64	北南：-2.95
24	泸州安乐城，今属泸州	东西方向——岷江—长江水系		1日+4，临1条路线+1	5	-1.64	东西：-2.56
25	嘉定府紫云城，今属犍为	东西方向——岷江—长江水系		1日+4，临1条路线+1	5	-1.64	东西：-2.56
26	重庆府多功城，今属重庆	南北方向——嘉陵道		临1条路线+1，1日+4	5	-1.64	北南：-2.95
27	南平军龙岩城，今属南川	南北方向——贵州到重庆的陆路		1日+4，临1条路线+1	5	-1.64	南北：-7.6
28	巴州平梁城，今属巴中	南北方向——米仓道、成都经川北至荆襄的道路		临2条路线+2^2	4	-2.64	北南：-3.95
29	遂宁府蓬溪寨	东西方向——成都到万州的陆路	遂宁府	临1条路线+1，府+3	4	-2.64	东西陆路：-2.88
30	叙州仙侣城	东西方向——岷江—长江水系		临1条路线+1，边境+3	4	-2.64	东西：-3.56
31	成淳府皇华城	东西方向——岷江—长江水系	成淳府	临1条路线+1，府+3	4	-2.64	东西：-3.56
32	播州养马城	南北方向——南下贵州		临1条路线+1，边境+3	4	-2.64	南北：-8.6
33	龙州雍村城	南北方向——金牛道	龙州	临1条路线+1，州+2	3	-3.64	北南：-4.95
34	普州铁峰城	南北方向——嘉陵道	普州。	临1条路线+1，州+2	3	-3.64	北南：-4.95

序号	城防名称	所处道路	行政级别	计算方法	重要性M_z	区域中心性C_z	方向中心性C_{zf}
35	富顺监虎头城	东西方向——岷江—长江水系	富顺监	临1条路线+1，监+2	3	−3.64	东西：−4.56
36	大宁监天赐城	东西方向——岷江—长江水系	大宁监	临1条路线+1，监+2	3	−3.64	东西：−4.56
37	黔州绍庆城	东西方向——岷江—长江水系	黔州	临1条路线+1，州+2	3	−3.64	东西：−4.56
38	云安军磐石城	东西方向——岷江—长江水系	云安军	临1条路线+1，军+2	3	−3.64	东西：−4.56
39	潼川府紫金城	南北方向——金牛道		临1条路线+1	1	−5.64	北南：−6.95
40	遂宁府泉城	东西方向——成都到万州的陆路		临1条路线+1	1	−5.64	东西陆路：−5.88
41	泸州榕山城	东西方向——岷江—长江水系		临1条路线+1	1	−5.64	东西：−6.56
42	江安三江碛	东西方向——岷江—长江水系		临1条路线+1	1	−5.64	东西：−6.56

（二）城防体系区域层面的中心化层次结构分析

综观42座城，其中重庆城的区域中心性远远高于其他城，可视为第一层级。钓鱼城、白帝城、大获城、云顶城、嘉定城、神臂城6城的中心性高出其他城较为明显，可视为第二层级。而自苦竹隘、青居城、宜胜山城、三台城之后的35座城的中心性呈平缓下降趋势，可视为第三层级（图3.13）。

1．区域层面各城防御中心化层次结构数据分析

分析上述数据，重庆城的中心性最高，这与其位于南北、东西防御方向的交会之处，并且与作为四川对抗蒙元的军事指挥中心地位密切相关。钓鱼城位于嘉陵道、米仓道交会处，为合州、石照县、兴戎司、兴元府所在地，且距重庆约1日水路，这些因素使得其区域中心性仅次于重庆。白帝城位于岷江—长江水系、成都—万州陆路和南下广南西路陆路3条主要道路的交会处，又处于四川路与京湖路交界处，所以，区域中心性位于第三。大获城毗邻南北方向的嘉陵道以及东西方向经川北至荆襄的道路，又是利州西路、阆州、奉国县、金戎司所在地，因此区域中心性紧随白帝城之后。云顶城与嘉定府城及三龟九顶城相比，虽然后者在南宋对抗蒙元

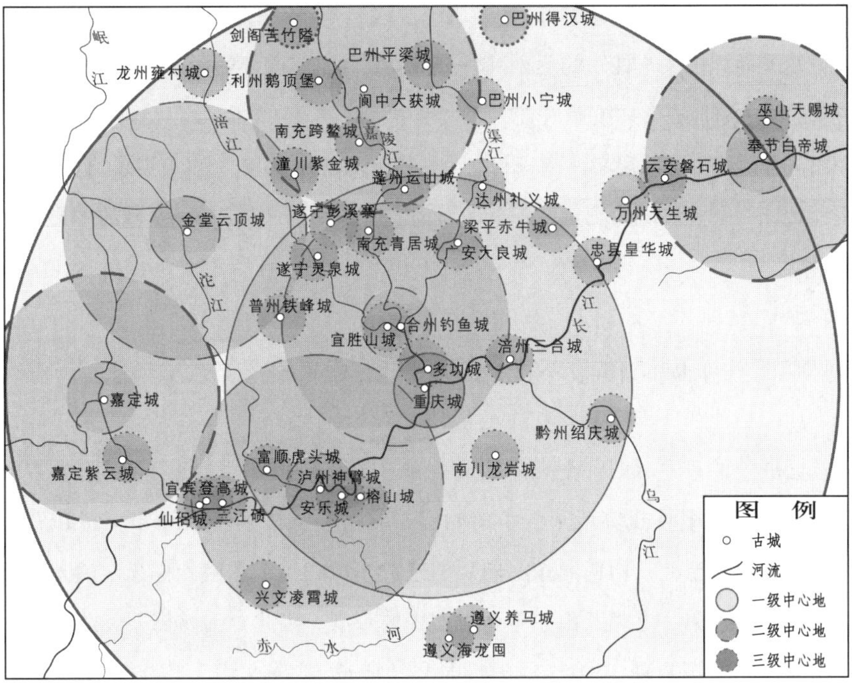

a　空间分布示意图

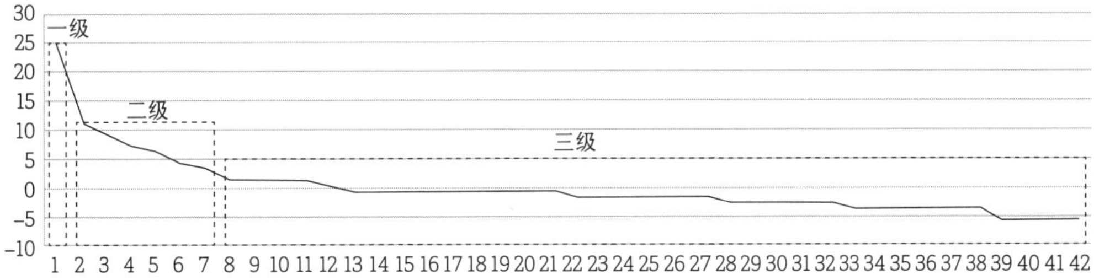

b　折线图

图3.13　区域层面各城防御中心化层次结构示意图

战争的中后期发挥的作用大于前者，但由于云顶城为成都府路与利戎司所在地，所以其中心性略高。而神臂城由于位于岷江—长江水系，又是泸州、潼川府所在，其中心性紧随嘉定及三龟九顶城之后。其他35座城通过计算其毗邻道路、行政级别、是否边境或1日到重庆或成都，得出的中心性均稍次之。

2．区域层面各城防御中心化层次结构历史分析

对照历史来看，这一量化分析结果与史实基本一致。一级中心地——重庆府城的核心地位在1242年之后即被南宋朝廷认可，并作为其后30余年长江上游抗元斗争的军事中心，得到充分印证。而二级中心地中的钓鱼城、白帝城、大获城以及云顶城4城为"抗蒙八柱"的组成部

分，其重要性已为古人所认可。另外2处二级中心地——嘉定城、神臂城的重要性曾为牟子才及阳枋所论及。而"抗蒙八柱"的另外4城：运山城、得汉城、苦竹隘、青居城未进入二级中心地。究其原因，可能在于"抗蒙八柱"产生于中早期蒙元从北向南进攻的阶段，时空覆盖不够全面。当从全地域、全时段考察南宋长江上游抗元城防体系时，它们的中心性就没有那么突出了。反而岷江—长江流域的嘉定、神臂两城的中心性更加凸显。但此4城的中心性较其他三级中心地略高。

（三）城防体系不同防御方向的中心化层次结构分析

南宋抗元战争的不同时期，蒙元军队从不同方向进攻四川。早期主要的进攻方向为由北向南，这一方向的重要性贯穿两军战争的始终，城防数量最多。1253年，忽必烈灭大理之后，蒙元加强了由南至北、由西向东对四川的进攻。1260年，忽必烈称汗之后，蒙元逐渐将攻宋的重点转移至襄阳，增强了东至西对四川的牵制。因此，为防御蒙元此三个方向的进攻，城防的重要性逐渐显现。由此，结合四川当时的交通路线[192][193]，本书将蒙元进攻与南宋防御概括为5个主要方向：①经金牛道、嘉陵道、米仓道、荔枝道由北向南进攻；②经贵州、广西由南向北进攻；③经岷江—长江水系由西向东进攻；④经成都到万州的陆路由西向东进攻；⑤由成都经川北至荆襄的道路由西向东进攻。为实现"集中优势兵力"的战略目的，在不同防御方向上城防的重要性必然有着一定的规律，而非平均用力。通过应用上述计算方法，笔者计算出不同防御防方向各城防的平均重要性，又进一步计算得出各防御方向各城防中心性。

1. 由北至南防御方向的中心化层次结构分析

此防御方向为蒙元自甘肃、陕西进攻四川的主要方向。其上共建有20座城。

各不同道路上的城防有交叉、重叠。金牛道上建有4座城，嘉陵道上建有11座城，米仓道上建有5座城，荔枝道上建有2座城。其中，重庆城中心性为24.05，钓鱼城为10.05，大获城为6.05，明显高于其他城防；而青居城、宜胜山城、苦竹隘、三台城4城的中心性均为0.05，之后各城的中心性平缓下降，与钓鱼、大获城的中心性差别较大。分析来看，这一防御方向为蒙宋早期争夺重点，城池数量为5个，防御方向上最多。同时，驻军数量多，城防重要性平均值高。因此，青居、苦竹隘等川北重要城防的中心性并非特别突出。

由此，此防御方向可认为有一级中心地1处：重庆城；二级中心地2处：钓鱼城、大获城；三级中心地17处：青居城、宜胜山城、苦竹隘、三台城、鹅顶堡、赤牛城、小宁城、得汉城、

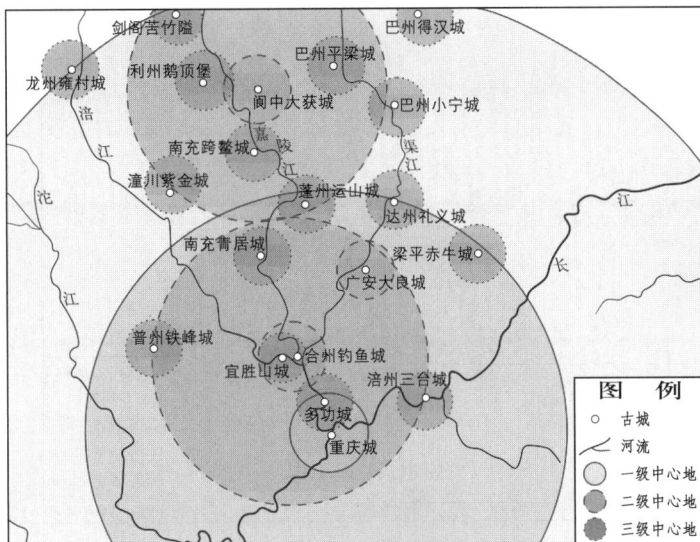

a　空间分布示意图

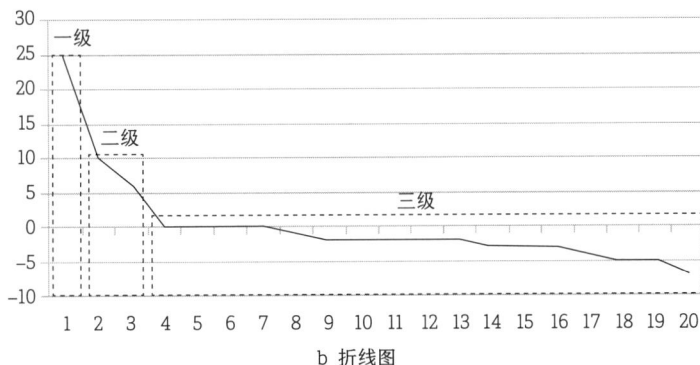

b　折线图

图3.14　由北至南防御方向各城防御中心化层次结构示意图

运山城、礼义城、大良城、多功城、跨鳌城、平梁城、雍村城、铁峰城、紫金城（图3.14）。

2．由南至北防御方向的中心化层次结构分析

　　此防御方向，经贵州、广西至重庆、夔州，是实现蒙军斡腹进攻四川战略的重要通道之一。其上建有5座城。其中，重庆城中心性为24.05，白帝城为3.4，其他3座城的中心性平缓下降。这一方向，因城池数量少，而重庆、白帝二城重要性很高，使得方向重要性平均值高，因此海龙、龙岩、养马3城的方向中心性为负值。但此3城在这一方向的防御支撑地位非常重要，不可或缺。由此，此防御方向可认为有一级中心地1处：重庆城；二级中心地1处：白帝城；三级中心地3处：海龙囤、龙岩城、养马城（图3.15）。

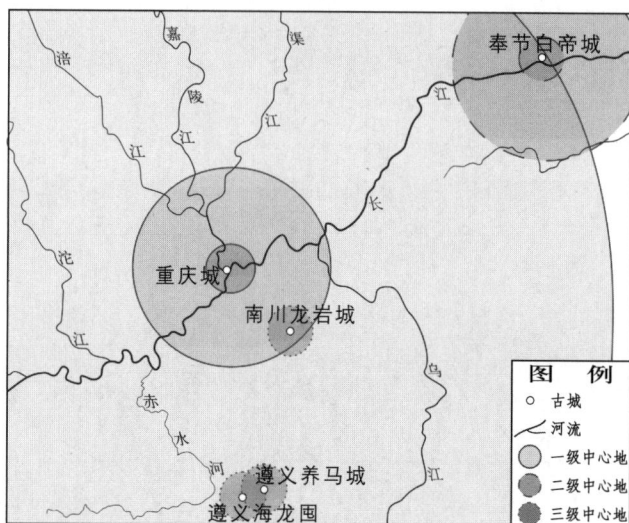

a 空间分布示意图

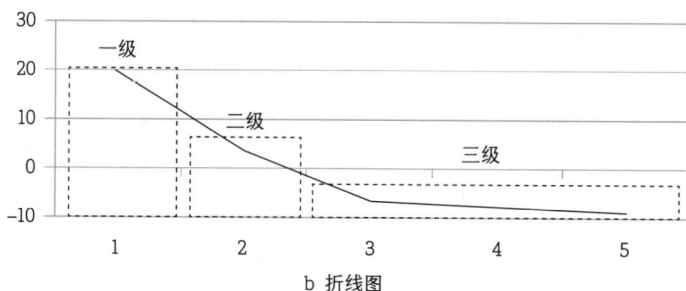

b 折线图

图3.15　由南至北防御方向各城防御中心化层次结构示意图

3．岷江—长江水系防御方向的中心化层次结构分析

此防御方向为蒙军经云南斡腹进攻四川的水上重要通道。其上建有16座城。其中重庆城中心性最高，为24.44；白帝城、嘉定城、神臂城、三台城中心性递减；登高城、凌霄城、天生城之后，各城的中心性平缓下降。这一方向的城池数量在5个方向中排第2，始终为宋蒙双方争夺的重点方向，城池在方向层面体现出的中心性与区域层面基本一致。唯有涪陵三台城既位于岷江—长江水道，又位于南北方向荔枝道上，同时距重庆约1日水路里程，重要性略为凸显，方向中心性为0.44。由此，此防御方向可认为有一级中心地1处：重庆城；二级中心地4处：白帝城、嘉定城、神臂城、三台城；三级中心地11处：登高城、凌霄城、天生城、紫云城、皇华城、仙侣城、天赐城、虎头城、绍庆城、磐石城、三江碛（图3.16）。

4．成都到万州陆路防御方向的中心化层次结构分析

此防御方向为蒙军占领成都后，进取夔州的重要陆路通道，其上建有8座城。其中夔州白

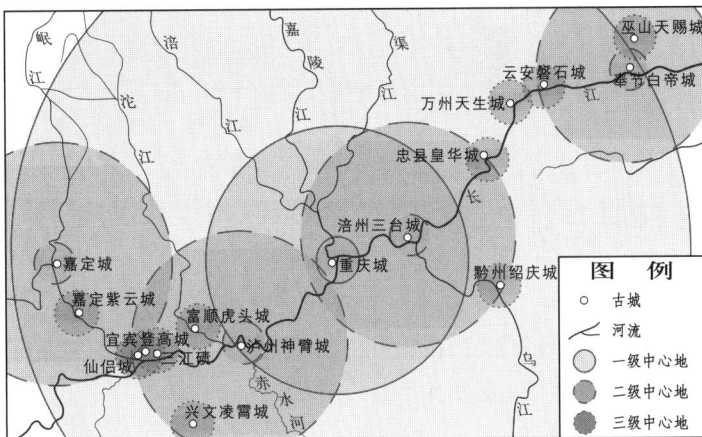

a 空间分布示意图

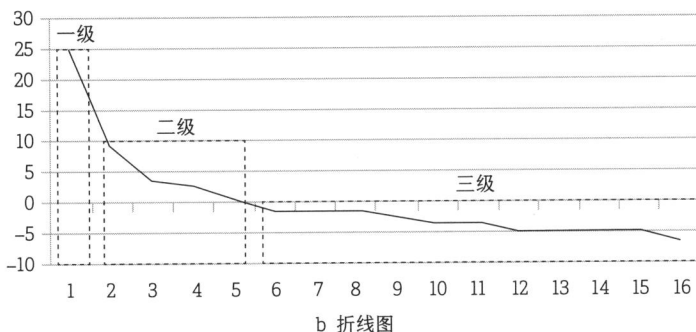

b 折线图

图3.16　岷江—长江水系各城防御中心化层次结构示意图

帝城的中心性为9.13，怀安军云顶城为6.13，中心性突出。礼义城、赤牛城、天生城中心性相似，处于第二层级。另外3座城的中心性则缓慢下降。这一方向，与岷江—长江水系并行，战略地位同样重要。其中礼义城因位于南北方向的米仓道与此方向交会处，且为渠州所在；赤牛城因位于南北方向的荔枝道与此方向交会处，且为梁山军所在；天生城因位于岷江—长江水道与此方向交会处，且为万州所在，而中心性较为凸显。所以，此防御方向可认为有一级中心地2处：白帝城、云顶城；二级中心地3处：礼义城、赤牛城、天生城；三级中心地3处：蓬溪寨、铁峰城、灵泉城（图3.17）。

5.成都经川北至荆襄防御方向的中心化层次结构分析

　　此道路西接成都，东达襄阳，连通南宋四川与京湖两大战区，同样是蒙宋争夺四川控制权，展开进攻与防御的重要方向，在两军战事进入中后期，战略地位更显重要。宋军在其上建有5座城，但经过计算，仅呈现为二级防御层级。其中阆州大获城的中心性为7，遥遥领先。其

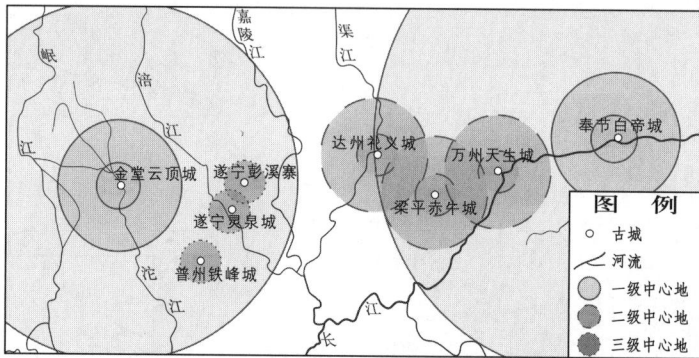

a 空间分布示意图

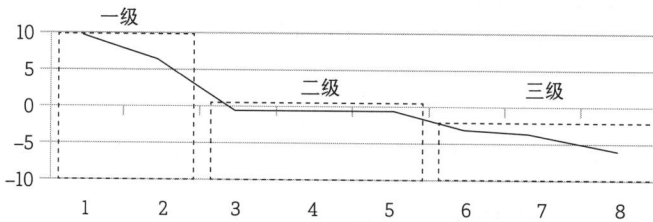

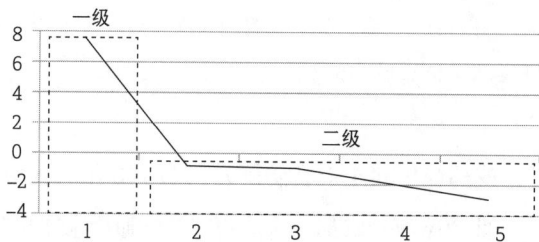

b 折线图

图3.17 成都到万州的陆路各城防御中心化层次结构示意图

他4座城的中心性与之差距较大，并呈缓慢下降趋势，可认为处于同一防御层次。因此，此防御方向可认为有一级中心地1处：大获城；二级中心地4处：小宁城、得汉城、跨鳌城、平梁城（图3.18）。对照历史来看，此5座城之中，得汉城于1265年降蒙，跨鳌城城破时间不详，另3城均于1258年蒙哥汗进攻南宋时城破。所以，这一战略通道在两军战争中后期，其实已为蒙元军队所掌握。

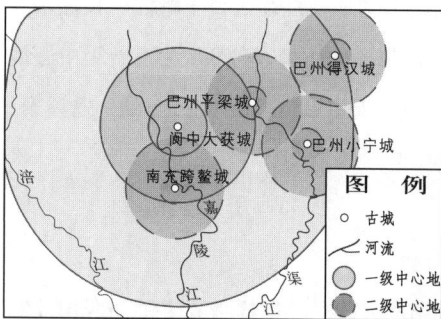

a 空间分布示意图

b 折线图

图3.18 成都经川北至荆襄方向各城防御中心化层次结构示意图

由此，通过分析中心性数值的变化，可见，这一城防体系在空间分布上形成了以重庆府城为核心，以合州钓鱼城、夔州白帝城、阆州大获城、怀安军云顶城、嘉定城、泸州神臂城6城为二级中心地，以其余35城为三级中心地的防御层次。在蒙元与宋作战的5个主要方向上，均形成了以一级中心地为核心主导，以二、三级中心地为支撑的防御层次。

二、城防间距分析

从上文分析来看，南宋长江上游抗元城防体系内存在多层级中心地，即存在多层级防御中心。这与余玠建设长江上游抗元城防体系的指导原则，即"以点连线带面"是相一致的。多层级的中心地可以看作是体系中不同层级的节点，各层级节点之间相互关联，形成网络。那么，各城防在空间上是否均匀分布？同一层级的中心地之间在间距上存在何种规律？上下层级中心地之间在间距上存在何种规律？本书拟从这些问题入手，分析体系内各层级中心地之间的间距规律，从而进一步厘清城防体系的空间分布特性。

（一）南宋长江上游抗元城防的间距分析

1. 区域中心地的间距分析

一级中心地为核心，各城围绕其分布，与其间距与重庆城本身的位置及二级中心地城防定位有关，这一定位同样影响了二级中心地的城防间距。分析这些间距，将有助于厘清区域二级中心地城防定位的规律。因此，本书将借助卫星地图，运用ArcGis的网络分析工具，得出区域一级中心地与二级中心地，以及6个二级中心地的路径距离，并分析其分布规律。

另外，据《宋代交通史》记载，南宋时期从涪州三台城到梁平赤牛城需花费一天时间[1]。通过地图分析得出二城间路径距离为132.9公里。因此，本书以此作为数据分析依据之一。

城防体系在区域层面一级与二级、二级之间的路径距离的数据（表3.6，图3.19）分布特点如下。

1）二级中心地与一级中心地距离呈梯次分布。其中合州钓鱼城距离重庆城最近，约64.2公里，半日可达。其次是泸州神臂城，距离重庆城约154.2公里，约1日可达。夔州白帝城与嘉定城分列四川东、西两端，距离重庆较远，约需3日才可达。

2）大部分相邻的二级中心地距离约1.5日或

[1] 资料来源：张锦鹏，王国平. 南宋交通史[M]. 上海：上海古籍出版社，2008：79-80. 本书采用其作为水路顺流约1日可达的距离测算依据。据该文献P121显示，逆流所需时间大约为顺流所需时间的3倍。

2日可达。如云顶城与其相邻的大获城及嘉定城的距离分别为198.1和179.4公里；钓鱼城与大获城及神臂城的距离分别为235.0和213.6公里；神臂城与嘉定城及云顶城的距离分别为246.2和276.5公里，均在300公里以下，可视为1.5日或2日可达。

表3.6　区域中心地路径距离统计表（单位：公里）

路径距离		二级					
		钓鱼城	神臂城	嘉定城	云顶城	大获城	白帝城
一级	重庆城	64.2	154.2	400.4	317.7	289.7	380.3
二级	钓鱼城		213.6	442.5	263.1	235.0	374.8
	神臂城			246.2	276.5	439.1	534.4
	嘉定城				179.4	377.5	744.8
	云顶城					198.1	565.4
	大获城						471.4
	白帝城						

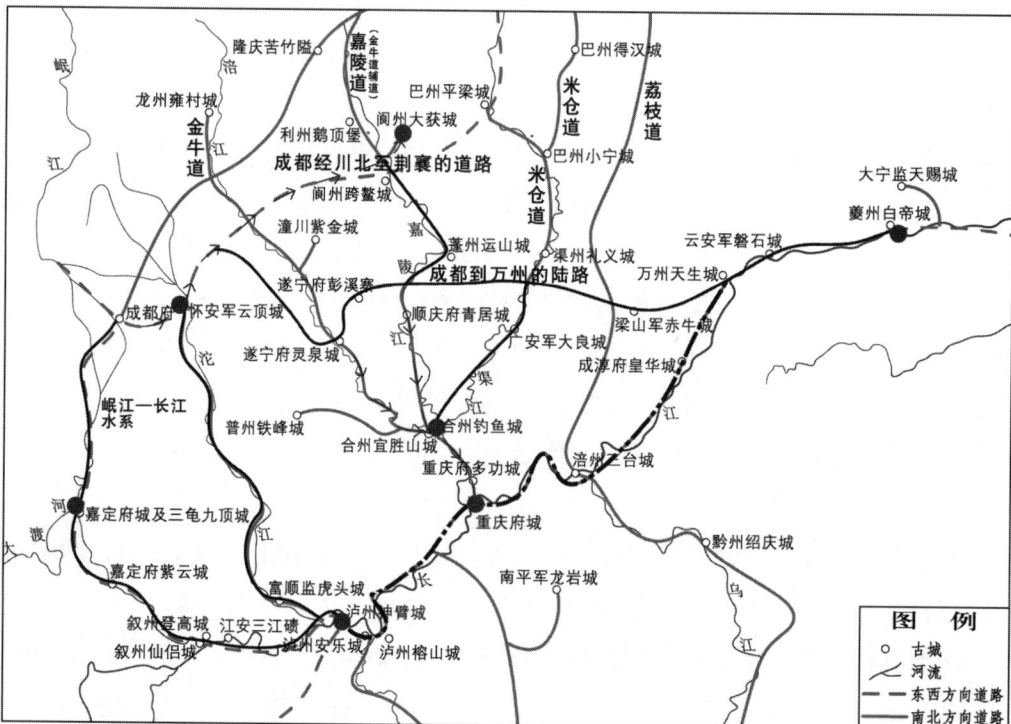

图3.19　城防体系区域一级与二级以及二级中心地之间的路径距离计算过程图

2．各防御方向中心地的间距分析

抗元战争的不同阶段，南宋城防体系的建设重点随蒙元军队的主要进攻方向发生了变化，不同防御方向形成了不同层级的防御中心地。

（1）由北至南防御方向中心地距离分析

由北至南始终是蒙元军队进攻的主要方向之一。这一防御方向有一级中心地1个：重庆城；二级中心地2个：合州钓鱼城、阆州大获城；其余17座城为三级中心地。此防御方向一级与二级、二级之间、二级与三级中心地路径距离（表3.7，图3.20）的特点如下。

表3.7　由北至南防御方向中心地路径距离统计表（单位：公里）

路径距离		二级	
		钓鱼城	大获城
一级	重庆城	64.2	289.7
二级	钓鱼城		235.0
	大获城		
三级	三台城	179.8	389.9
	多功城	47.1	272.6
	宜胜山城	6.6	228.5
	铁峰城	102.1	327.6
	青居城	84.1	150.9
	大良城	83.5	244.6
	赤牛城	190.8	287.4
	礼义城	138.1	215.9
	运山城	137.4	99.1
	紫金城	183.9	194.7
	跨鳌城	250.3	58.6
	小宁城	204.0	158.6
	平梁城	257.7	102.0
	鹅顶堡	250.6	58.9
	雍村城	289.0	203.4
	苦竹隘	360.4	274.8
	得汉城	274.7	229.3

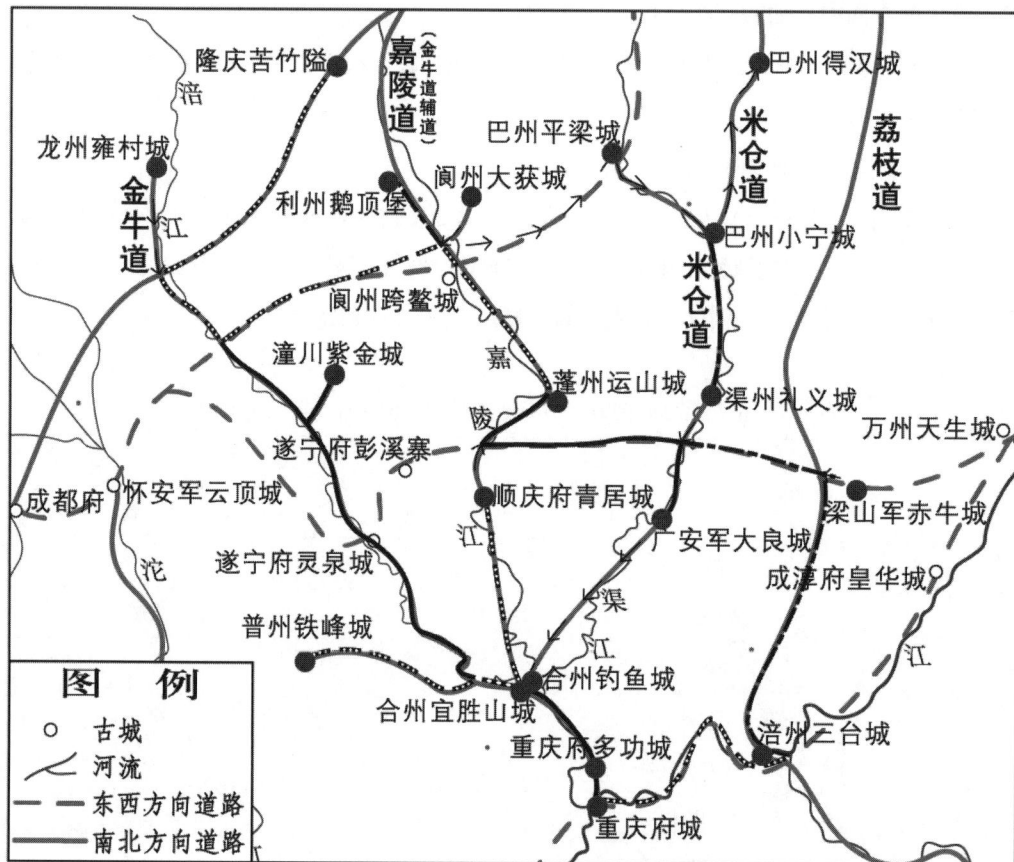

图3.20 由北至南防御方向中心地路径距离计算过程图

1）合州钓鱼城更靠近一级中心地，重要性更强。重庆城距两个二级中心地路径距离分别为64.2和289.7公里，后者约为前者的4.5倍。

2）两个二级中心地之间约2日到达。二者之间的路径距离为235公里。

3）二级中心地合州钓鱼城周边三级中心地密度较大。三级中心地距二级中心地合州钓鱼城的距离中位数为183.9公里，平均数为178.8公里；距阆州大获城距离的中位数为215.9公里，平均数为205.8公里。显然，距离钓鱼城最近的三级中心为宜胜山城，二者的路径距离仅为6.6公里。距离钓鱼城在50公里以下的城还有重庆多功城；而距离大获城最近的三级中心地为跨鳌城和鹅顶堡，约59公里。因此，钓鱼城周边距离较近的三级中心地数量较多，距离较近。可视为其周边三级中心地密度较大。

4）二级中心地周边均有一日可达的三级中心地。距离钓鱼城约150公里以下，即约一天可达的有7座城，类似距离的城对于大获城约有6座。

（2）由南至北防御方向中心地距离分析

　　由南至北是蒙元军队后期进攻的主要方向之一。这一防御方向有一级中心地1个：重庆城；二级中心地1个：夔州白帝城，其他3座城为三级中心地。此防御方向各级中心地路径距离（表3.8、图3.21）的特点主要表现如下。

表3.8　由南至北防御方向中心地路径距离统计表（单位：公里）

路径距离		二级	三级		
		白帝城	龙岩城	养马城	海龙囤
一级	重庆城	380.2	174.9	232	238

图3.21　由南至北防御方向中心地路径距离计算过程图
资料来源：作者自绘

各级中心地路径距离较远，城防密度较小。一、二级中心地相距380.2公里，需花费约3~4天的行军时间。且一、三级中心地间最近距离达174.9公里，而二级中心地夔州白帝城偏于一隅，与三级中心地的距离更远。加之此防御方向城防数量在五个方向中最少。所以，这一防御方向城防密度较小。

（3）位于经岷江—长江水系防御方向中心地距离分析

这一方向也是蒙元军队后期进攻的主要方向之一，有一级中心地1个：重庆城；二级中心地4个：泸州神臂城、嘉定城、涪州三台城、夔州白帝城。其他11座城为三级中心地。此防御方向一级与二级、二级与三级中心地路径距离（表3.9、图3.22）的特点主要表现如下。

1）一级中心地周边有2座1日可达的二级中心地。距离重庆较近的神臂城和三台城，路径距离分别为154和115.6公里，可视为1日可达重庆。

表3.9　位于经岷江—长江水系防御方向中心地路径距离统计表（单位：公里）

路径距离		二级			
		神臂城	嘉定城	三台城	白帝城
一级	重庆城	154	400.4	115.6	380.2
二级	神臂城		246.3	270.1	534.5
	嘉定城			515.9	744.9
	三台城				286.5
	白帝城				
三级	紫云城	186.3	59.8	456	720.7
	登高城	111	134.6	381	645.7
	仙侣城	109.3	136.5	379.4	644.1
	三江碛	97.4	160.4	368.3	633.2
	凌霄城	96.2	342.4	365.9	630.6
	虎头城	50.8	260.4	320.5	585.2
	邵庆城	357.2	603.4	109.3	374.0
	皇华城	357.7	603.9	109.8	176.7
	天生城	420.9	626.4	173.0	118.5
	磐石城	449.8	660.2	201.9	84.6
	天赐城	605.6	816.0	357.7	71.2

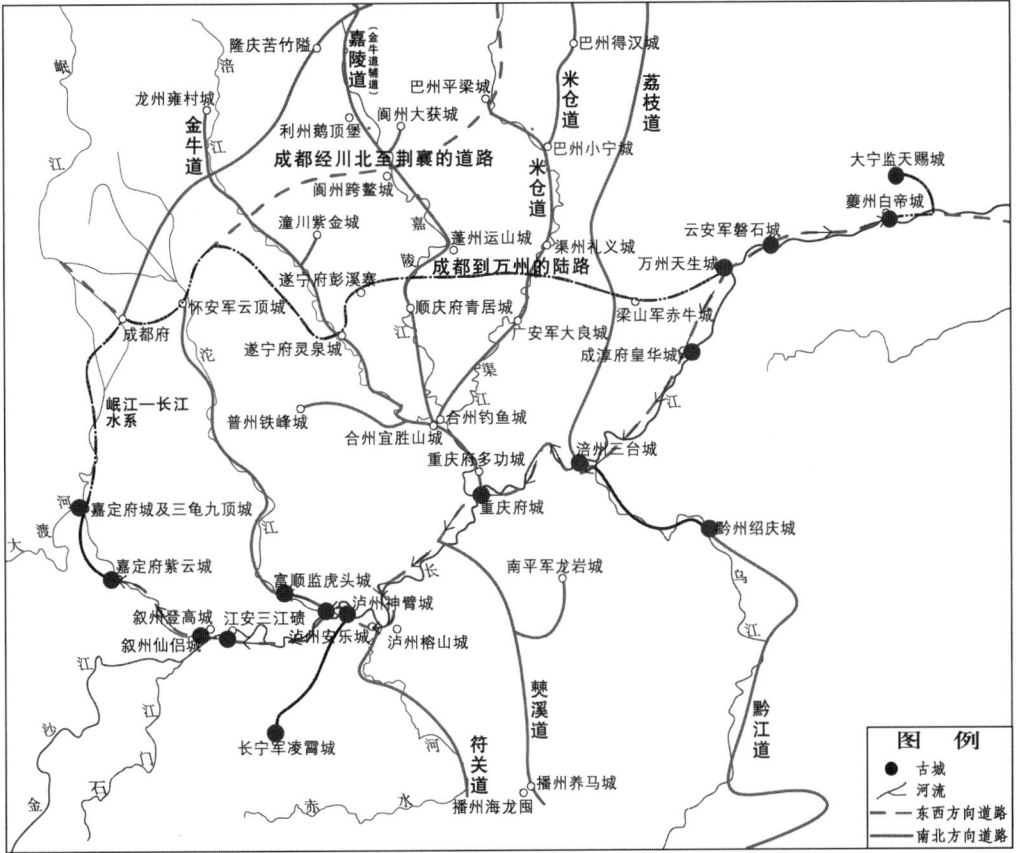

图3.22　岷江—长江水系防御方向中心地路径距离计算过程图

2）相邻的二级中心地约2日可达。神臂城与嘉定城、三台城与白帝城路径距离分别为246.3和286.5公里，可视为2日可达。

3）二级中心地神臂城周边的三级中心地密度较大。四个二级中心地中，神臂城与三级中心地距离的中位数为186.3，平均数为258.4公里；三台城与三级中心地距离的中位数为357.7，平均数为293.0公里；嘉定城与三级中心地距离的中位数为342.4，平均数为400.4公里；白帝城与三级中心地距离的中位数为585.2，平均数为425.8公里。显然，神臂城距离周边的三级中心地较近，且距离神臂城小于130公里，即1日可达的三级中心地有5个。由此可见，神臂城周边的三级中心地密度最大。

4）二级中心地周边均有1日可达的三级中心地。四个二级中心地周边1日可达的三级中心地为2~5个。

（4）位于成都到万州陆路防御方向中心地距离分析

此防御方向与岷江—长江水道相互补充，同样为战争后期蒙元军队进攻的重要方向之一，有一级中心地2个：金堂云顶城与夔州白帝城；二级中心地3个：渠州礼义城、梁平赤牛城、万州天生城。另有三级中心地3个。此防御方向一级与二级、二级与三级中心地路径距离（表3.10、图3.23）的特点主要表现如下。

表3.10　位于成都到万州陆路防御方向中心地路径距离统计表（单位：公里）

路径距离		一级		二级		
		云顶城	白帝城	礼义城	赤牛城	天生城
一级	云顶城		565.5	328.2	382.6	447
	白帝城			281.4	183.8	117.9
三级	蓬溪寨			138.2	190.5	258
	灵泉城			178.4	230.7	298.2
	铁峰城			336.3	388.6	456.1

图3.23　成都至万州陆路防御方向中心地路径距离计算过程图

1）一级中心地白帝城周边的二级中心地距离较近。白帝城与3个二级中心地的距离均在300公里以下，而云顶城与3个二级中心地的距离均在300公里以上。

2）二级中心地仅礼义城周边有1日可达的三级中心地。其他两城周边的三级中心地距离最近的也达190.5公里。

（5）位于成都经川北至荆襄防御方向中心地距离分析

此防御方向为战争后期蒙元军队从荆襄进攻重庆的主要方向，有一级中心地1处：阆州大获城；二级中心地4处：阆州跨鳌城、巴州平梁城、巴州小宁城、巴州得汉城。此防御方向一级与二级、二级与二级中心地路径距离（表3.11、图3.24）的特点主要表现如下。

表3.11　位于成都经川北至荆襄防御方向中心地路径距离统计表（单位：公里）

路径距离		二级			
		跨鳌城	平梁城	小宁城	得汉城
一级	大获城	58.9	99.7	158.7	220.5
二级	跨鳌城		115.1	174.8	244.6
	平梁城			59.5	129.3
	小宁城				69.8
	得汉城				

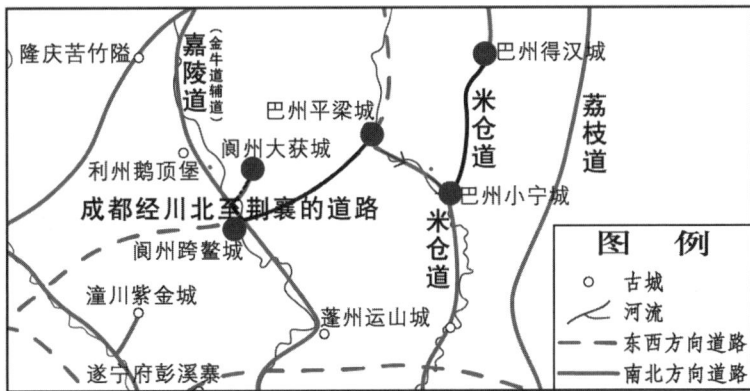

图3.24　川北至荆襄防御方向中心地路径距离计算过程图

　　1）一级中心地与二级中心地距离较近。大获城与四个二级中心地的距离最近仅58.9公里，最远不过220.5公里，均在2日内可达。

　　2）二级中心地之间的距离较近。二级中心地小宁城与平梁城距离仅59.5公里，小宁城与得汉城距离仅69.8公里，二级中心地之间最远距离为244.6公里，亦为2日可达。

　　上述两个特点推测与这一防御方向总体距离不远，且与城池密度较大有关。

　　通过上述分析可见，不同防御方向的一、二、三级中心地距离各有特点。其中由北至南防御方向的城防密度较大。各防御方向二级中心地周边大多分布有1日可达的三级中心地。因此，除成都经川北至荆襄防御方向仅有两级中心地外，其他各防御方向均形成了三级中心地—二级中心地—一级中心地的多层次、多中心组团空间分布格局，而这一格局对抗击蒙元军队的进攻十分有利。

三、城防规模分析

根据现有资料统计，42座山城中有确切记载，或根据文献能够推测出规模的为32座（表3.12），其中城防面积在1平方公里以上的有13座，涵盖了所有的区域一级和二级中心地。区域一级中心地重庆城约4平方公里，区域二级中心地夔州白帝城约5平方公里，合州钓鱼城约2.5平方公里，阆州大获城1.5平方公里，怀安云顶城1.5平方公里，泸州神臂城1.25平方公里，嘉定府城及三龟九顶城约3.3平方公里。结合上文可见，城防的规模与其中心性呈现一定的关联。尤其是在区域一级、二级中心地的规模上，体现出较为明确的正相关性。但是，从现有数据来看，区域三级中心地的规模大小分布差异较大。例如，同为区域三级中心地，播州海龙囤的面积约0.38平方公里，而顺庆青居城的面积则达到2平方公里。可见，抗元防御体系中区域三级中心地的规模与中心性正相关关系不明显。可以推测，这种现象的出现可能与这些城防在建设时间上不同步，同时又受到地理环境因素所限有关。

表3.12 南宋长江上游抗元城防规模统计表

序号	城防名称	城规模（平方公里）	中心地级别	备注
1	（合州）宜胜山城	不详	区域三级中心地	—
2	（遂宁府）蓬溪寨	不详	区域三级中心地	—
3	（普州）铁峰城	不详	区域三级中心地	—
4	（阆州）跨鳌城	不详	区域三级中心地	—
5	（潼川府）紫金城	不详	区域三级中心地	—
6	（龙州）雍村城	不详	区域三级中心地	—
7	（利州）鹅顶堡	不详	区域三级中心地	—
8	（遂宁府）灵泉城	不详	区域三级中心地	—
9	（叙州）登高城	不详	区域三级中心地	—
10	（黔州）绍庆城	1.5	区域三级中心地	—
11	（江安）三江碛	不详	区域三级中心地	—
12	（夔州）白帝城	5	区域二级中心地	—
13	（隆庆府）苦竹隘	4	区域三级中心地	—
14	（巴州）得汉城	4	区域三级中心地	—
15	（重庆府）重庆城	4	区域一级中心地	推测城周约8720米

序号	城防名称	城规模 （平方公里）	中心地级别	备注
16	（巴州）平梁城	0.36	区域三级中心地	—
17	（泸州）榕山城	3.3	区域三级中心地	—
18	（合州）钓鱼城	2.5	区域二级中心地	—
19	（成淳府）皇华城	2.5	区域三级中心地	—
20	（顺庆府）青居城	2	区域三级中心地	—
21	（阆州）太获城	1.5	区域二级中心地	推测城周长 约为5652米
22	（怀安军）云顶城	1.5	区域二级中心地	—
23	（广安军）大良城	1.5	区域三级中心地	—
24	（泸州）神臂城	1.25	区域二级中心地	—
25	（大宁监）天赐城	0.8	区域三级中心地	—
26	（嘉定府）紫云城	0.5	区域三级中心地	—
27	（巴州）小宁城	0.72	区域三级中心地	—
28	（播州）海龙囤	0.38	区域三级中心地	—
29	（播州）养马城	0.35	区域三级中心地	—
30	（蓬州）运山城	0.2	区域三级中心地	—
31	（涪州）三台城	0.27	区域三级中心地	—
32	（嘉定府）及三龟九鼎城	3.30	区域二级中心地	—
33	（万州）天生城	0.13	区域三级中心地	—
34	（泸州）安乐城	0.05	区域三级中心地	—
35	（富顺监）虎头城	0.05	区域三级中心地	—
36	（长宁军）凌霄城	0.04	区域三级中心地	—
37	（叙州）仙侣城	0.03	区域三级中心地	—
38	（云安军）磐石城	0.035	区域三级中心地	—
39	（渠州）礼义城	0.02	区域三级中心地	—
40	（梁山军）赤牛城	0.01	区域三级中心地	推测城周三百六十步， 约468米
41	（重庆府）多功城	0.01	区域三级中心地	—
42	（南平军）龙岩城	0.0024	区域三级中心地	另说4.75平方公里

第四章

南宋长江上游
抗元山城防御体系的
城防营建

建筑营建与环境的有机互动构成文化景观的微观特点。本章围绕文化景观的研究主旨从单个城防尺度对研究对象开展研究，探讨南宋长江上游抗元城防体系城防营建的地域性与时代性。以明确文化景观视域下南宋长江上游抗元城防体系城防营建研究的侧重点为前提，在分析南宋长江上游抗元城防营建地域自然环境的主要影响因素的基础上，结合南宋城防建设的发展特征，探讨城防设施中城墙与城门在布局、构造和材料方面的地域性与时代性，并将抗元城防的支撑设施即水源与宗教信仰相关遗存的时代、地域特征纳入研究，从而较为全面地概括这些城防营建反映的地域性和南宋建筑的时代特征。

第一节

文化景观视域下城防营建研究的侧重点

一、文化景观视域下城防营建研究的关注点

文化景观的研究有两个关注点。一是，文化景观如何自觉地体现文化；二是，文化景观的特异性与可识别性。那么，结合本章的题目——"城防营建"来看，以文化景观为视域，研究的关注点首先在于，找到这一城防体系营建的特异性与可识别性，然后还要探索其特异性与可识别性产生的过程中如何体现了文化。

结合文化景观理论，文化是动力，景观是结果。聚焦南宋长江上游抗元城防体系，特异性与可识别性可以概括为特性。而文化可以视为其营建的动力。不难发现，这动力一方面来自抗元军事斗争的主观需求，另一方面来自其所处的被南宋君臣称为"长江上游"的这一独特的自然环境。正是在这两方面的作用下，形成了这一文化景观。

由此，城防营建如何充分利用自然环境以适应当时战争行为的需求，即：南宋长江上游抗元城防在营（选址与布局）、建（构造与材料）两大方面具有何种特异性与可识别性并如何体现出文化，形成了文化景观视域下城防营建研究的关注点。对自然环境的适应性，体现为城防营建的地域性；对当时战争行为需求的满足，更多地体现为城防营建的时代性。因此，在明确南宋长江上游抗元城防研究对象的基础上，分析各研究对象的时代性与地域性，是以文化景观为视域开展本研究的侧重点。

二、本章研究的主要对象与侧重点

在长达半个世纪的南宋抗元战争过程中，除直接作为防御依托的城墙（壕）、城门、墩台等一线设施外，那些支撑守城将士生理和心理的其他要素，如水池（井）、宗教建筑等，同样具有重要作用。以文化景观为视域，就是要把城防设施和支撑设施同样列为研究对象，对其生

成过程展开研究发现其中所存在的特性，进而对其地域性与时代性进行总结归纳。

南宋时期以城门、城墙、敌台为中心发展出了更加完善的防御设施体系，这些城防设施是研究的重点。此外，依托城池进行防御，时间跨度大，持续不断的后勤补给是重要依托。除依靠体系内各城防的相互支援外，城防内部必须有大量的农田、水池或水井，才能支撑南宋军队的坚守。因此，南宋抗元城防体系中城防内部的农田与水源，是影响防御成功与否的重要因素。另外，城防设施的修筑耗费大量石材，所以，为城防修筑提供石材来源的采石场同样不可或缺。

战争的胜利，人心向背是关键。南宋抗元战争，从南宋军民的角度来看，是保家卫国的正义之战。而促使人们秉持如此坚强不屈信念的是长期的封建教化。这些教化源自皇权，植根于民间，其物质载体正是遍布于城防内外的各类宗教建筑。因此，正如当今许多国家的军营内部都建有教堂等宗教设施一样，宗教建筑在南宋抗元防御战争中的精神教化功能不可忽视，同样对城防防御功能起到重要的影响作用。

综上所述，城防设施及生理与心理支撑要素营建的时代性与地域环境适应性是本章研究的主要内容。城防设施，从目前掌握的资料来看，主要包括城墙、城门、墩台等。城防支撑要素主要包括农田、水池、水井、采石场以及宗教建筑等。前者将主要研究：城墙、城门的分布与地形的关系；此类城防设施的构造与材料的地域环境适应性；另外，结合现有文献及当代考古发掘，分析在南宋这一冷兵器向热兵器转换时期，城防设施营建的时代性。后者将主要研究：农田、水池、水井，以及宗教建筑的数量、分布及其反映出的地域环境特性。

第二节

南宋长江上游抗元城防营建的时代与地域环境

一、时代技术特征

（一）南宋长江上游抗元城防时代特征参考要素分析

南宋长江上游抗元城防创建于我国古代经济、军事等文化繁荣发展的时期。这一时期也是我国古代建筑文化发展的成熟期。抗元城防的营建必将受到时代文化的直接影响。因此，要研究城防营建的特质，就要关注其反映的宋代建筑的时代性。从参考材料来看，反映两宋上述文化现象的文献资料和实物遗存都蕴含着营建的时代性特征。目前，可以掌握的文献有成书于北宋的《营造法式》和《武经总要》，成书于南宋的《守城录》，以及《宋史·兵志》《元史·兵志》等史籍。另外，两宋时期流传至今的一些包含有城防和建筑题材的名画如《清明上河图》等，也承载了一些时代信息。两宋时期，为应对与辽、金和蒙古的战争，城防建设发生重要转折，防御城防建设的数量和质量有重大提升。现存两宋时期的城防设施遗址已引起多方学者的关注，并取得了一些研究成果。这些留存至今的与长江上游抗元城防时代相近的历史遗存及其研究成果，同样是研究南宋长江上游抗元城防时代性的重要参考资料。

（二）南宋武器装备与城池攻防战术

在与金和蒙元的长期作战中，南宋军队发展出了当时非常先进的武器装备。主要表现在长兵器、抛射兵器和火器三个方面。长兵器中的枪、刀、斧、棍等，经过多年改进形成了长枪、长刀，以应对骑兵进攻。抛射兵器在当时占主要地位，《宋史·兵志》中提及，各路禁军在研习兵法时，分别学习弓箭、弩、枪牌，各占比其二、其六、其二。弓、弩是抛射兵器的主要类型，并出现了杀伤力极强的"神臂弓"和"克敌弓"。弩的射程甚至可达千米。《武经总要》中提及，北宋时期已掌握火药配制及火炮制作，且达到一定的技术水平[194]。火器的发展把南宋武器装备推向了高峰，出现了管制型和爆炸型火器。南宋绍兴二年（1132年）湖北德安（现为安陆市）守将陈规，为抵抗金军的进攻，发明竹筒火药并将其用于战争中，制造出依靠火药燃放后喷射火焰来灼伤敌兵的"火枪"。宋理宗开庆元年（1259年）发明出的突火枪，就是将火药与子弹都装入竹筒中制成的。这是世界历史上首次出现的管制射击型火枪，射程最远可达230米，约为150步。在常用的"石炮"基础上，南宋军队可能已经使用了火炮。据文献记载，早在宋隆兴元年（1163年）就有了"火石炮"的运用。文献记载当时的火炮主要有霹雳炮和铁火炮两种[195]。蒙军14世纪制作出的"火铳"，可能就是受到了宋军相关技术的启发，也从另一个侧面证明了南宋火器发展的先进水平。

《墨子·备城门》中提及，冷兵器时期攻城主要有12种手段：临、钩、冲、梯、空洞、埋、水、穴、蚁傅、突、轒辒及轩车。由此发展出的攻城器械有云梯、钩撞车、飞梯、临冲吕公车、填壕车、搭车、鹅鹘车、木牛车、轒辒车、尖头木驴、投石车等。守城时，将士多依托城墙、城壕、城门、敌台等城防设施，辅以守城器械加以防御。常用的守城器械有铁火床、抛石机、悬牌、累答、狼牙拍、木檑、夜叉檑等，采用从城墙顶部悬吊或抛射的方式御敌[196]。

（三）南宋城防设施营建的基本特点

冷热兵器的共同使用，攻防战术的革新促使南宋时期的城防设施更加完善，材料更加坚固。

城防设施方面，以城门为中心发展出了包括瓮城、羊马墙、护城河、吊桥及月城等在内的多重防护措施。南宋时期对瓮城进行优化，正面战棚用砖石材料制作，其坚固性更强，同时，在其中隐藏弓弩手，有万人敌的别称。这一做法据傅熹年先生研究，早在南宋早期就已出现[197]。而且从形制来看，是明清敌楼的雏形。另外，据陈规《守城录》记载，南宋已在城门外修筑护门墙代替瓮城，使敌军不能直接望到城门。同时，羊马墙、护城河、吊桥及月城的革新做法在《守城录》中也都有论及，总的来看是以更加积极的防御态度应对敌军进攻[198]。

在城门的设置上同样体现了这一思想。城门贵多不贵少，贵开不贵闭，并多设暗门。城门也出现了木构梯形城门洞和砖石券拱城门洞两种形式。

城墙材料方面，经历了由土城墙向土包砖或土包石城墙的转变。北宋时期以土城墙为主，城墙关键位置会用砖包砌，如城门及转角等，而不会对城墙所有位置采用砖砌。最早见于记载的当属北宋熙宁元年（1068年）的广州城墙，之后，徽宗大观元年（1107年）御笔载，东南地区因土质不佳及雨水较多，已常用砖城或石城[199]。南宋时期，砖石城墙更加普遍。据黄宽重先生研究，有汀州（绍兴时期有部分甃砖石）、襄阳（乾道五年，1169年）、蕲州（嘉定十四年，

1221年）、和州（乾道四年，1168年）、庐州（嘉定四年，1221年）、衡州（绍兴五年，1135年）、洪州（绍兴七年，1137年）、泸州（绍兴十五年，1145年）、福州（绍熙二年，1191年）、永州（开庆元年，1259年）、六合（绍熙三年，1192年）、秀州、潮州（绍定年间）、邕州（淳熙八、九年，1248—1249年）、静江府（宝祐六年至开庆元年，1258—1259年）、兴化军（绍定三、四年，1230—1231年）、泉州（宋元之际）、安庆府（嘉定年间）、真州（宝庆三年，1227年）、江陵府（淳熙十三年，1186年）、潼川府（嘉定十二年，1219年）、宁都县城（淳祐六年，1246年）共22城用砖修砌城墙[200]。

二、地域自然环境

（一）地域自然环境总体特征

南宋长江上游抗元城防分布在由北、南、西、东四个方向进入四川的水陆交通要道附近。为了充分遏制蒙军骑兵快速机动的优势，宋军多选在险峻陡峭的山顶或道路逼仄的岛屿或半岛上建城。当地的地貌、地形是抗元城防营建的基本地域环境。

已有学者指出四川是中国著名的红层盆地。盆地内共由三种地层组成，分别为中生界侏罗系、白垩系、新生界下第三系，盆地边缘可发现存在三叠统红层。这些红层地层构成了四川分布广泛的红层丘陵。红层产状近乎水平，在地壳抬升、流水下蚀作用下，作为差异侵蚀的结果，红层丘陵内部涵盖大量方山，其地形特征符合丹霞地貌，即以陡崖坡为特征的红层地貌。另外一种近似于丹霞地貌的"假丹霞地貌"，其外观与丹霞地貌相似，但其碎屑岩则是其他颜色。丹霞地貌与假丹霞地貌共同表现为方山地貌，即顶平、身陡、麓缓，有灿若红霞般的颜色，或者呈现褐色、褐红色、红褐色，也有些受风化影响呈现灰白色、灰红色。南宋长江上游抗元城防的基本地貌就是丹霞地貌和假丹霞地貌，可以分成喀斯特峰丛型、石柱型、堡寨型、桌山型、临江陡崖型和高原峡谷型。另外，丹霞地貌在形成过程中受到流水的冲击，所以多在河流两岸见到这一地貌，同时四川盆地内有多条江河，例如古沱江、渠江等，导致盆地内多蛇曲，受地壳抬升影响，转变为深嵌河曲，在岁月侵蚀下河曲两岸呈假丹霞地貌。在古代交通条件下，河曲闭合度越大，防御性能越好。丹霞与假丹霞地貌具有较多的天然洞穴，可为筑城所利用[133]。方山顶部是抗蚀作用较强的砂岩，为修筑城防设施提供了天然材料。

由此，可以将南宋长江上游抗元城防营建的地域自然环境影响因素概括为：①河曲的闭合度；②所属丹霞或假丹霞地貌的类型及其主要特征，包括山体的高度、坡度、岩石类型等。

结合上述分析，本书将主要集中于梳理各城防所属丹霞或假丹霞地貌的类型及特征、与河曲的关联性（即临水面的数量）；分析城防设施的分布和建造与山体高度、坡度的关联性；分析城防设施材料与构造的地域特性。

（二）各山城所处地貌特征分析

依照学者对四川丹霞或假丹霞地貌特征的分类，通过文献检索与实地调研，笔者将南宋长江上游抗元城防所属丹霞或假丹霞地貌的类型、山顶海拔及其与河流的关系列表（表4.1），得出，山城所处地貌的特征主要表现为以下两点。

表4.1　南宋长江上游抗元城防的地貌情况一览表

序号	城防名称	地貌类型	地貌特征	山顶海拔，与山脚相对高差（估算）	与河流的关系	备注
1	（合州）宜胜山城	假丹霞	山顶平，麓缓	约250米，高差约60米	嘉陵江与涪江交会处，凸岸，两面临水	—
2	（遂宁府）蓬溪寨	假丹霞	山顶平，身陡，麓缓	约460米，高差约60米	不临江河	—
3	（普州）铁峰城	红层丘陵	身陡	不详	不详	遗址不可考，地貌特征据文献推测
4	（阆州）跨鳌城	红层丘陵	山顶平，身陡，麓缓	约470米，高差约60米	临嘉陵江上游支流西河，凸岸，三面环水	—
5	（潼川府）紫金城	假丹霞	山顶平，身陡，麓缓	不详	不临江河	西距涪江上游梓江约3公里
6	（龙州）雍村城	丹霞	不详	不详	临涪江上游平通河，凸岸，三面环水	原地貌不详
7	（利州）鹅顶堡	丹霞	山顶平，身陡，麓缓	约860米，高差约60米	临嘉陵江，凸岸，两面临水	据文献推测其位置在苍溪长林山
8	（遂宁府）灵泉城	红层丘陵	山顶平，身陡，麓缓	约420米，高差约70米	临支流与涪江交会处，一面临水	据文献推测其位置在遂宁灵泉寺。西距涪江半岛约2公里
9	（叙州）登高城	红层丘陵	山顶平，身陡，麓缓	约420米，高差约70米	临长江，凸岸，两面临水	—
10	（黔州）绍庆城	丹霞	山顶平，身陡	约400米，高差约100米	临乌江，平岸，一面临水	—
11	（江安）三江碛	丹霞	山顶平	不详	长江江心岛，四面环水	—

序号	城防名称	地貌类型	地貌特征	山顶海拔，与山脚相对高差（估算）	与河流的关系	备注
12	（夔州）白帝城	喀斯特	山顶起伏，身陡	约220米，高差约70米	临长江，凸岸，三面临水	—
13	（隆庆府）苦竹隘	丹霞	山顶起伏，身陡	约990米，高差约90米	不临江河	小剑溪深陷峡谷，不通航
14	（巴州）得汉城	丹霞	山顶平，身陡，麓缓	约750米，高差约300米	临渠江上游大通江，凸岸，三面环水	—
15	（重庆府）重庆城	红层丘陵	山顶起伏，身陡，麓缓	约330米，高差约130米	临嘉陵江、长江交会处，凸岸，三面环水	—
16	（巴州）平梁城	丹霞	山顶平，身陡	约800米，高差约200米	临渠江上游巴河，一面临水	东南距巴河半岛约5.5公里
17	（泸州）榕山城	红层丘陵	山顶起伏，身陡，麓缓	约910米，高差约310米	临长江，河曲凹岸，一面临水	西距长江直线距离约6.5公里，较远
18	（合州）钓鱼城	假丹霞	山顶平，身陡，麓缓	约390米，高差约190米	临渠江、涪江、嘉陵江三江交会处，凸岸，三面环水	—
19	（成淳府）皇华城	假丹霞	山顶平，身陡	约230米，高差约120米	长江江心岛，四面环水	—
20	（顺庆府）青居城	假丹霞	山顶平，身陡，麓缓	约430米，高差约120米	临嘉陵江360河曲，凸岸，三面环水	—
21	（阆州）太获城	丹霞	山顶平，身陡，麓缓	约610米，高差约220米	临嘉陵江上游支流东河，凸岸，三面环水	—
22	（怀安军）云顶城	丹霞	山顶缓斜，身陡，麓缓	约960米，高差约150米	临沱江，凹岸，一面临水	东南距沱江半岛直线距离约6.6公里
23	（广安军）大良城	假丹霞	山顶平，身陡，麓缓	约420米，高差约90米	临渠江，一面临水	西距渠江半岛直线距离约3公里
24	（泸州）神臂城	丹霞	山顶平，身陡，麓缓	约310米，高差约90米	临长江，凸岸，三面环水	—
25	（大宁监）天赐城	假丹霞	山顶平，身陡，麓缓	约620米，高差约140米	临长江支流大宁河，一面临水	—
26	（嘉定府）紫云城	丹霞	山顶起伏，身陡，麓缓	约510米，高差约140米	临岷江，一面临水	—
27	（巴州）小宁城	丹霞	山顶平，身陡，麓缓	约400米，高差约90米	临渠江上游通江，凸岸，三面环水	—
28	（播州）海龙囤	丹霞	山顶起伏，身陡，麓缓	约1340米，高差约190米	临湘江上游支流白沙水，凸岸，三面环水	—
29	（播州）养马城	丹霞	山间盆地	约1180米，山间凹地	临湘江上游支流白沙水，一面临水	—

序号	城防名称	地貌类型	地貌特征	山顶海拔，与山脚相对高差（估算）	与河流的关系	备注
30	（蓬州）运山城	假丹霞	山顶平，身陡，麓缓	约580米，高差约180米	临嘉陵江支流清溪河，一面临水	—
31	（涪州）三台城	假丹霞	山顶平，身陡，麓缓	约290米，高差120米	临小溪与长江交汇处，凸岸，三面环水	—
32	（嘉定府）三龟九顶城	丹霞	山顶起伏，身陡，麓缓	约420米，高差约70米	临大渡河与岷江交会处，一面临水	—
33	（万州）天生城	假丹霞	山顶平，身陡，麓缓	约460米，高差170米	临苎溪河与长江交会处，一面临水	—
34	（泸州）安乐城	假丹霞	山顶起伏，身陡，麓缓	约690米，高差约150米	临赤水河与长江交会处，凸岸，三面环水	东北距长江直线距离约3.5公里
35	（富顺监）虎头城	假丹霞	山顶平，身陡，麓缓	约300米，高差60米	临沱江，一面临水	东距沱江半岛直线距离约1.6公里
36	（长宁军）凌霄城	非红层山地	山顶平，身陡，麓缓	约980米，高差450米	不临江河	—
37	（叙州）仙侣城	红层丘陵	山顶平，身陡，麓缓	约390米，高差110米	临金沙江与岷江交汇处，凸岸，三面环水	—
38	（云安军）磐石城	喀斯特	山顶平，身陡，麓缓	约530米，高差130米	临小江与长江交汇处，凸岸，三面环水	—
39	（渠州）礼义城	假丹霞	山顶平，身陡，麓缓	约440米，高差190米	临渠江，凸岸，三面环水	—
40	（梁山军）赤牛城	假丹霞	山顶平，身陡，麓缓	约610米，高差130米	临长江支流龙溪河，凸岸，三面临水	—
41	（重庆府）多功城	红层丘陵	山顶平，身陡，麓缓	约420米，高差70米	临嘉陵江，凸岸，一面临水	西距嘉陵江直线距离约3.1公里
42	（南平军）龙岩城	喀斯特	山顶平，身陡，麓缓	约1440米，高差约400米	临乌江支流龙岩江，一面临水	—

1．城防多处于方山之上

在城与山的关系方面。统计的42座城防，除一座播州养马城为山间凹地，即城未在山顶以外，其余41座城防均建在山顶，且山顶与山脚高差都在60米以上。大部分城防距山脚约百米左右，高者如南平军龙岩城和长宁军凌霄城，山顶与山脚相对高差达400余米。这种地形显然对自上而下的防御非常有利，这些城防都可称为山城。至于养马城地貌的特殊性，推测与其为海龙囤的附属城防有关。另外，42座城防中除普州铁峰城、龙村雍村城原有地貌已不详外，其余城防均具有典型的方山地貌特征，即顶平、麓缓、身陡。这一地貌为防御战斗和后勤补给提供了良好的自然条件。

2. 城防多处于河流近岸

在城与河流的关系方面。1座城不详，4座城不临江河，占7%，其余37座城均临江河。其中，仅一面临水的城共有15座，占31%；两面临水的有3座城，占7%；三面及以上临水的城有17座，占38%；四面环水的有2座，为忠州皇华城和江安三江碛，占5%。后二者之和为43%。由此可见，南宋长江上游抗元城防超90%以上为临江河而建，半岛与环岛占40%以上。另外，一些城防虽不直接位于半岛，但距离半岛较近，直线距离3公里以内，如遂宁府灵泉城西距涪江半岛约2公里，广安军大良城西距渠江半岛直线距离约3公里，富顺监虎头城东距沱江半岛直线距离约1.6公里。如果将上述城防考虑在内，这一比例更高，达到52%。显然，靠近江河，甚至位于两条以上河流交会处，便于水运交通运输，是抗元城防建设的另一典型地貌。

第三节

城墙营建的地域环境适应性与
时代性

一、城墙布局呼应地形环境

通过实地调研和文献检索发现，本书统计的42座南宋长江上游抗元城防，除8座城防城墙情况不详外，其余34座城防均利用山势而建。城墙的走向与山体等高线密切相关。山就是城，城依靠山。城墙布局利用险要的山势，并通过加筑外城、一字墙、瓮城等方式加强山体的防御效果。其具体做法笔者初步归纳为以下6种情况。

（一）城防选址于地形险峻的山体

地形险峻是方山地貌的基本特征，南宋抗元城防多充分利用这一地形特征建设城防设施。

重庆多功城建于渝北翠云山顶，山高出周围地坪约40余米。山势陡峭，据笔者实地测量，平均坡度约45度以上，山顶四周崖壁呈垂直状态。上山道路狭窄、崎岖，而山顶则较为宽阔平坦，所以此处建城具有易守难攻的先天优势（图4.1、图4.2）。

图4.1 重庆多功城东侧约45度的上山主道

图4.2 重庆多功城遗址北侧鸟瞰，城墙建在陡峭的山体上

图4.3　大宁监天赐城遗址鸟瞰，山顶宽平，四缘陡坡
资料来源：巫山网，吴剑波摄

大宁监天赐城与大宁河右侧临近，后靠U形山坳。山体崎岖不平，四面较为陡峭，将士可在高处据守。山顶较为宽阔，能够掌握较远处动向，这一独特地理优势好似天赐，所以得名为天赐山，城与山同名（图4.3）。

（二）环绕山顶利用地形形成多重城墙

抗元城防所在的方山地貌有顶平、身陡、麓缓的特点。一些城防就利用天然的多级台地修筑多重城墙，以形成多层次的城墙防线，其做法可以分为两种情况。

1．利用两层天然阶梯状山体建造内、外城的做法较为常见

万州天生城所在的天生城山顶在北侧和东侧呈现阶梯状台地。山顶环城即内城的北侧和东侧，皆利用这两处台地修筑了北外城和东外城。后寨门北侧鹅公颈至鹅公包区域建立北外城。据考古研究推测，宋时建城可能先选鹅公包位置开拓了北方出城道路，后以道路为基础修建城墙，进而形成北外城防御体系。东外城则包括了二级山崖外缘的城墙以及南北向的一字墙。由此北、东两侧主要进城路线均形成双层防线（图4.4）。

另外，南充青居城与成淳府皇华城则利用所在山体的自然台地修建了两圈相对完整的内、外城。青居城沿现存城东侧耳城门和城北侧血水窝处残门所在的等高线推测为外城墙，而水城门所在的等高线则推测为内城墙，两道城墙之间存在一层天然的平缓台地（图4.5上）。皇华城位于长江三峡库区最大的江中岛上，岛屿山体海拔142～272米。山体呈阶梯状的两层台地，西

图4.4 万州天生城内城东、北两侧均筑有外城
资料来源：参考文献［155］

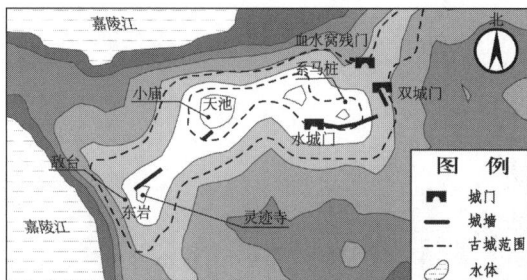

a 青居城城墙位置示意图

b 皇华城鸟瞰

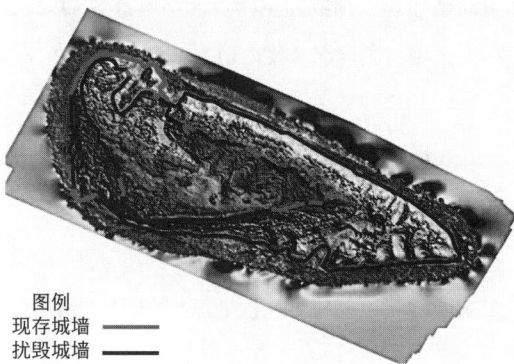

图例
现存城墙 ——
扰毁城墙 ——

c 皇华城城墙位置示意图

图4.5 青居城与皇华城利用阶梯状山体修筑两重城墙
资料来源：a 作者自绘，底图据参考文献［36］；
b、c 重庆市文物考古研究院

北部较为陡峭，东南部较为平缓。两层平台间高差最大约70米，城防就利用地形这一特点修建而成内、外两重城墙，天险自成（图4.5中、下）。

2. 更大规模的城防跨越多座山头而建

与上述实例相比，一些更大规模的城防则跨越多座山头，形成多重城墙体系。其中最为典型的实例就是夔州白帝城。其城墙借助多处阶梯状山势营建，以白帝山为起点，环绕大半周，随后通过鸡公山东北脊向西推进，进入子阳城，城内途经皇殿台、寨子、中间台、樊家台，从

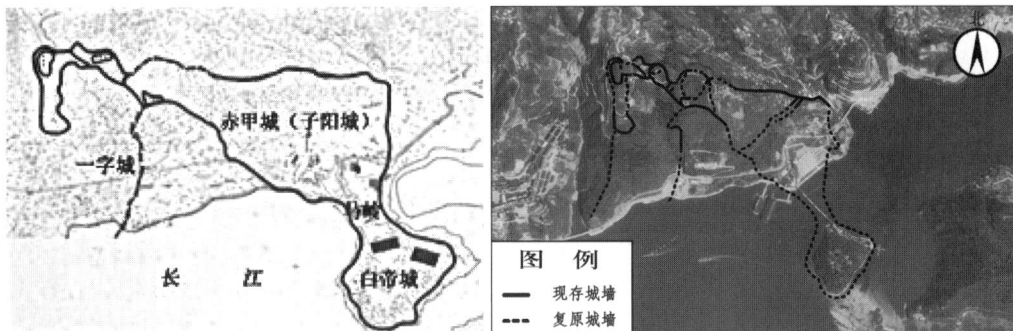

图4.6　夔州白帝城跨白帝山、马岭、鸡公山而建成多重城墙
资料来源：（右）重庆市文物考古研究院

东侧修建到西侧校场坝，转南，顺着子阳城蔓延至鸡公山东南脊处，途经马岭，最后与白帝山西城墙相连❶。城墙遗址主要分布在阶梯状山地转折处，形成多重城墙，多层次防御（图4.6）。

（三）深入江河或延伸至崖壁修建一字城

与常见的环形城防不同，在长江上游抗元城防中发现了多处一字城墙。即城墙未与城墙闭合成环，而是呈一字形伸入江河之中，或者延伸至自然山体悬崖处，阻断敌军的进攻。

文献记载抗元城防中有多座城防建有一字城，如重庆城西南设有一字城以加强长江沿线及西部陆路防御，但实物尚未发现。目前已明确发现建有一字城墙的城防有合州钓鱼城、夔州白帝城、成淳府皇华城、泸州神臂城、涪州三台城、万州天生城、巴州小宁城、嘉定三龟九顶城共8座。这些城防中一字城墙的布局基本分为两种情况。

1. 一字城墙直接深入江河之中

第一种情况，一字城墙跨越山坡，直接伸入江河之中。这种做法是位于江河侧畔的城防为保护江边码头，阻断敌军由江边发起进攻的一种独特而有效的防御手段。一字城墙与江河共同构成城防的外围防御圈。

钓鱼城的南一字城墙就是此种类型的典型实例。南一字城墙分东、西两段，东南一字城墙位于水军码头东侧约400米处，自飞檐洞左侧悬崖雄踞山脊而下直达嘉陵江边，全长约400米，高度落差近140米。经考古揭露的一段城墙长约150米，基宽7.2～14.3米，残高2.2～10米（图4.7）[201]。西南一字城墙即一般认为的"南水军码头"，据考古专家考证，这一段被称为"南水军码头"的城墙临水面坡度较高较陡，并不适合船舶停靠，其构造与当时的城墙较为相似，

❶ 资料来源：孙华. 长江三峡库区重要文物保护工程回望——白鹤梁、石宝寨、张飞庙、白帝城[J]. 中国文化遗产，2014（02）：58-66.

图4.7 钓鱼城南一字城墙东段直接伸入嘉陵江
资料来源：参考文献［201］

且已发现在东一字城墙的内侧建有真正的水军码头，其建造方式与东一字城墙明显不同，与敌台极为相似。西南一字城墙，即敌台分成五个不同高程的平台，敌台沿江边垒砌挡墙3组共16道，并建有炮台、石臼和擂石堆多处（图4.8a）。因此基本可以断定此西南段城墙与东南段城墙一样都是"南一字城墙"的组成部分，是真正保护南水军码头的一处防御设施。钓鱼城南、北一字城墙共长约800米，二者与嘉陵江相围合，共同筑成防线，使得钓鱼城所在的整个东城半岛都划入钓鱼城的防御范围，"从这个意义上来说，钓鱼城的范围应该是13平方公里"［202］（图4.8b）。

　　另有两座城防的一字城墙与钓鱼城类似，即一端接外城，一端伸入江河之中。

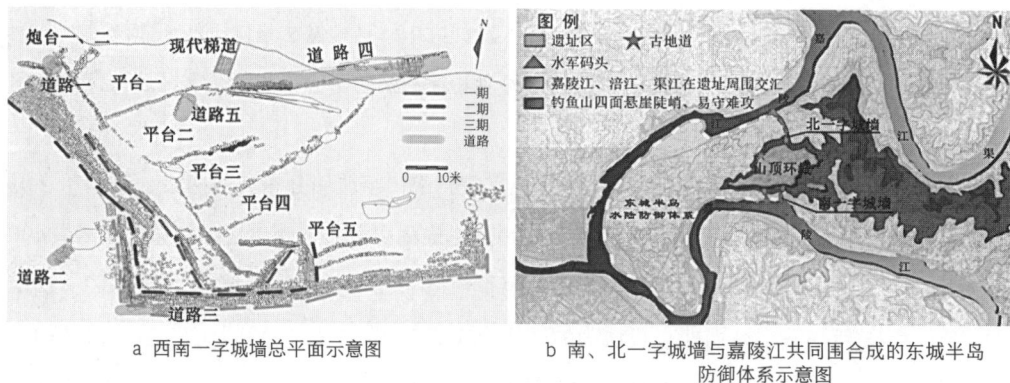

a 西南一字城墙总平面示意图　　　　b 南、北一字城墙与嘉陵江共同围合成的东城半岛
　　　　　　　　　　　　　　　　　　　防御体系示意图

图4.8 钓鱼城一字城墙
资料来源：参考文献［201］

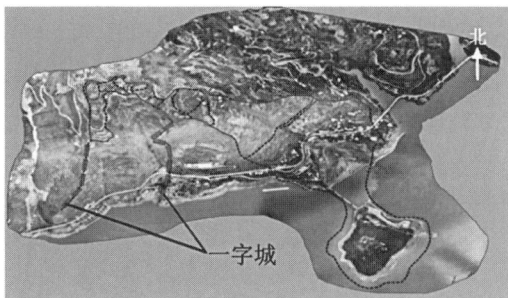

图4.9　白帝城一字城墙位置示意图
资料来源：重庆市文物考古研究院

研究发现夔州白帝城遗址有两道一字城墙。一道从校场坝延伸到谭家沟侧的长江边；另一道自子阳城东皇殿到关庙沱江边，顺着山脊途经城东南角。白帝城的西侧沿江防御体系以这两道一字墙为核心（图4.9），而两道一字城墙将白帝城西南侧沿江防御区域划分成了3个部分，也有效地将敌人自西南侧江中发起进攻的兵力分解成了3个部分，防御效果明显。泸州神臂城西南侧，校场坝西侧临近位置，有道一字城，其长高宽分别为121米、12米、5～7米，别称夺水城，形成一道伸入沱江的防线（图4.10）。

这种直接伸入江河的一字城有效阻击了自水路进攻的敌人，反映了长江上游抗元城防的自然环境特色，目前来看占绝大多数。

2．一字墙与悬崖相交接形成外围防线

第二种情况，一字城墙与悬崖相交接。这种一字城的建造充分利用山体悬崖，将人工修筑的城墙与悬崖相连接，共同构成防御线。目前主要在万州天生城、巴州小宁城和涪州三台城中发现了这种一字城墙。

万州天生城一字城墙经考古发现为南北向，临近城东侧，直接与山体二级悬崖相连，并与沿二级山崖外缘砌筑的城墙围合而成东外城（图4.11）。虽然二级山崖外侧砌筑有部分城墙，但

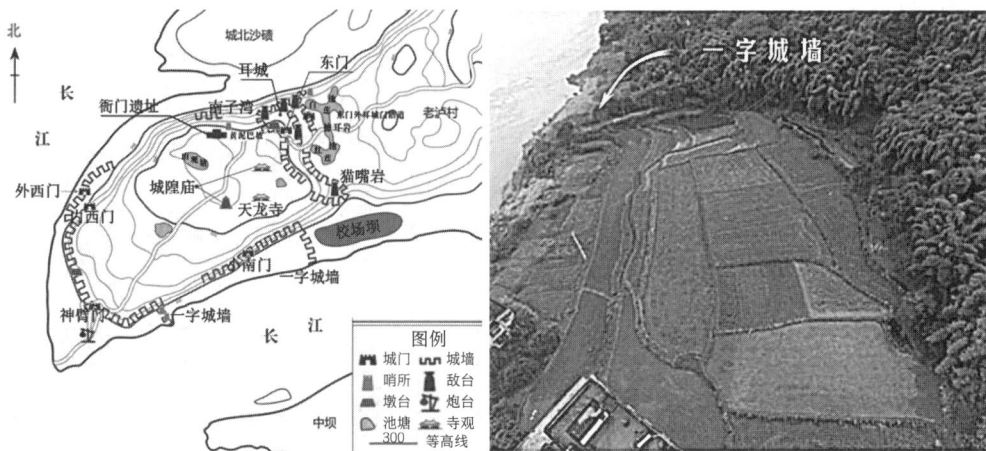

图4.10　泸州神臂城南建有东、西两道一字城墙
资料来源：（左）参考文献〔33〕

环山城墙东侧的城墙先到达山崖，并未直接与外围城墙相交，因此，可以视为是一字城，而不是环城。

图4.11　万州天生城一字城墙（图中标注YCZ处）

另外一处实例位于巴州小宁城，其一字城墙建在小西门东侧，距离城墙外侧约70米。一字墙上部与外城墙基本垂直，下部延伸至悬崖顶端，总长约20米。悬崖下面即为通江，这道一字城虽未直接伸入江中，但与悬崖一起形成城西面的一道侧面防线（图4.12），同样起到了分解敌军兵力的作用。

第三处实例发现于涪州三台城。此城东外城外依山脊走势建有三道一字墙，分别位于其东北侧、东侧和南侧，三道一字城墙均与悬崖相交接[203]（图4.13）。三台城南侧为长江，其南侧与东侧的一字城墙与悬崖一起分散并阻断了来自江面敌人的进攻。而此城东北侧的一字城墙可能起到了阻截敌人绕至后山袭击的作用。

据学者研究，宋元之际筑有一字城墙的还有襄阳以及越南的交趾万劫（今越南国海阳省）[204]。这些一字城墙，无论是伸入江河还是与悬崖交接，都是对其所在地形的一种有效利用。其实，在抗元山城中，直接利用天然崖体作为城墙的一部分是非常普遍的一种做法。人工城墙与天然崖面平顺相交接就形成环形城墙。而一字墙可以看作是人工城墙与崖体或江河垂直交接的一种方式，是对地形地貌的一种积极适应。

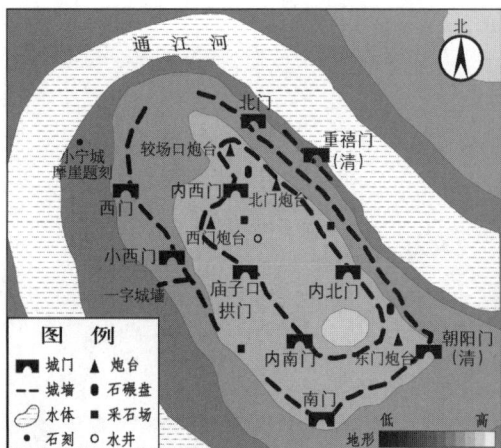

a　位置示意

b　近景

图4.12　巴州小宁城一字城墙
资料来源：参考文献［38］

图4.13 涪州三台城一字城墙位置示意图
资料来源：作者自绘，底图据参考文献［203］

（四）利用自然悬崖直接为城

人工城墙与山体平行交接，直接利用自然悬崖作为"城墙"，这也是南宋长江上游抗元城防充分利用地形的一种做法。比较典型的实例有钓鱼城、得汉城、云顶城、运山城和大良城等。

钓鱼城南侧的薄刀岭与山脚高差30余米，崖面几乎直上直下，石壁天成。其环山城墙南侧镇西门至薄刀岭一段就直接利用悬崖作为天然屏障，而不再人工修筑城墙。笔者以GPS为工具，实地测绘，并结合钓鱼城风景名胜区管理局发布的导游图进行修正，导入GIS后绘制了钓鱼城城墙基本轮廓（图4.14a）。图中镇西门东侧等高线密集的一段即为薄刀岭。此段山体坡度接近90度，高出江岸数十米，不愧为天然城墙（图4.14b）。

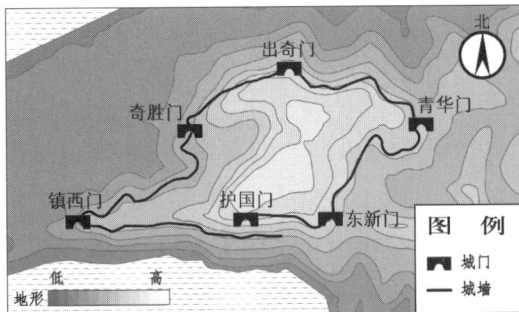

a 城墙分布示意图

b 薄刀岭仰视

图4.14 钓鱼城城墙镇西门东侧利用薄刀岭直接为城

通江得汉城平面呈椭圆形，从遗址现状来看，推测其有内外两重城墙。外城墙无遗存。目前来看，内城墙遗存主要集中在城门附近，向两侧延伸至悬崖，将山体修凿成城墙的样子，多数城墙均为这种建设方式，仅有少段采取了人工垒砌的方式。得汉山三层台地分布明显，由下至上分别为中坝里、二鼓楼和高鼓楼（图4.15a）。城墙布局充分利用台地之间的崖体，如南门附近的城墙就直接利用了高鼓楼与二鼓楼之间的垂直山岩作为内城墙，事半功倍（图4.15b）。

金堂云顶城有内外两圈城墙。调研发现外城墙位于沱江小东门下侧及圆觉庵附近。内城墙则位于东城小东门下侧与西城长宁门北侧，现阶段共发现4段城墙，均为人工垒砌，分别位于猫儿湾南侧、圆觉庵西侧、端午门北侧和长宁门北侧（图4.16）。其他城墙则是依天然悬崖峭壁

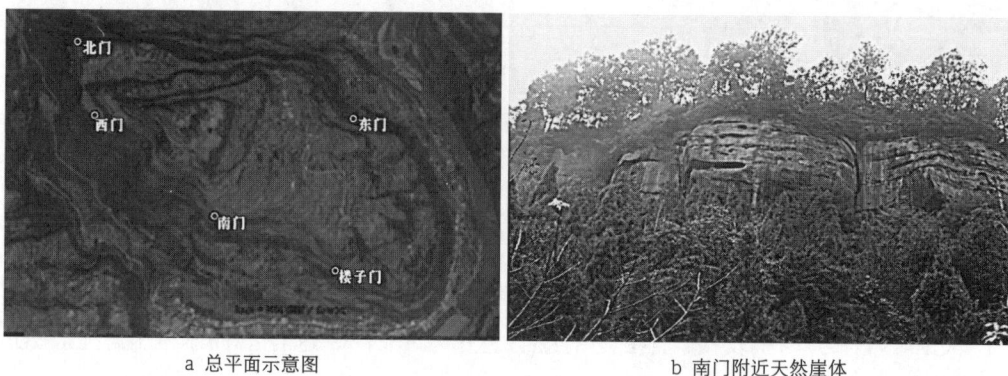

a 总平面示意图

b 南门附近天然崖体

图4.15 通江得汉城南门附近利用天然崖体作为内城墙
资料来源：a 作者自绘，底图参Google卫星图；b 参考文献［143］

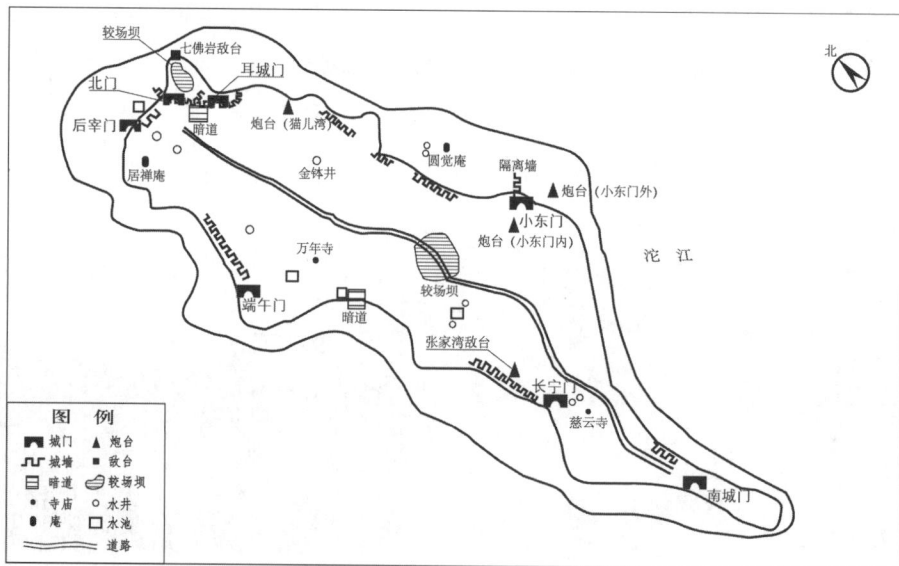

图4.16 金堂云顶城总平面示意图
资料来源：作者自绘，底图据参考文献［212］

a 云顶城天然崖壁　　　　　　　　　　　　b 运山城东南侧鹅项颈崖壁

c 大良城天然崖壁整体形似莲花　　　　　　d 大良城南门外天然崖壁

图4.17　云顶城、运山城及大良城以天然崖壁为城墙

凿成（图4.17a）。

　　蓬安运山城东南侧鹅项颈城门所在的山脊，壁立陡峭。山体南北延伸，东西方向非常狭窄。近年来，由于开山采石，城门所在的位置已不详。但可以看出，此处虽未修建人工城墙，但鹅项颈山脊就是一道天然屏障（图4.17b），有效阻挡了敌军辎重马匹向前推进。怀安军大良城所在地莲花山，正如《读史方舆纪要》中所描述的，因其寨形与莲花花瓣相似进而得名，其山体覆盖范围达数千丈，高度在百丈开外，石壁四周均为绝地[1]（图4.17c）。城南门左右两侧分别为峭壁、悬崖，城墙就依托险峻山势自然天成（图4.17d）。

（五）在悬崖上部修筑城墙

　　城墙修筑在悬崖上，山体就是城墙的基础，城墙因山体而自然高耸，这也是长江上游抗元城防普遍采用的一种做法，在钓鱼城、平梁城、三台城等8座城防中表现明显。

1. 合州钓鱼城

　　钓鱼城环山城墙大多建在坡度陡峭的悬崖上。笔者在钓鱼城城墙位置推测图基础上，观察

[1] 资料来源：（民国）周克坤. 广安州新志[M]. 1927年版.

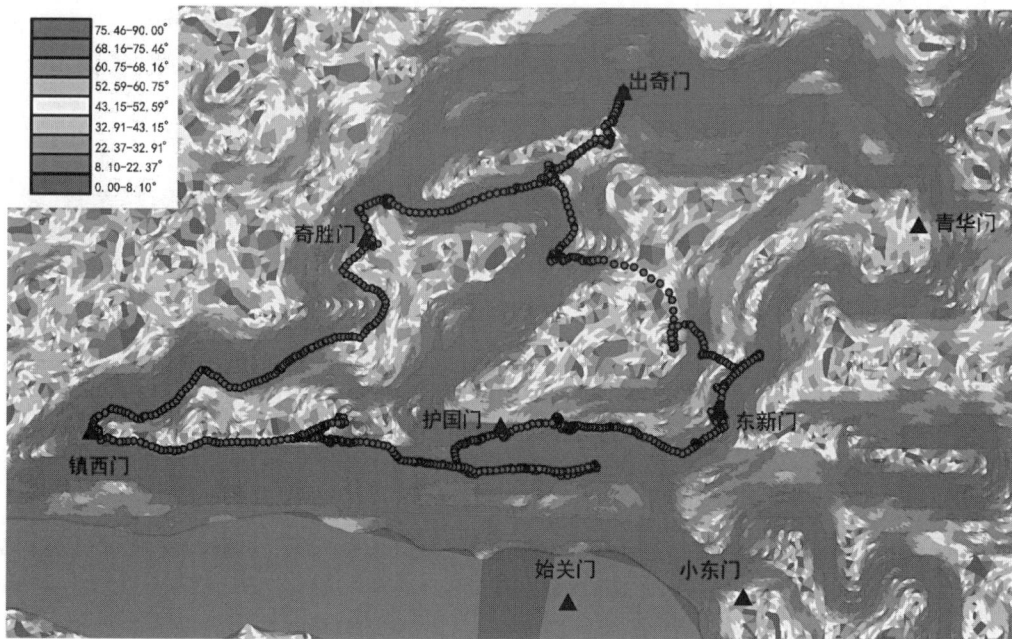

图4.18　合州钓鱼城坡度分析图

奇胜门（高程：279米）、镇西门（高程：281米）、护国门（高程：362米）和东新门（高程：329米）以及四座城门之间的城墙可知，除镇西门与护国门之间薄刀岭段直接利用悬崖作为防御屏障，未建城墙外，其他城墙均建在崖体之上；奇胜门至镇西门段城墙在高程279~285米、高差约6米之间起伏，城墙平面形态与高程为280米的等高线基本一致；护国门以东直线距离约400米的飞檐洞，高程由362米降至355米，再向东直线距离约500米，高程再降至339米之后，城墙向东北延伸，到达东新门（高程329米），起伏约10米，后半段形态与高程为330米的等高线基本一致。城墙形态与等高线平距密切相关，城墙多建在等高线平距较小、密度较大，即坡度较陡的地方，充分适应与利用地形，提高防御性（图4.18、图4.19）。

这种做法在《营造法式》壕寨功限条中又称"护险墙"[205]，即利用天然悬崖作为屏障，在山势较陡之处垒砌城墙，相似的城墙形制在南宋靖江府（今广西桂林）城图中被明确标识。钓鱼城城墙吸取同时代城墙的建设经验，充分利用天然险峻的地形，取得了事半功倍的效果。

图4.19　钓鱼城护国门附近城墙直接建在悬崖上

2．巴州平梁城

平梁城遗存的城墙依山体而建。城所在的平梁山，地形与《巴州志》描述的相一致，大意为：平梁山的山体高大，山顶处开阔平坦，四周为悬崖峭壁，无法攀岩上山。只能通过狭窄小路上山，小路崎岖不平，无法快行（图4.20a）。

3．涪州三台城

三台城环山城墙依悬崖而建。其东、西、北三面置厚4米、高4～6米的城墙，依托断岩峭壁；寨东南无墙，悬崖千仞，俯临长江（图4.20b）。

4．富顺监虎头城

虎头城所在的虎头山拔地兀立，临江面悬崖绝壁。城墙就依托悬崖而建，其形势与最初出自《读史方舆纪要》[139]，后由清末邑人、刘光第引用在《山水志》中所描写的相一致，山体高度超过60丈❶，临近江边，与虎头状相似。宋咸淳元年（1265年），将富顺监转移至山上。将山作为城，不用人工修筑，就可起到抵抗敌人的作用（图4.20c）。

5．金堂云顶城

云顶城所在的云顶山山体悬崖分3～4层台地，其城墙亦依托四面悬崖而建。目前发现北

a 平梁城　　　　　　　　　　b 三台城　　　　　　　　　　c 虎头城

d 云顶城北门附近　　　　　e 神臂城耳城门附近　　　　　f 磐石城

图4.20 平梁城等城墙建在悬崖之上
资料来源：a、d、e 作者自摄；b、f 重庆市文物考古研究院；c 参考文献［37］

❶宋代1丈约为31.2cm。

门左侧的悬崖上尚存长约20米，高约3米的具有明显宋代特征的城墙。另外，张家湾长宁门段、后宰门段、小东门段及水井湾发现的遗址城墙亦都依崖壁进行建造（图4.20d）。

6．泸州神臂城

神臂城依山凭险而筑，大部分城墙依托悬崖而建。耳城因在其东门外150米处建有2道护城石墙而得名，城墙处于东门平行位置。一道长396米，另一道为160米，高2～3米。从城外明显可见城墙直接建于悬崖之上（图4.20e）。

7．云阳磐石城

磐石城东、北两侧临山谷，西、南两侧分别为蓬溪河与长江。城墙遗存位于前后城门之间，以四面绝壁作为城墙基底，总高度超过百米，其中墙高约2米，厚约0.5米。航拍鸟瞰图可清晰地看到悬崖直接构成了城墙的一部分（图4.20f）。

8．重庆多功城

多功城城墙依翠云山而建，目前尚可见宋代城墙基础，推测城墙轮廓大致沿袭宋代，大部分就建在悬崖之上。城防遗址分布图[206]上可看到这种布局特征，尤其是城东侧崖壁最为陡峭（图4.21a）。

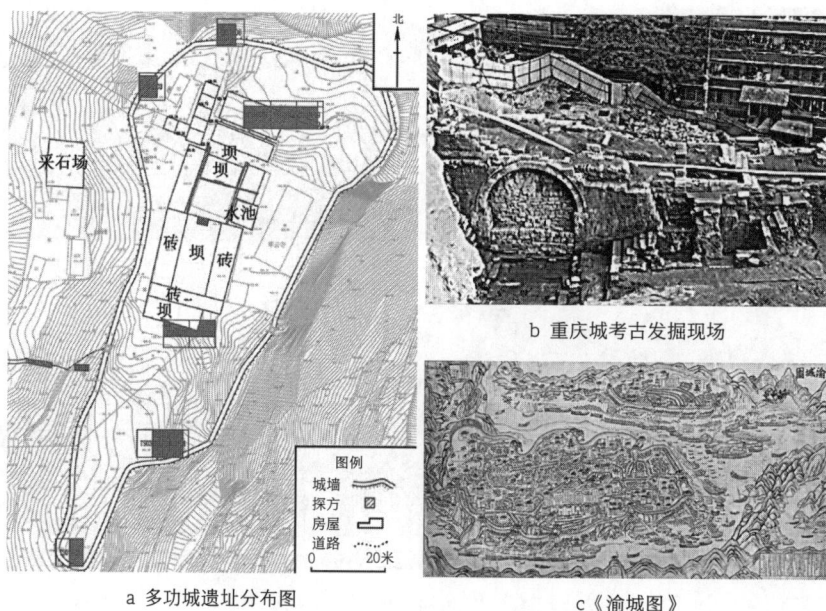

a 多功城遗址分布图　　　b 重庆城考古发掘现场　　　c《渝城图》

图4.21　多功城、重庆城城墙依悬崖而建
资料来源：a 参考文献［205］；b 作者自摄；c http://blog.sina.com.cn

9．重庆城

重庆城城墙建设主要经历了宋、明、清三个阶段，宋代已基本奠定了明清城墙轮廓，可能略小一些。目前已经可以明确的是，太平门一段在宋代已是防御的重点。从当代的考古发掘现场可以看到，这段城墙建在悬崖之上（图4.21b），而清代的《渝城图》则显示太平门所在的城南一线均依悬崖而建（图4.21c）。

（六）在地形较为平缓处加筑瓮城

一些长江上游抗元城防所在的山体一面或两面山势较缓，是上下城防的主要通道和敌军进攻的主要方向，同时也是防御的薄弱环节。这些地方往往加筑有一层城墙以加强防御，从而形成瓮城或子城。

1．金堂云顶城瓮城

云顶城北门外修建有耳城（或称瓮城）。据文献记载，北门外地势较为平缓，北城门修建时间为1243年，后城墙内陷。门正前方下行数十级，前右两方视线受阻，警戒与防御功能都有限。因此，1249年加建瓮城及其城门，从正面切断登山蹬道，且右前方视野开阔，可增强警戒与攻防效果。从调研来看，北门形制及用材宋代特征明显，瓮城门在1985年被发现并清理出来，发现有宋代兵器、钱币等。可在门内外条石上发现"人"字形錾纹，符合宋代特征，再联系门券拱中央的题记，可推测此门也是南宋遗存。综合可见，北门外在南宋时期就形成了瓮城，加强了防御（图4.22a）。

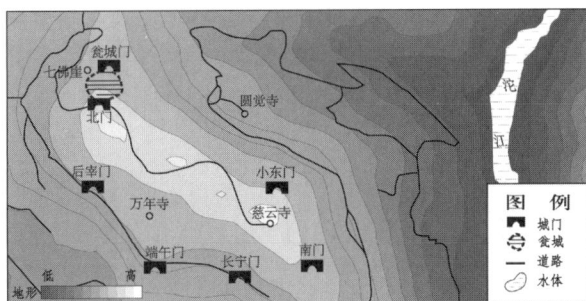

a　云顶城北瓮城

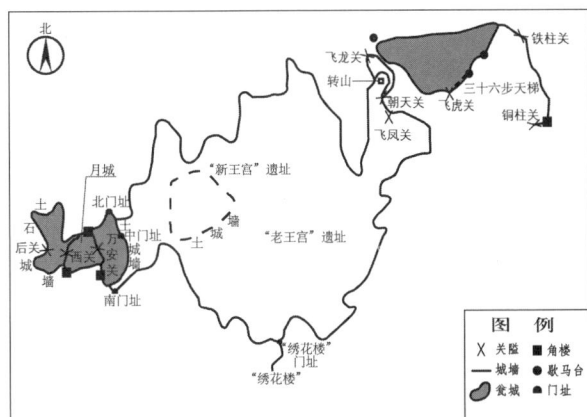

b　海龙囤西、东两处瓮城

图4.22　云顶城与海龙囤瓮城
资料来源：作者自绘，底图分别据参考文献［212］、［30］

2．播州海龙囤瓮城

播州海龙囤所在的龙岩山南北两侧皆为悬崖，仅东西各有仄径上下。内城墙，又称大城，环山而建，东西两侧皆建有瓮城。城西侧万安关内有"土城墙"一道，这是当地人对万安关内一道土梗的称呼。经考古验证，确为一道南宋时期的城墙遗存。城墙所在地势较平缓。城墙长约171米，宽约6.5～11.9米，残存最高处近3米。墙体内外均用黏土岩石板平砌，内填以土、碎石及瓦砾。其北侧外缘建有护坡。另外，根据万安关两侧现存城墙的一些迹象推测，南宋时期的大城向西至少延伸至万安关一带，并在土城墙的外侧筑有瓮城。另外，囤东侧环绕"转山"发现有南宋城墙遗存，其西北临"杀人沟"一侧也有南宋城墙向飞龙关延伸。铁柱关北侧也发现一段9.5米长的南宋城墙包裹在明城墙内部。推测南宋时期自飞龙关到铁柱关间也可能筑有城墙，形成"大城"的东侧瓮城（图4.22b）。

3．怀安军大良城瓮城

大良城于西门外地形较平缓处修筑子城。西门位于口袋形谷地处，门下为坡地，陡立的悬崖将其围绕起来，两个山梁向前侧伸展，约1里处有一个地势较低的出口。该处坡度较为平缓，大良城为加强该地防御，弥补其地势方面的弱势，在口袋形山谷底部悬崖处建立西门，两侧山梁处建月亮门、太乙门，同时在这一缓坡处建长庚门，由此巧妙利用地形形成一处瓮城[207]（图4.23）。

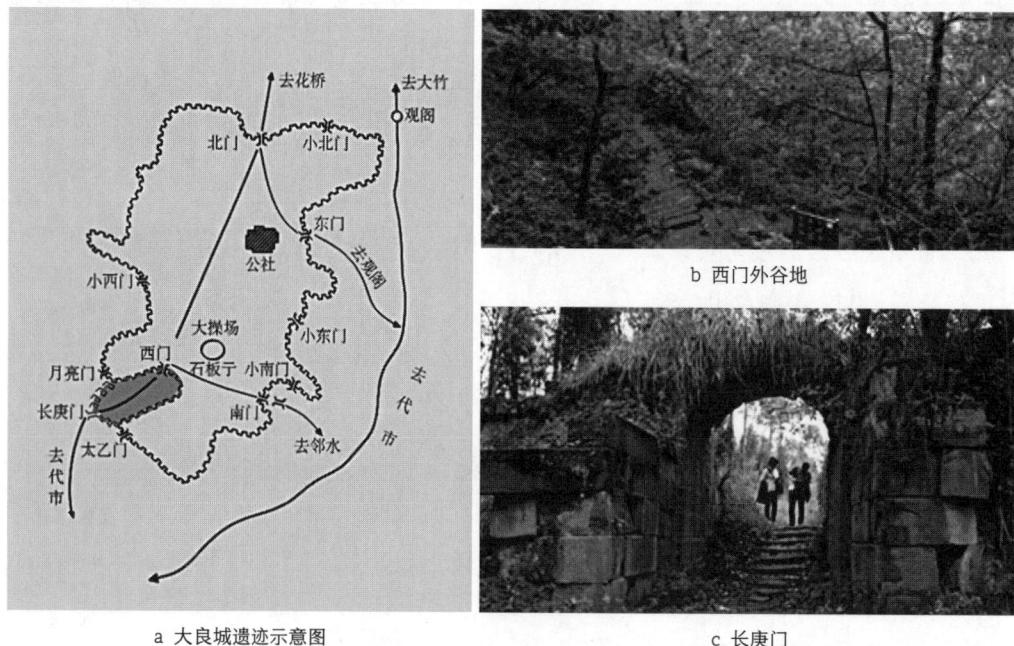

a 大良城遗迹示意图

b 西门外谷地

c 长庚门

图4.23 大良城西门瓮城
资料来源：a 作者自绘，底图据参考文献［207］；b、c 作者自摄

4．通江得汉城瓮城

得汉城于北门外缓坡处设瓮城。北门位于二鼓楼北岩，四周海拔最低有700米，最高达到750米，位于五个城门里位置最高处。四周邻接的都是高大山体，垂直山体形成了北门的天然屏障，能够有效御敌。北门外除了悬崖峭壁之外，只有一条羊肠小道嵌于陡坡上。立于路中往上望可见峭壁冲上云霄，若要直上入侵显然非常困难。城内与北门连通的也是狭窄的一条甬道，被凿开的山石团团围住。山石有些较规整的孔，推测此处过去可能有复杂建筑。门顶位置较为平坦，约能容几百人，如果有入侵的敌人，可安排士兵在此阻击。

此外，从遗留的痕迹看，北门除了城门门洞设计了门闩，内外还留下了几个规则的、形态与门闩类似的柱洞，首个门闩洞与北门距离接近9.5米；第二道出现在城门洞中，门闩共计四个，其中两个设计在城门顶端，另外两个则在城门两侧。第三道出现在内城门两侧。据门闩洞分布分析，北门应该设计了内、外、主城门三道御敌防线（图4.24左），城防设计不可谓不严密。同时，北门旁侧山体内还有狭隘的卡口通道（图4.24右），为一条2米宽的石缝。这样的关卡设计，能够确保当北门防守不足时，从侧面配合其攻击。卡口呈下窄上宽的倒梯状，且后窄前宽，其上方是城的外边沿，可一览前方的台地丘陵。在古代，卡口左前侧的火天岗和得汉城组成了川陕两地通联的主要道路。目前卡口位置已经没有留下任何建筑，只有光滑坚硬的岩石。不过从岩石的凿痕以及规则槽口形状分析，这里一定有过城门和辅助建筑或相关设施。因此，可将卡口视为北门的瓮城门。

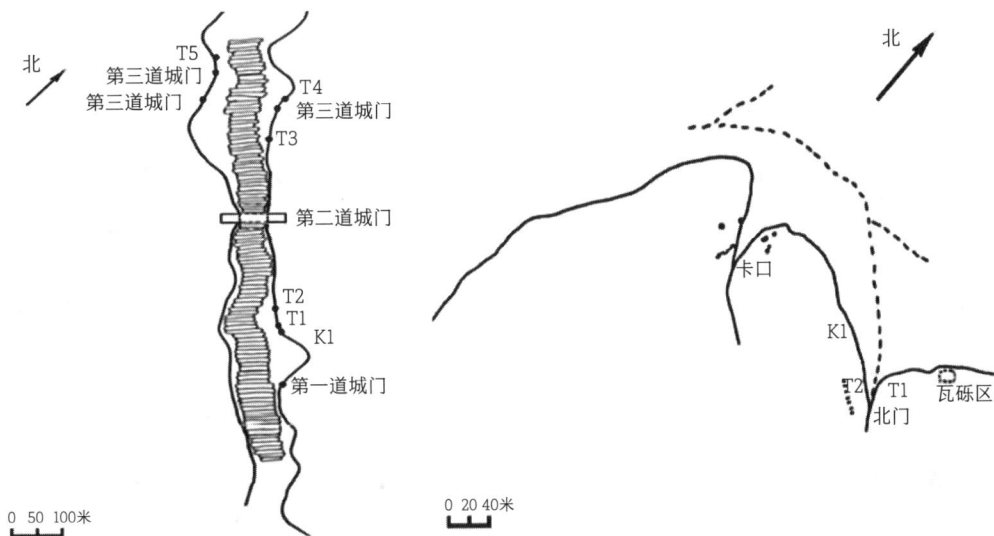

图4.24　通江得汉城北门与卡口的位置示意图
资料来源：作者自绘，底图据参考文献［143］

5．泸州神臂城瓮城

神臂城东门外地势相对平缓，在与东门距离150米处，修筑了耳城，二者平行建设。两道耳城墙长分别为396米、160米，高2～3米，耳城东端和西端都设置了炮台。距耳城约200米的小路左右两侧分别为红菱池、白菱池，二者面积共约30亩，构成神臂城内城的护城池（图4.25）。神臂城形成"内城—内城壕—外城"的三道防御层次❶。

上述5座城防的瓮城或耳城，加强了其地形较为平缓处城门的防御。

a 东门外地形平坦　　　　　　　　　　　　　　b 耳城鸟瞰

图4.25　泸州神臂城东门外建耳城

二、城墙材料与构造适应地域环境

（一）城墙就地取材，采用夯土甃石做法

据学者研究，北宋时期城墙多用夯土建成，至南宋，位于南方的大量重要城防开始使用砖砌，如杭州、扬州、福州、赣州、靖江府等。这种变化产生的原因可能有多种，一是南方地区土质不佳，不具备较好的凝固性和直立性；二是南方多雨潮湿；三是南宋比较富足，具有较强经济实力可投入更多财力于砖砌城墙；四是砖砌城防适应了战争中火炮的使用，提高了城墙的防御性；五是城墙的砌筑有军队参与，人力充足[208]。从调研来看，长江上游南宋抗击蒙军入侵而修建的大量城防，建在以方山砂岩为主要材质的山上，建城时就地取材，采用了石砌（表4.2）。在具有砖砌城墙优点的同时，又具有明显的地域性[209]，也是我国城墙建造材料的一次巨大进步。这种建造方式一直延续至明清。

从考古发掘的抗元城防来看，南宋时期的

❶据笔者调研，目前其中一处水池已被农民改造为农田。

a 南一字城墙墙体　　　　　　　　　　　　　　b 范家堰高台建筑墙体

图4.26　合州钓鱼城城墙的夯土甃石构造

城墙基本采用夯土甃石方式建造。如现存南宋钓鱼城南一字墙遗址厚约5米，墙外两侧用长约850～1100毫米，宽和厚约350～500毫米的条石全丁或一顺一丁砌筑，条石内填筑夯土。环山城墙下部宋代遗存呈现出与一字城墙相似的外观，据此推测环山城墙的基础部分与一字城墙的构造方式类似（图4.26a）。从钓鱼城范家堰发现的大型宋代高台建筑遗址上，同样可以看到这种墙体的构造方式（图4.26b）。

　　重庆城太平门附近城墙亦为夯土甃石结构。考古工作者根据城墙夯土和包石砌筑工艺的不同，明确该段城墙经历了三次修筑和多次修补。城门以西以及部分叠压于城门之下的部分为第一次修筑的墙体。考古发现部分长约16米，宽约9.55米，由夯土堆积和外侧包石组成（图4.27a）。墙体收分明显。夯土堆积为红褐色、灰褐色和黄色沙土，共7层，厚约1.15米，内含少量炭粒、灰陶布纹瓦片、白釉瓷片、黑釉瓷片等（图4.27b）；包石残存2层，高约0.65米，条石呈纵长方形，错缝丁砌，条石表面凿有左向錾纹，白灰勾缝。从石料规格和砌筑工艺来看，此段城墙为南宋时期所修建。另外，在朝天门至西水门段（图4.27c）和南纪门一字街的城墙遗址（图4.27d）中，也均发掘出夯土甃石结构的宋代城墙遗存。

　　另外，据考古及学者调研显示，忠县皇华城、云阳磐石城、万州天生城、泸州神臂城、金堂云顶城、巴州小宁城、播州海龙囤及养马城、夔州白帝城、涪州三台城、广安大良城共11座城，都有城墙或建筑基址采用夯土甃石的做法（图4.28）。

　　据文献记载或当代学者调研，除普州铁峰城、阆州跨鳌城、潼川府紫金城、龙州雍村城、遂宁府灵泉城、叙州仙侣城资料不详外，本书统计的其余36座城防均采用了外包石材，内填夯土与碎石的夯土甃石做法。

a 太平门主城墙遗存正视图

b 太平门主城墙遗存剖面图

c 朝天门附近城墙外侧

d 南纪门一字街墙体遗址

图4.27　重庆城墙的夯土砌石构造
资料来源：重庆市文物考古研究院

a 皇华城南宋城墙剖面

b 磐石城南宋城墙剖面

c 天生城南宋城墙剖面

d 神臂城城墙遗址

e 云顶城南宋城墙遗址

图4.28　多座抗元城防城墙呈现夯土砌石构造

f 小宁城南门附近城墙遗址　　　　　　　　　　g 养马城南宋城墙剖面

h 白帝城南宋城门及城墙　　　　i 三台城城墙遗址　　　　j 大良城城墙遗址

图4.28　多座抗元城防城墙呈现夯土甃石构造（续）

资料来源：a、b、c、h、i 重庆市文物考古研究院；d、j 作者自摄；e 参考文献［213］；f 参考文献［38］；g 参考文献［31］

（二）砌筑城墙所用的石材材料反映当地山体岩石特色

据文献记载和实际调研来看，长江上游抗元城防中有多个城防有采石场遗迹，表明这些城墙砌筑所用的石材就来自其所在山体（表4.2）。

表4.2　南宋长江上游抗元城防设施建造情况统计表

序号	城防名称	城墙与山体	城墙材料与构造基本情况
1	（合州）宜胜山城	利用山势	石材砌筑，下宽上窄，一级一级内收，城垣外侧面呈斜面
2	（遂宁府）蓬溪寨	利用山势	石材砌筑
3	（普州）铁峰城	不详	不详
4	（阆州）跨鳌城	不详	不详
5	（潼川府）紫金城	不详	不详
6	（龙州）雍村城	不详	不详
7	（利州）鹅顶堡	不详	不详
8	（遂宁府）灵泉城	不详	不详
9	（叙州）登高城	利用山势	石材砌筑

序号	城防名称	城墙与山体	城墙材料与构造基本情况
10	（黔州）绍庆城	不详	石材砌筑
11	（泸州）三江碛	不详	不详
12	（夔州）白帝城	利用山势	多重城墙，夯土甃石，有一字墙两道，城墙最厚处达50多米，城墙用条石垒砌，以石灰为粘接剂
13	（隆庆府）苦竹隘	利用山势	石材砌筑
14	（巴州）得汉城	利用山势	石材砌筑，有内外城墙
15	（重庆府）重庆城	利用山势	夯土包石结构，条石呈纵长方形，错缝丁砌，条石表面凿有左向錾纹，白灰勾缝，墙体在基础上内收
16	（巴州）平梁城	利用山势	夯土包石结构，条石错缝丁砌
17	（泸州）榕山城	利用山势	条石砌筑
18	（合州）钓鱼城	利用山势	有内、外城墙，有一字墙，夯土甃石，条石错缝丁砌，石灰勾缝，墙体外侧自下而上有收分，石材尺度较大
19	（成淳府）皇华城	利用山势	有内、外城墙，有一字墙，夯土甃石，条石错缝丁砌，墙体自下而上有收分
20	（顺庆府）青居城	利用山势	有内、外城墙，夯土甃石，条石错缝丁砌，墙体自下而上有收分，有采石场，有敌台
21	（阆州）大获城	利用山势	石材砌筑
22	（怀安军）云顶城	利用山势	有内外城，有耳城，有一字城，有敌台、炮台，有暗道，夯土甃石，楔形城墙石丁砌，由上向上有收分，石灰加糯米汁为粘合剂
23	（广安军）大良城	利用山势	夯土甃石，条石错缝丁砌，石灰为粘合剂
24	（泸州）神臂城	利用山势	有耳城，有一字城，有炮台，有地道，夯土甃石，条石错缝丁砌，石灰做粘合剂
25	（大宁监）天赐城	利用山势	条石砌筑，石灰做粘合剂
26	（嘉定府）紫云城	利用山势	不详
27	（巴州）小宁城	利用山势	有内、外城（子、午城），有一字城，夯土甃石，楔形城墙石错缝丁砌，自下而上有收分，有采石场，有炮台
28	（播州）海龙囤	利用山势	有瓮城，夯土外包岩石，岩石板平砌，外壁较陡直，有女儿墙，有鹊台
29	（播州）养马城	利用山势	有瓮城，夯土外包岩石，岩石板平砌，外侧收分 有女儿墙，有采石场，疑似有敌楼及冶铁或铁器加工作坊
30	（蓬州）运山城	利用山势	有内外城，有敌台，夯土甃石，条石丁砌，外侧有收分，有斜纹及人字形錾纹，有采石场
31	（涪州）三台城	利用山势	有山顶环城及北、东、南、西外城，城墙夯土甃石，条石丁砌，有炮台，有一字城墙三道
32	（嘉定府）三龟九顶城	利用山势	夯土包红砂石，三龟城内有炮台1座，九顶城内有炮台3座
33	（万州）天生城	利用山势	有山顶台城、东外围城及北外子城，有一字墙2道，城墙夯土甃石，条石丁砌，石灰勾缝，外侧自下而上有收分，有采石场

序号	城防名称	城墙与山体	城墙材料与构造基本情况
34	（泸州）安乐城	利用山势	石砌城墙
35	（富顺监）虎头城	利用山势	有内、外城，有炮台，城墙条石丁砌，外侧自下而上有收分，有采石场
36	（长宁军）凌霄城	利用山势	石砌城墙
37	（叙州）仙侣城	利用山势	不详
38	（云安军）磐石城	利用山势	城墙条石丁砌，外侧自下而上有收分，有采石场
39	（渠州）礼义城	利用山势	条石砌筑
40	（梁山军）赤牛城	利用山势	条石砌筑
41	（重庆府）多功城	利用山势	城墙夯土甃石，条石丁砌，石灰勾缝，外侧自下而上有收分，有采石场
42	（南平军）龙岩城	利用山势	条石砌筑

钓鱼城城墙均以当地的方山砂岩为材料。南宋合州（今重庆合川）所在的四川地区是我国的砂岩主产地之一，砂岩组成成分主要是长石或石英石，内有钙、硅、氧化铁、黏土等物质，结构稳定，是常用的建筑材料。现在重庆市自然博物馆展出的，重庆当地主要的地质材料就有产于合川的方山砂岩。当地的石材成为钓鱼城城墙直接便捷的材料来源。

位于川西南的乐山附近的抗元城防城墙，则呈现出红色砂岩的独特性。据学者研究及调研发现，嘉定府城、三龟城、九顶城、犍为紫云城以及富顺虎头城遗存城墙均用红色砂石包砌夯土砌筑。在这些城防所在的山上也都发现了采石场的痕迹。这些城墙反映了乐山所在的红层砂岩特有的地域景观特色（图4.29）。

播州海龙囤及养马城的宋代城墙采用片状岩石。素有沉积岩王国之称的贵州，盛产石灰岩、白云质灰岩。这一类岩石硬度合宜且岩层暴露在外，岩石节理裂隙呈大面积水平产状分布。民众就地取材，采用简单的人工和凿子冷开，就可以一层一层揭开薄厚均匀的大石板，再按用途加工成各种规格不一的方整石板。贵州地区聚居布依族的镇宁、安顺、关岭、普定、六枝和贵阳郊区的花溪、青岩和高坡一带的石板房即采用当地的

图4.29　乐山平江门反映的红层砂岩材料特色

石板建造而成。播州海龙囤及养马城城墙外侧用黏土岩石板平砌，内侧平砌或立砌（图4.30）。砌墙岩石呈现明显的板状特征，与石板房墙面在形式上非常相似，在南宋长江上游抗元城防中独树一帜，具有明显的贵州地域特征。而位于播州进入重庆重要陆路通道上的南川龙岩城，残存的城墙遗址同样反映出了片状岩石的形态特征。推测这一现象，与其当地的山体材料密切相关，同时也反映了南宋播州建筑文化的传播，同样沿川黔古道——樊溪道展开（图4.31）。

a 海龙囤飞凤关东侧城墙

b 养马城西门及附近城墙

图4.30　播州的两座抗元城防用片状岩石
资料来源：a 参考文献［30］；b 参考文献［31］

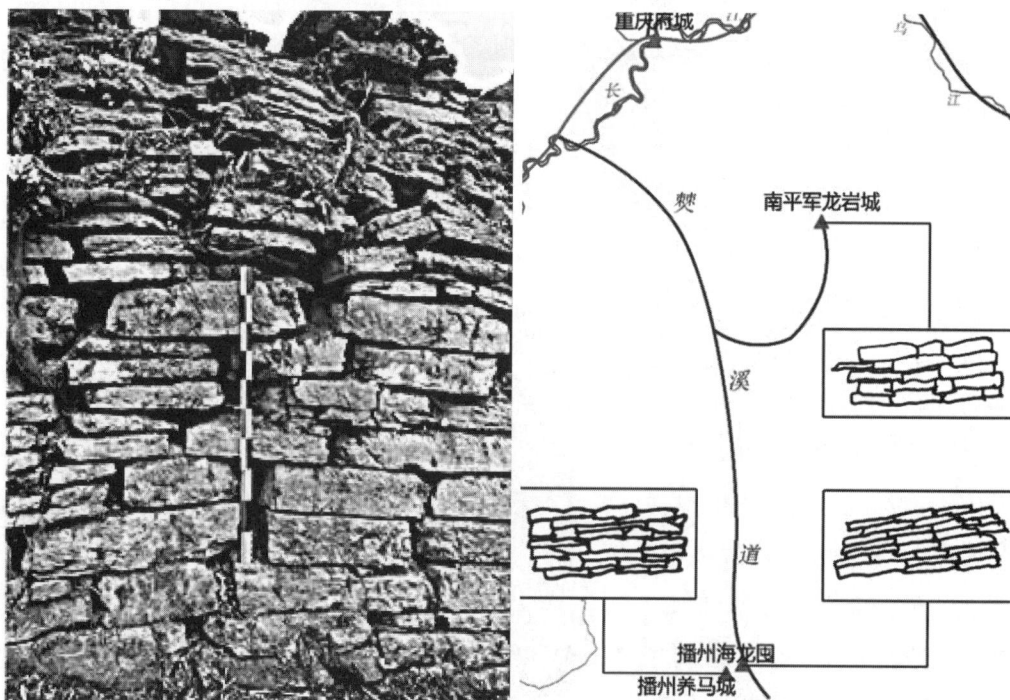

图4.31　龙岩城城墙片状岩石特征及其传播路径示意图
资料来源:（左）重庆市文物考古研究院

三、城墙材料与构造反映时代特征

宋代经济的繁荣推动城市与建筑的发展，城墙的建造与前代相比也有了明显进步。梳理南宋长江上游抗元城防的城墙材料与构造，可以从中发现一定的时代特征。

（一）石材截面接近矩形，尺度较规整

从当前已调研的南宋抗元城防来看，其城墙所用石材截面多接近矩形，尺度普遍较规整。笔者通过实地调研和文献检索，统计了下列10座城防宋代城墙石的尺度。

1）巴州平梁城城墙石长约0.8米，宽、高约0.4米[210]。

2）巴州小宁城西门券拱石最大者长2.4米，宽0.45米，厚0.40米，东门至南门段城墙用楔形条石，长约0.7～0.9米，宽与厚约0.5～0.7米。

3）合州钓鱼城遗存宋代城墙截面约0.4米见方。

4）剑阁苦竹隘南寨门券顶石长约1.66米。

5）怀安军大良城城墙底部石材截面高宽约0.40米。

6）金堂云顶城北门最大的券拱石长约1.8米，高约0.53米，宽约0.40米，城墙用的石材截面一般宽约0.43米，高约0.41米，最大的城墙石截面达0.60米见方。

7）青居城（南充）水城门西侧城墙基层用了厚重的石料，切面均加工成方形，制作精细，长约0.6～0.8米，宽约0.5～0.58米，高约0.5～0.6米，推测加工时已经设立了规格标准（图4.32）。

图4.32　南充青居城水城门附近城墙石截面略呈方形，丁砌

8）蓬安运山城南敌台城墙石长约1米，高、宽约0.3米，黄家沟城墙长约0.65米，高、宽约0.38米。

9）通江得汉城东门附近的城墙石规整，约长1米，宽0.4米，高0.4米。

10）重庆城西水门至朝天门段宋代城墙高约3.2米，由8层条石丁砌而成，条石截面高、宽约为0.4米（图4.33）。

梳理上述数据可知，南宋长江上游抗元城防城墙石的尺度具有一定的相似性。城墙石长度多约为0.6～1.0米，门券拱石的长度较大，多在1.5米以上，最长者达2.4米。城墙石截面多接近

a 重庆朝天门处宋代城墙　　　　　c 虎头城不同筑法叠压　　　　　e 钓鱼城奇胜门宋代城墙

b 虎头城西门处宋代城墙

d 云顶城张家湾宋代城墙

g 平梁城宋代城墙

f 钓鱼城城墙剖面示意图

h 多功城宋代城墙

图4.33　多个抗元城防城墙用丁砌且壁面外倾
资料来源：a 中国经济网、中国青年网，重庆主城首次发现南宋古城墙，现身朝天门嘉陵江边，2015.06.10；
b、c 参考文献［37］；d、e、g、h 作者自摄；f 作者自绘

方形，高与宽多为约0.4米，最小者约0.3米，最大者约0.7米。由此可见，抗元城防的城墙石的加工遵循着一定的尺度规律。

（二）多采用楔形或长方形条石丁砌，外侧壁面外倾

南宋多个长江上游抗元城防城墙石用楔形或长方形条石丁砌，墙体外侧自下而上有收分，形成斜面。

重庆城朝天门至西水门段城墙外墙墙基以8层大条石丁砌，层层收分，高3.2米，下部外侧建有墙基护坡。墙体在基础上内收约0.25米，高7.68米，错缝丁砌，条石间以泛黄白灰填缝，壁面斜直，倾斜度约71°（图4.33a）；巴州小宁城南门东侧城墙用楔形条石丁砌，外倾约78°～80°；富顺虎头城宋代城墙用楔形条石丁砌，城墙外倾约78°～80°（图4.33b、c）；蓬安运山城唐家沟三号寨门附近城墙丁砌，壁面斜直，倾斜度约80°；金堂云顶城张家湾长宁门段、后宰门段、北门段以及水井湾段城墙下部用楔形城墙石丁砌，外侧外倾约59°（图4.33d）；播州养马城墙外侧壁面向内倾斜，约为70°；钓鱼城奇胜门附近城墙外侧下部全部为丁砌，外倾约62°～68°（图4.33e、f）。另外，万州天生城、云阳磐石城、忠县皇华城、南充青居城、巴州平梁城（图4.33g）、泸州神臂城以及重庆多功城（图4.33h）等宋代城墙均可见用楔形条石丁砌，城墙外侧也向外有倾斜。

《营造法式》第三卷中"壕寨制度"规定，三尺❶厚的墙体必须修筑九尺高，上方斜收，厚度逐次减小到1/2。若高增三尺，则厚必须增一尺，高若减三尺，那厚也应该减少一尺[205]。按照此规范作图，可推得城墙外倾角度约为63°（图4.34a）。对照上述城墙来看，虽然倾斜的角度未完全与《营造法式》规定相吻合，但向外倾斜都比较明显，推测是受到了特定时代的影响。

从调研中可以发现，上述城墙南宋时期的遗存往往被叠压在明清时期城墙的下部，在砌法上也有明显差异。前者都为丁砌，而后者多为全顺或一顺一丁（图4.34b）。由此可见，丁砌可能是宋代夯土甃石城墙普遍采用的做法。

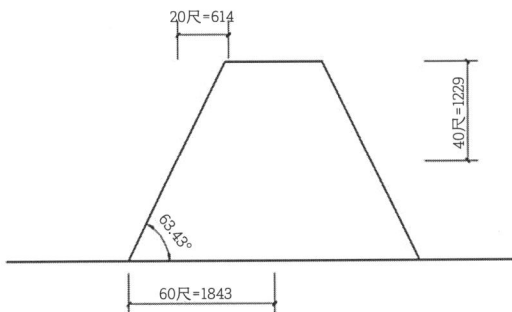

a 《营造法式》卷三壕寨制度规定的城墙倾斜度示意图　　b 重庆太平门附近城墙（下部为宋代，上部为明清）

图4.34 抗元城防与营造法式中反映的宋代城墙做法接近

（三）石材间采用多样连接方式保证墙体稳定

本书调研的抗元城防多采用石灰作为城墙石的粘接剂，如重庆城、钓鱼城（合州）、白帝城（夔

❶宋代1尺约合31.2厘米。

州)、天生城(万州)、磐石城(云阳)、皇华城(忠县)、云顶城(金堂)、青居城(南充)以及天赐城(大宁)等城墙石材之间均用石灰粘接。还有学者指出金堂云顶城、富顺虎头城的城墙石之间用石灰加糯米汁粘接。另外,考古研究表明,六朝时期白帝城城墙铺设的材料是角砾石块和河砾石块,石块间缝填入黏土。前后对照来看,石灰或石灰加糯米汁较黏土的粘接性有一定提高。由此推测,南宋抗元城防可能在城墙粘接材料

图4.35　巴州小宁城南门东侧城墙用扣缝砌筑
资料来源:参考文献[38]

上有了明显进步。而普遍采用石灰作为粘接剂并在石灰中加入糯米浆的做法,据学者研究也始于南宋的城池建设[211]。

除此之外,在巴州小宁城的东门炮台和南门东侧的墙体中,有凹石与凸石扣缝砌筑的方式,推测是当时加强城墙石间连接度的一种方式(图4.35)。也有学者指出合川钓鱼城南宋城墙条石与条石之间未见灰浆填缝,而采用干垒法,条石内侧多有錾槽,上层条石垒砌于下层錾槽内,层层叠涩。这种依靠条石间的扣榫及其自身重力相互穿插、挤压在一起的做法,与同为抗元山城的四川金堂云顶城相似。而四川民居条石墙的"干码法"也具有类似的做法,即对条石表面进行精加工,錾出整齐的各式纹路,四周剔平线脚,条石间用錾槽契合。这种做法在其他多个抗元城防明清时期的城墙石上也能看到。

另外,考古资料表明,钓鱼城城南设立的一字城墙内设计了特殊形状的构造柱洞,约20个,这些柱洞均设立在城墙内,形态可分成竖穴洞和斜洞两大类,形态呈半圆、圆、椭圆以及方形,以圆形居多,直径约60厘米,柱洞一直贯穿墙顶和底部,推测洞内原插有木柱。参考《营造法式·卷三》中的"壕寨制度"可知:城墙长七尺五寸时,栽永定柱(柱高与城高有关,径约为一尺到一尺二寸之间),夜叉木(径约为一尺到一尺二之间,长度较永定柱小四尺),分别布设两条。高度增加五尺则需横向架设一条纤木[205]。可见,墙身内插木柱即永定柱,为宋代筑城常用方法,但钓鱼城永定柱直径远大于《营造法式》规定的一尺至一尺二寸(约30.72~36.86厘米),其原因有待进一步考证。

(四)石材加工用斜向或人字形细密錾纹

据笔者调研,多座抗元城防的城墙石呈现细密的斜向或人字形錾纹,如重庆钓鱼城、金堂

云顶城、南充青居城、蓬安运山城、重庆多功城、怀安军大良城、嘉定三龟九顶城、泸州榕山城（图4.36a～g）等。另外，文献显示巴州小宁城宋代城墙同样呈现此种錾纹形式。而在富顺虎头城采石场遗存的崖壁上也发现了细密的斜向錾纹（图4.36h）。这与在同一区域城防中明清时期的城墙与城门石一般呈现细密的竖向錾纹明显不同（图4.37）。

对照《营造法式》中石作制度"造作次序"的六道工序："一曰打剥；二曰麤搏；三曰细漉；四曰褊棱；五曰斫砟；六曰磨礱"[205]。可见，上述抗元城防城墙石上的錾纹应是完成细漉之后所呈现，也就是石匠在石材表面"凿细道子"的结果。而留下斜向或人字形錾痕，可能与当地采石及石材加工的工具及方式相关，因目前尚未发现其他地区城墙石材錾痕的具体形式，所以暂时推测此种形式的錾纹亦随着南宋四川城防的营建行为而传播，成为当时长江上游抗元城防的区域特征之一。

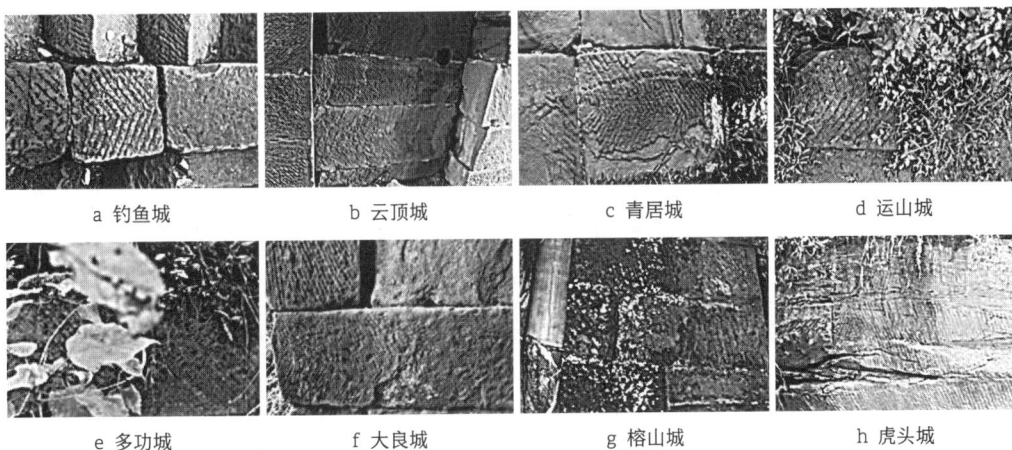

| a 钓鱼城 | b 云顶城 | c 青居城 | d 运山城 |

| e 多功城 | f 大良城 | g 榕山城 | h 虎头城 |

图4.36　多个抗元城防南宋城墙呈现斜向或人字形细密錾纹

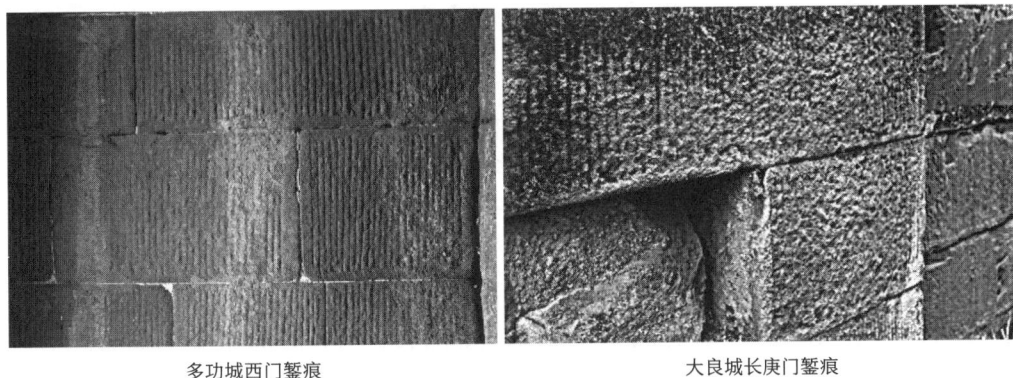

多功城西门錾痕　　　　　　　　　　　大良城长庚门錾痕

图4.37　抗元城防明清城墙呈现竖向细密錾纹

第四节
城门营建的地域环境适应性
与时代性

一、城门建造充分利用地形

（一）城门多依托崖壁而建

南宋长江上游抗元城防的城门常常依托崖壁而建，城门或是直接在两侧崖壁间开凿，或一侧临悬崖，一侧依悬崖而建，充分利用了地形的险要特征。

钓鱼城护国门即是一个非常典型的案例。此门为城南第二道防线，其左右两侧都是峭壁悬崖。如今护国门的城门楼虽经过整修，但位置未变（图4.38）。城门平顶门道南壁和后门洞东侧，也还保留着南宋时期的城门构件和城台石阶。从嘉陵江边到护国门垂直高差达100余米，可以想见，当敌人身着厚重铠甲，攀岩附壁，来到城门下，早已气喘吁吁。再加上古时城门前面一段路并没有石质台阶，只有钓鱼城军民凿开石壁，用木质横梁和木板修筑可拆卸的木质栈道。当敌人前来进攻时，栈道上的木板已被拆去。蒙军仰望着高耸于峭壁之间的护国门，又无阶梯可登，也只有"望门兴叹"了。

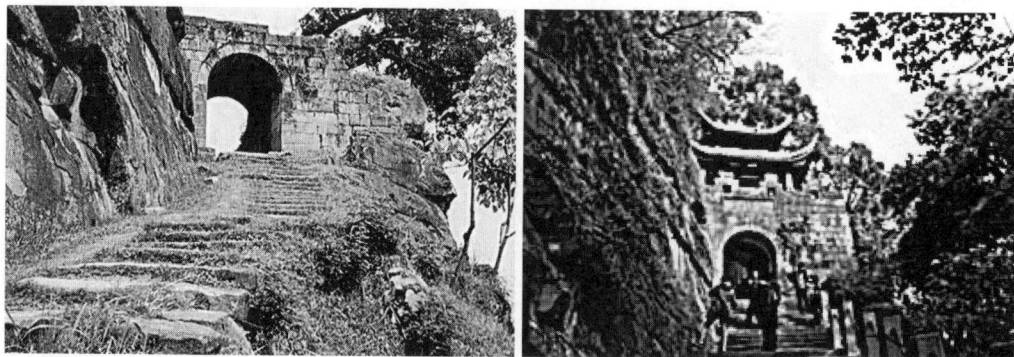

a 整修前的状况　　　　　　　　　　　　b 现状

图4.38　合州钓鱼城护国门依崖壁而建
资料来源：a 参考文献［212］；b 作者自摄

剑阁苦竹隘南寨门，当地人称卷洞门。门嵌在一块突出崖壁、状如虎口的巨石之中（图4.39a），两侧临崖壁。门为双拱制式。门洞内部刻有楷书"宝祐乙卯七月谷旦武功大夫左骁卫将军知隆庆府事控制屯戍军马任责措置捍卫段元鉴创立"。右侧壁则刻有明朝滇南高任重镇守时写下的诗作："宋军设险开山寨，明守探奇到石门。一望剑山天下胜，诸峰罗立似儿孙。"门洞左侧壁上，镌刻了明朝李壁登此门时的题诗："小剑山头接太青，周遭岩壑仅通门。太平时节何须此，借与猿猴长子孙。"[18] 前人题诗充分道出门址之险境。

得汉城北侧四周均为高山，下临蒲凉河（汇流于宕水）。北门依托于垂直峭壁作为御敌的天然屏障（图4.39b）。门外不是岩石峭壁就是长满杂草的陡坡，通向北门的只有羊肠小道一条，城内与北门联通的也只有一条用山石围堵起来的狭隘甬道。山石上有大量凿切留下的痕迹，有些较规整的孔，显示这里过去应有复杂建筑，推测这些建筑与北门平坦的顶部曾经一起作为阻敌将士的驻停之处。

万州天生城现存的内城前后城门为清代在宋代的基础之上修建，推测其地形未发生大变化。前、后两座城门均一侧依托崖壁而建（图4.40）。

怀安军大良城小北门位于城北侧偏西，和小良城共成夹击之势。门选址于居高临下之处，也是该城中防御能力最强，最难攻克的城门。城门嵌在两侧崖壁之间，城外都是巨壑深沟，只铺设了石板道通连山脚（图4.41a）。其小南门则是直接在崖壁上开凿而成。

金堂云顶城北门位于云顶城最北端。城门朝向东南，右侧依靠山体崖壁，左侧为悬崖（图4.41b）。蓬安运山城东门基址险峻，左右分别是山体和断崖。东门城墙石呈现两种不同纹路，其一是宋代最多的"人"字纹，其二是明清之后才出现的竖条纹。同时结合门额顶端位置

a 剑阁苦竹隘东南门　　　　　　　　　b 通江得汉城北门

图4.39 苦竹隘与得汉城城门依崖壁而建
资料来源：a 重庆市文物考古研究院；b 参考文献［143］

a 天生城前城门　　　　　　　　　　　　　b 天生城后城门

图4.40　天生城城门依悬崖而建

b 云顶城北门

a 大良城小北门　　　　　　　　　　　　　c 神臂城西门

图4.41　大良城等5城城门依崖壁而建

d 运山城东门　　　　　　　　　　e 磐石城前后寨门

图4.41　大良城等5城城门依崖壁而建（续）

资料来源：a、b、d 作者自摄；c 参考文献［32］；e https://www.baidu.com

的"大清九年三月二十五吉众首等立"的记载，可知清代时应该重修过这里的城门，但位置可能未变（图4.41c）。泸州神臂城西门（图4.41d）、云阳磐石城前后寨门（图4.41e）等也是一侧依靠悬崖而建。

（二）利用地形高差形成"立体内瓮城"

南宋长江上游抗元城防为加强城门处防御，有些城门与瓮城门形成了内高外低的防御态势，如大良城南门和磐石城前后寨门。有些城门虽未设瓮城，但利用地形形成了"立体内瓮城"的防御效果，如钓鱼城的多个城门以及重庆城的东水门。有些城门处已修建有内瓮城。

怀安军大良城南门用内外两道城门，且两门之间距离超过了20米，利用地形形成天然立体瓮城。外南门左右均为峭壁悬崖，残存城墙高约5.1米。两门间的连接通道是立于绝壁的梯道，进入外南门后必须经此梯道转折才能登上门内平台，从而进入内南门。守城将士居高临下，扼守梯道，一夫当关，万夫莫开（图4.42）。

云阳磐石城前后两道寨门都设有卡门，即瓮城门。卡门与寨门间有天然高差，通过狭窄梯道迂回相连，瓮中捉鳖之势非常明显。

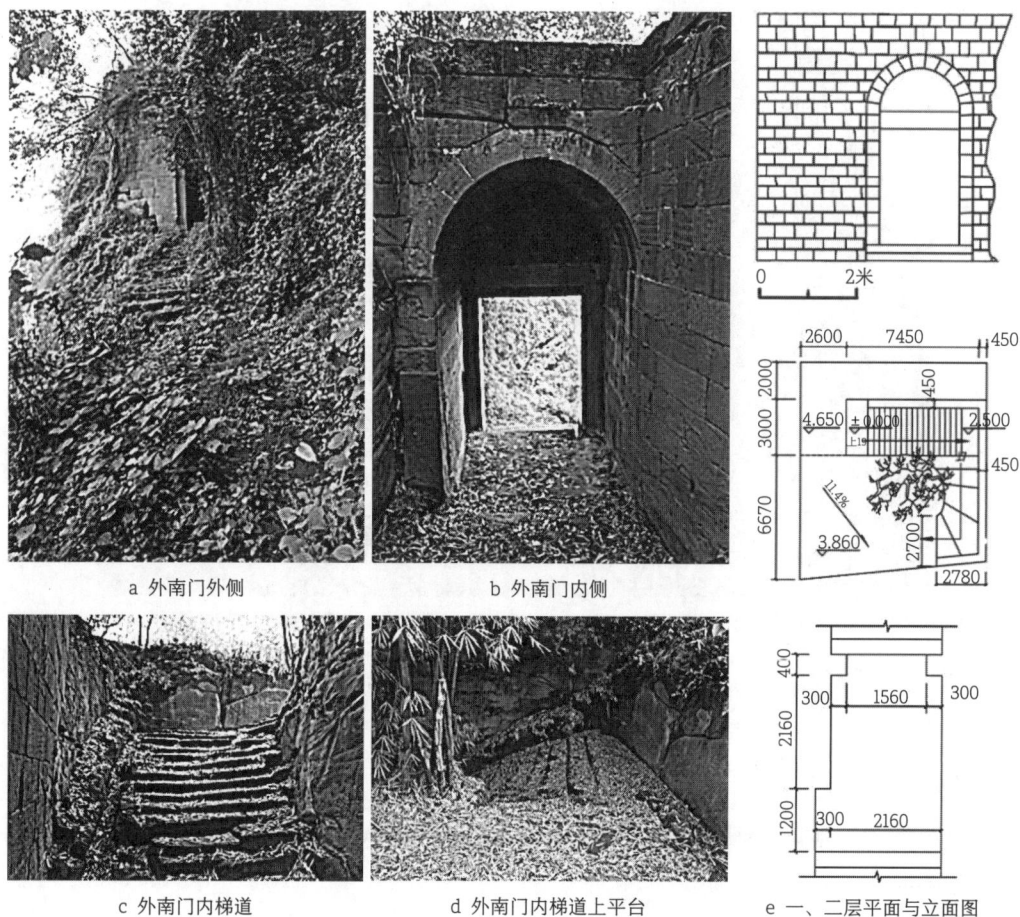

a 外南门外侧

b 外南门内侧

c 外南门内梯道

d 外南门内梯道上平台

e 一、二层平面与立面图

图4.42 怀安军大良城南门外瓮城

合州钓鱼城现存的8道城门中除始关门和小东门为清代易地重建外，其余6座城门均为清代及近代在宋代遗址上加建。奇胜门、护国门充分利用地形高差形成了"立体内瓮城"的防御效果。

奇胜门是钓鱼城环山城墙的西侧入口，其北面为出奇门，南面为镇西门。门建于悬崖之上，门前道路宽约1.5米，平台宽约2.4米，均十分狭窄。门洞宽约1.95米，高约3.58米。穿过门洞后，两侧建有高约4.50米的两座高台，高台外边缘建有约1.20米高的女儿墙。高台呈八字形向门内方向展开，其内边缘所在位置较八字形空间（图4.43B空间）范围内地坪高约1.05米。这一利用地形形成的门内外之高差，再加上高台，为守军带来了防御优势。即使敌军进攻至B区，只要守军把守住A区，就自然形成居高临下的态势，拥有绝对的防御优势。可见，奇胜门虽然没有在城门内、外侧通过城墙围合另建瓮城，但巧妙利用地形高差，在B区形成了"立体内瓮城"的防御效果。

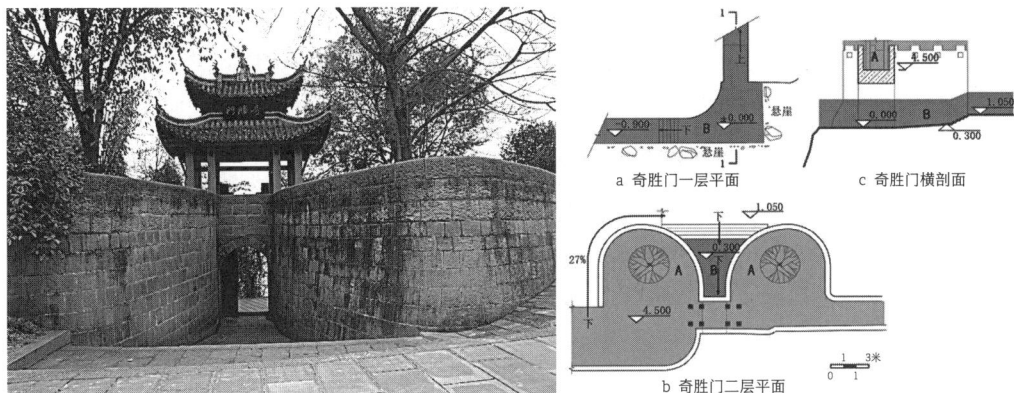

图4.43　钓鱼城奇胜门"立体内瓮城"

　　护国门是钓鱼城南侧临嘉陵江的一座重要城门，门洞朝西，左临悬崖，右临峭壁，门外坡度极陡，出入都依靠军民在门前约10米左右区域的峭壁凿开石穴（图4.44），同时铺设木梁建立的栈道。若有敌军入侵则迅速将木板抽取，就能够起到断路的效果。

　　护国门同样充分利用险要地形，形成了"内瓮城"的防御效果。门洞进深6.42米，门洞内侧为一宽约2.7米的平台，其东、南两侧均为石梯，空间非常局促。护国门前险峻的地形已对攻城敌军造成极大的障碍，即使敌军能够侥幸攻入城门洞口，到达B处，也将被置于C、D区守城将士的火力控制之下，劣势不言而喻（图4.44c）。而万幸能够通过此处继续行至C区的敌军，又将受到来自E区守军居高临下的防御火力（图4.44b）。即使敌军沿路继续向东前进，又将通过5组由5步石梯构成的空间，才能到达与E区高程相当的位置，由此，护国门门洞内侧利用地形的高差，虽未建多重城墙，却形成了"双重内瓮城"的防御效果，可谓巧妙至极！

　　重庆城东水门为明代在宋代基础上修建，未建瓮城。城门由内、外两重城墙围合而成。内城墙用外立面近方形的条石错缝丁砌而成，残高4.25米；外城墙用长方形条石错缝叠砌而成，

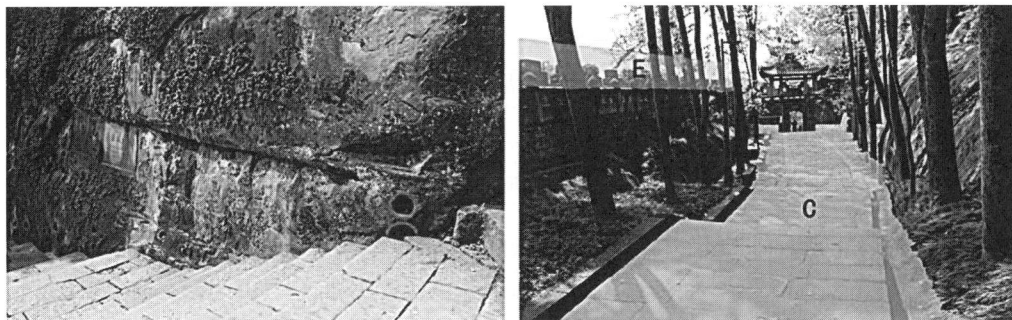

a　护国门前栈道遗迹

b　护国门内多层次防御实景分析

图4.44　钓鱼城护国门"立体内瓮城"

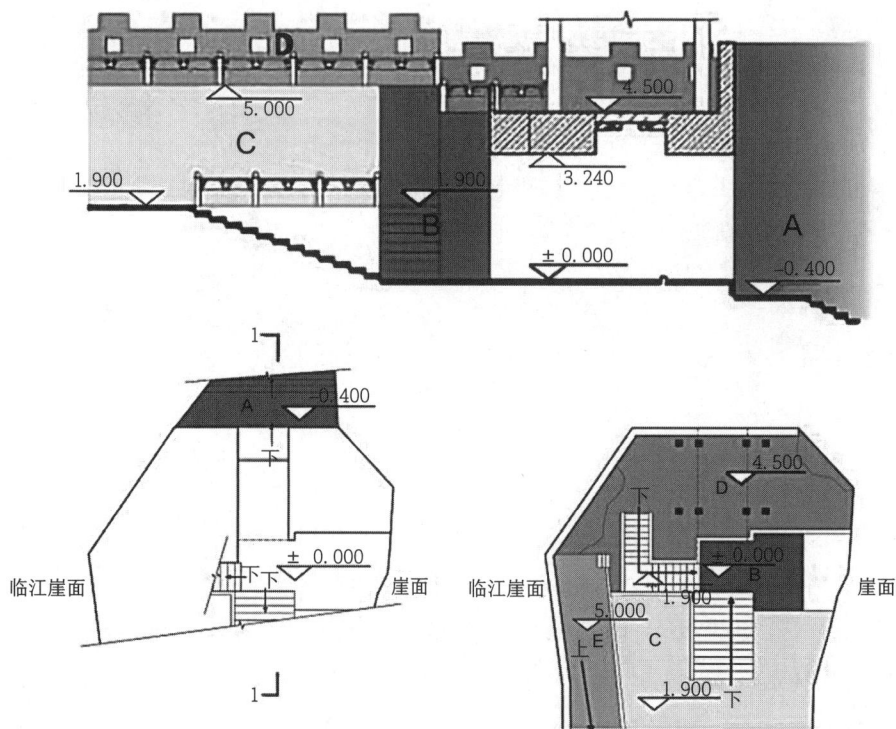

c 护国门一层、二层平面及横剖面

图4.44 钓鱼城护国门"立体内瓮城"（续）

平面呈曲尺形围合内城墙。城门位于外墙中部，一侧依靠岩壁，一侧临悬崖。内外城墙间有转折梯道相连，形成"立体内瓮城"（图4.45）。

播州养马城现存城墙绕经团山堡、平安寨、扁桶山、猫脑壳山、豪高坡及中林岗。考古资料表明平安寨还有一道独立的内墙，形成了三角区。内墙东端、西端角落和外城墙连接区域内都有一座寨门，推测为内瓮城[31]。此处瓮城同样利用地形形成内外高差，与钓鱼城的"立体内瓮城"有相似之处（图4.46）。

南宋时期的《守城机要》中陈规提出了革新瓮城的方案，他建议：城门建设的传统要求是外部设立瓮城，瓮城上方都是敌楼，如此一来成本较高，而且只能抵挡弓箭攻击，只能用于防御一般盗贼，无法抵挡大炮。如果将瓮城去除，在城门前方与城池距离五丈的位置，修筑横向护门墙，那么外部不能探知城门开闭情况，因此也必然心有畏惧，如果敌军一直猛冲，城上只需使用炮石应对即可。同时城门内侧与城距离二丈位置，可修筑五六十步宽的墙体，外人即便入城也一时难知城门位置；对于奔突直入城门内的敌人也可随机设下陷阱，所以城门应该改制调整[213]。即以修建内、外护门墙的方式代替外瓮城。对照上述抗元城防，或是修建内瓮城，或是瓮城与大城间利用地形高差形成立体防御，或是利用高差形成"立体内瓮城"，与陈规的

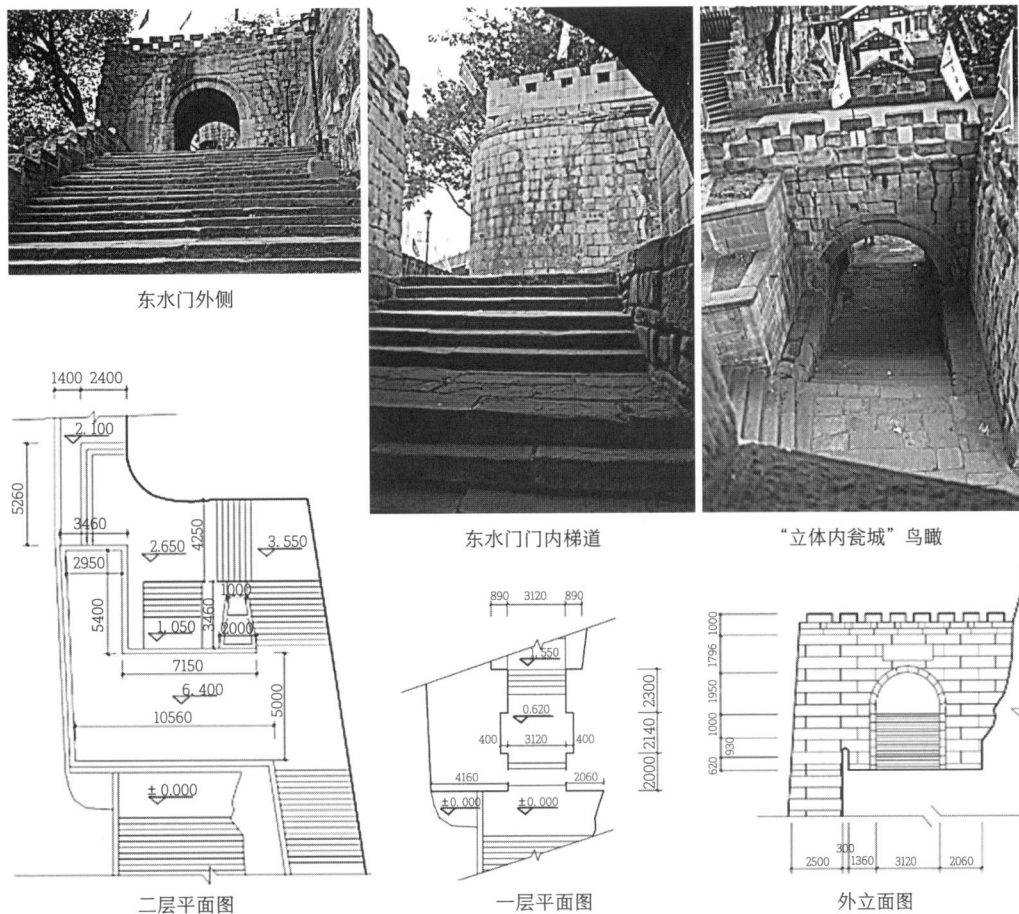

东水门外侧

东水门门内梯道

"立体内瓮城"鸟瞰

二层平面图　　　　　一层平面图　　　　　外立面图

图4.45　重庆城东水门内外两道城墙之间的"立体内瓮城"

革新思想有异曲同工之趣。可见，这些做法的地域环境适应性和时代特征都非常明显。再对照明代之后内瓮城的普遍出现，如明南京聚宝门用三重内瓮城，南宋抗元城防"内瓮城"的做法在我国城防建设史上可能具有重要的转折意义。

（三）城门普遍较低矮窄小

南宋长江上游抗元城防作为战时的府、州（军、监）、县治所在地，多具有一定的规模，容纳有一定数量的人口。但这些城门为突出防御的特性，普遍宽度较

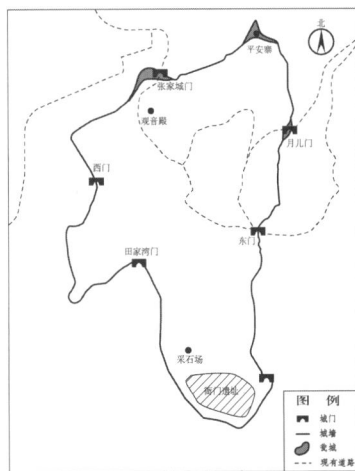

图4.46　养马城北侧三角形内瓮城

资料来源：参考文献［31］

窄，高度不高。

笔者经实地测绘或文献检索，统计到20座抗元城防的51座城门门洞尺寸（表4.3）。城门门洞高度大于3米的有13座，占25%；其他38座城门高度低于3米，占75%。最高的城门为重庆太平门，门洞高5.7米。大部分城门的高度在1.8～2.5米之间，即一人的高度。城门洞宽度大于3米的仅有3座，即：巴州小宁城内西门、重庆东水门和太平门；大于2米的有13座；其他38座城门的宽度小于2米。最宽的城门为重庆太平门，4.4米宽；最窄的城门为剑阁苦竹隘南寨门，仅0.96米宽；大部分城门的宽度在1.2～2米之间，即2人携武器通行的宽度。由此可见，长江上游抗元城防的城门尺度较低矮窄小，易守难攻。

表4.3　南宋长江上游抗元城防城门门洞尺寸统计表

序号	城防	城门门洞尺寸：高×宽×进深，单位：m	年代
1	巴中小宁城	朝阳门：3×1.3×1.8；南门：宽2.7；小西门：3.25×1.95×1.80；西门：3.25×2.03×2.40；北门：1.50×1.83×1.80；重禧门：1.85×1.4×4.5；内南门：不详×2×4.2；内西门：不详×3×2.5；内北门：不详×1.9×3.0；（7座门）	朝阳门、重禧门清代重修，内南、西、北三门年代不详
2	播州海龙囤	土城墙北门址：不详×1.18～2.2×6.32；土城墙中门址：不详×1.68～2.4×6.54；土城墙南门址：不详×1.04～1.4×11.16；绣花楼门址：不详×1.62～2.86×6.47；（4座门）	
3	播州养马城	张家城门：2.5～2.9×1.25～2.14～2.2×6.34；西门：2.05×1.1×1.1；田家湾门：2.32～2.9×1.64～2.5×7.56；小东门：2.54～3.18×1.32～2.28×不详；东门：2.52～3.32×1.54～2.52×7.18；月儿门：2.5～3.35×2.05～2.15×5.7；（6座门）	
4	夔州白帝城	大北门：不详×2.6×1.5（残）；（1座门）	
5	涪州三台城	东寨门：2.3×2.2×4.83；（1座门）	从城门石推测明清重修过
6	富顺虎头城	内西门：3.1×1.8×4.40；外西门：3.75×1.55×4.20；（2座门）	明清重修
7	广安大良城	北门：2.40×1.80×3.90；外南门：2.20×1.60×3.80；内南门：3.00×2.00×3.60；长庚门：2.90×1.90×4.10；（4座门）	南门及长庚门明清重修
8	合州钓鱼城	护国门：3.24×2.45×6.42；出奇门：2.90×1.85×4.40；镇西门：3.10×1.81×4.71；（3座门）	清代重修
9	剑阁苦竹隘	南寨门：1.93×0.96×1.66；（1座门）	
10	金堂云顶城	北门：2.7～3.5×2.2～2.8×5.8；瓮城门：2.98×2.23×5.88；长宁门：不详×1.26-1.58×2.81；端午门：不详×1.50×不详；（4座门）	长宁门明清重修
11	阆中大获城	南城门：2.5×1.4×2.5；（1座门）	年代不详
12	梁平赤牛城	后寨门：不详×2.15×7（1座门）	年代不详
13	泸州神臂城	神臂门：3.53×2.45×1.34；东门：2.43×1.56×3.41（2座门）	清代重修
14	南充青居城	水城门：2.46×1.50×1.50；（1座门）	清代重修

序号	城防	城门门洞尺寸：高×宽×进深，单位：m	年代
15	南平龙岩城	城门：1.80×1.26×不详；（1座门）	民国重修
16	蓬安运山城	东门：2.88×2.2×2.46；黄家沟寨门：1.5（残）×2.2×2.3；（2座门）	东门清代重修，黄家沟寨门年代不详
17	渠州礼义城	南门：2.1×1.6×不详；西门：1.8×1.5×不详；（2座门）	年代不详
18	通江得汉城	东门：3×1.57×7.1；南门：2.4×1.58×1.25；北门：2.8×1.4×1.3；楼子门：不详×1.8×不详；（4座门）	明清重修
19	重庆多功城	西门：2.76×1.97×4.81；东门：3.13×1.63-2.45×4.59；（2座门）	清代重修
20	重庆府城	东水门：4.60×3.12～3.92×6.44；太平门：5.70×4.4～4.6×6.3；（2座门）	明清重修
合计		共统计20个城，51座城门	

（四）城防设有暗门或建有地道

在城池攻防战斗中用奇兵而取胜古已有之。《武经总要》中即提到了暗道作战的方式。《德安守城录》中讲道：城门应该尽可能多而不应少，尽可能打开而不应该关闭，多设城门而且常开，只要有机会就能够出兵反击；入夜之后就能够斫其营寨，扰乱敌军休息，如此自然能够阻挡敌军进城立寨；同时还可以起到牵制敌人的作用，我方能够以逸待劳；此外，大城内应该多设计大量暗门，作为战备时守城便宜行事，灵活抗敌[213]。一些长江上游抗元城防设有暗门或建有地道，便于城内将士出奇制胜，与上述文献提出的积极防御策略相一致。

暗门较多是钓鱼城城墙建设的特征之一，同样体现了陈规积极防御的军事思想，取得了良好的效果。并且，各暗门充分利用钓鱼城险峻的地形而建，隐蔽性更强。飞檐洞位于钓鱼城南部护国门以东约100米处，原是环山城墙基础上的一处天然裂缝，最窄处仅0.5米。守军利用此天然地形，在两块巨石之间开凿台阶，形成一处进深约10米的暗道，可以直接通向城外的嘉陵江边（图4.47）。城门隐蔽性很强，难以被城外敌军发现，在南宋抗元的战争中发挥了重要的作用。有史料表明，开庆元年（1259年）钓鱼城抵御蒙哥汗亲征之战时，蒙古汪德臣曾经在4月22日雨夜初停时对护国门发起偷袭，当时的守将王坚曾派出勇士50人从飞檐洞潜出到蒙古军背后发动突袭，与另一路将士前后夹击，致使蒙古军偷袭失败。另外，钓鱼城的水洞门、皇洞兼具排水与出城双重功能。水洞门位于奇胜门南侧跑马道下方城墙的基础之上，直通城外。门洞由条石发券形成，宽3.6米，高6.6米，进深4米。洞身西北侧架在自然断岩之上，东南侧由条石砌成的石墙支撑。水洞门主要为排水而建，同时成为一处暗门。现存门洞下还留有当年为防止偷袭

| a 飞檐洞城内入口鸟瞰 | b 入口近景 | c 洞内石梯侧望 | d 洞内楼梯仰视 |

图4.47　不同角度看钓鱼城飞檐洞

| a 钓鱼城皇洞门内侧 | b 钓鱼城皇洞门外侧 | c 钓鱼城水洞门外侧 | d 钓鱼城水洞门内侧 |

图4.48　钓鱼城皇洞门及水洞门

而凿开的石穴痕迹（图4.48c、d）。皇洞位于钓鱼城新东门东北处的城墙基下，洞外悬崖耸立。皇洞兼有排水口和暗门双重功能。洞口由条石砌成，外口呈券拱状，宽1米，高1.3米，洞深约17米。内口处为平顶，由条石支撑石梁中央，形成狭隘的两个入口，单人通行都必须侧身爬行。城外的皇洞出口十分隐蔽，为守军突袭出击创造了良好的条件（图4.48a、b）。据《元史》记载，蒙哥汗曾于南宋开庆元年（公元1259年）二月御驾亲征钓鱼城，驻扎在城东石子山，"帝驻钓鱼山，合州守将王坚夜来斫营，阿哥潘率壮士逆战，手杀数十百人，坚遂引去"[26]。当时宋军正是从皇洞潜出钓鱼城对蒙军实施的偷袭。这次行动出其不意，致使蒙军伤亡惨重，第二天被迫将驻地迁至江对岸的龟山。

目前发现有暗道的抗元城防有合州钓鱼城、怀安军云顶城和泸州神臂城。其中钓鱼城暗道为蒙军所修，后两座城防的暗道可能是宋军所修。云顶城暗道现存2处，一处设立在城门右，长、宽、高分别为8米、1.2米、1.2米，原本为天然洞穴，后经修建加工而来。另一处位于万年寺崖壁旁的水池边，长14.5米、宽1.1米、高1.2米，直通城外。泸州神臂城发现了3条暗道，有2条设立在"一字城"西北方向400米位置的瓦厂岩，还有一条设立在沙帽岩下。

二、城门建造反映时代特征

现存南宋长江上游抗元城防的城门大多为明清在宋代基础上重修，只有少数几座通过门顶题记或考古研究证实为宋代遗存。这些城门的立面形制基本可以分为三类：一类为券拱形，包括了双券拱形和单券拱形；另一类为叠涩形；第三类为平顶形。其中券拱形门洞数量最多，占绝大多数。单券拱形门洞，如南充青居城水城门、南平军龙岩城城门、蓬安运山城东门、苍溪大获城南门（图4.49a）、梁平赤牛城后寨门（图4.49b）等，结合门上部题刻及石材砌筑方式与錾纹，基本可以推测为清代重修遗存。目前，这几座城门尚不能确定是否延续南宋形制，故本书暂不讨论。而双券拱形门洞的城门，如金堂云顶城北门及瓮城门、怀安军大良城北门存在明显南宋始建的题刻，播州养马城月儿门、重庆太平门、合州钓鱼城护国门和出奇门经考古证实始建于南宋，故作为主要实例进行讨论。叠涩顶城门在播州海龙囤和养马城已经考古证实为宋代遗存，故作为另一种类型讨论。而第三种平顶城门，实例有通江得汉城北门、怀安军大良城小北门以及长宁军凌霄城门。前二者已经调查为清代重修，后者年代不详。因此，本书暂不讨论。本书主要分析双券拱形和叠涩形这两类城门在建造形式上的特点，以期深化对南宋时期城门建造时代特征的认识。

a 大获城南城门

b 赤牛城后寨门

图4.49　抗元城防的单券拱门
资料来源：a 四川农村日报20180413期第05版；
b 重庆市文物考古研究院

（一）城门洞呈双券拱形，平面呈"亞"字形或"凸"字形

1. 金堂云顶城北门及瓮城门均呈双券拱形

云顶城北门位于城西南，券拱正中拱石上用楷书镌刻记录修城的职官、部队名称和番号，都与南宋时期的军队编制吻合[1]，且中门道侧壁石材

[1] 原文为："忠翊郎利州驻扎御前右军统领兼潼川府路将领都统使司修城提镇官孔仙；保义郎利州驻扎御前摧锋军统制兼潼川府路兵马副都监提督诸军修城萧世显规划"。

表面呈现细密的人字形錾纹，因此推测此门为南宋遗迹。北城门券拱共计三道，板门两进。高2.7米，宽2.2米，深5.75米。门平面呈"亞"字形，分为外、中、内门道，三段门道顶部分别对应三段券拱。外拱高2.7米，宽2.2米，进深1.8米；中拱高3.5米，宽2.8米，进深1.4米；内拱高2.7米，宽2.2米，进深2.6米。门前后均有护坡（图4.50）。

云顶城北门外瓮城门，又称皇姑洞、耳城门。位于北城门外右前方104米处。门右侧紧靠岩壁，左侧为悬崖（图4.51a）。门券拱中间区域的条石有题记："皇宋淳祐己酉仲秋吉日帅守姚世安改建"。上端雕刻了莲盖和莲花，正文均为楷书双钩阴刻，每个字大小约8～14厘米。经考证，姚世安确为宋将。基本可确定此城门为宋代遗存。由此门入城，走上十二级踏步之后抵达台基顶端（呈方形），两侧又设立了七个踏步连接七佛岩和北城墙。台基上面目前还可见柱础及柱洞2排，推测为城门楼遗址；门平面呈"亞"字形，主要结构有券拱三道、板门两进[214]（图4.51）。外拱高2.86米，宽2.12米，进深1.94米；中拱高3.60米，宽2.90米，进深1.30米；内拱高2.95米，宽2.25

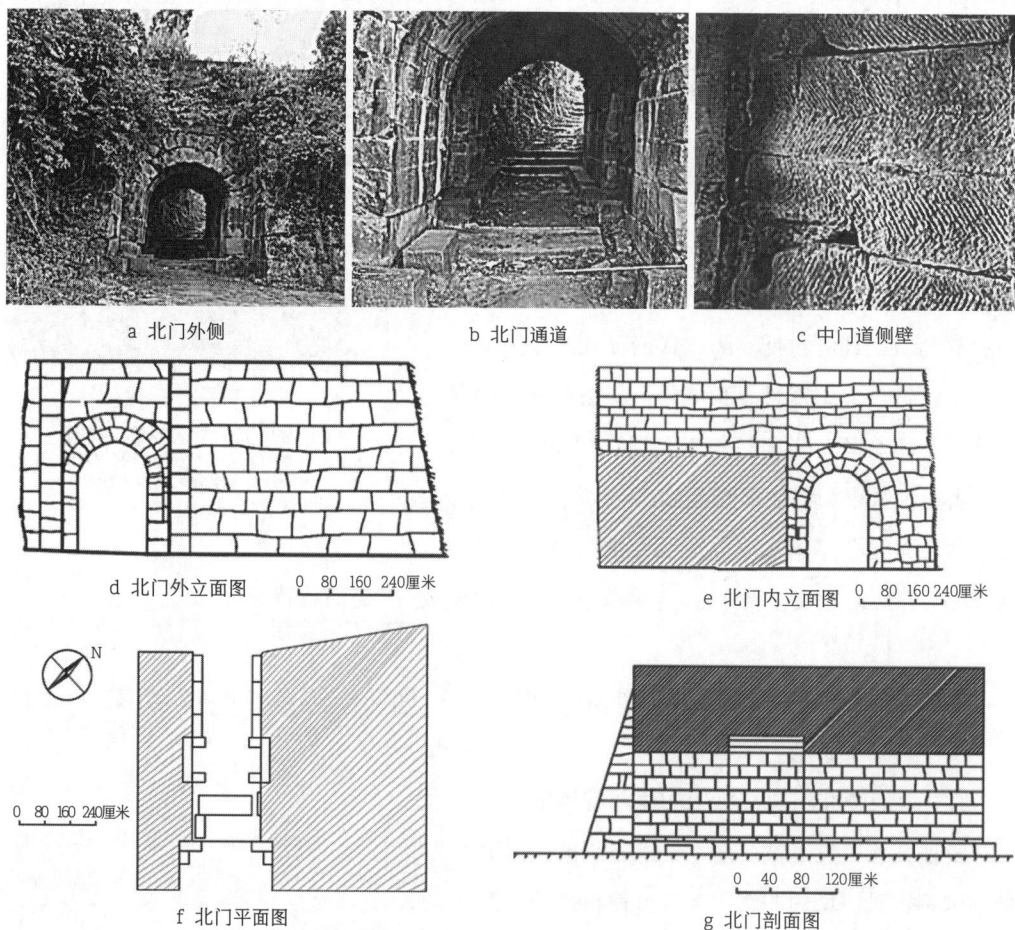

a 北门外侧　　　　　　　　　b 北门通道　　　　　　　　　c 中门道侧壁

d 北门外立面图　　0 80 160 240厘米　　　　　　　e 北门内立面图　　0 80 160 240厘米

0 80 160 240厘米　　　　　　　　　　　　　　　　　0 40 80 120厘米

f 北门平面图　　　　　　　　　　　　　　　　g 北门剖面图

图4.50　金堂云顶城北门用三重券拱

a 耳城门外侧　　　　　　　　　b 耳城门内侧　　　　　　　　c 耳城门门洞

0　80 160 240厘米
d 耳城门外立面图

0　80 160 240厘米
e 耳城门内立面图

0　80 160 240厘米

f 耳城门平面图

0　40 80　120厘米
g 耳城门剖面图

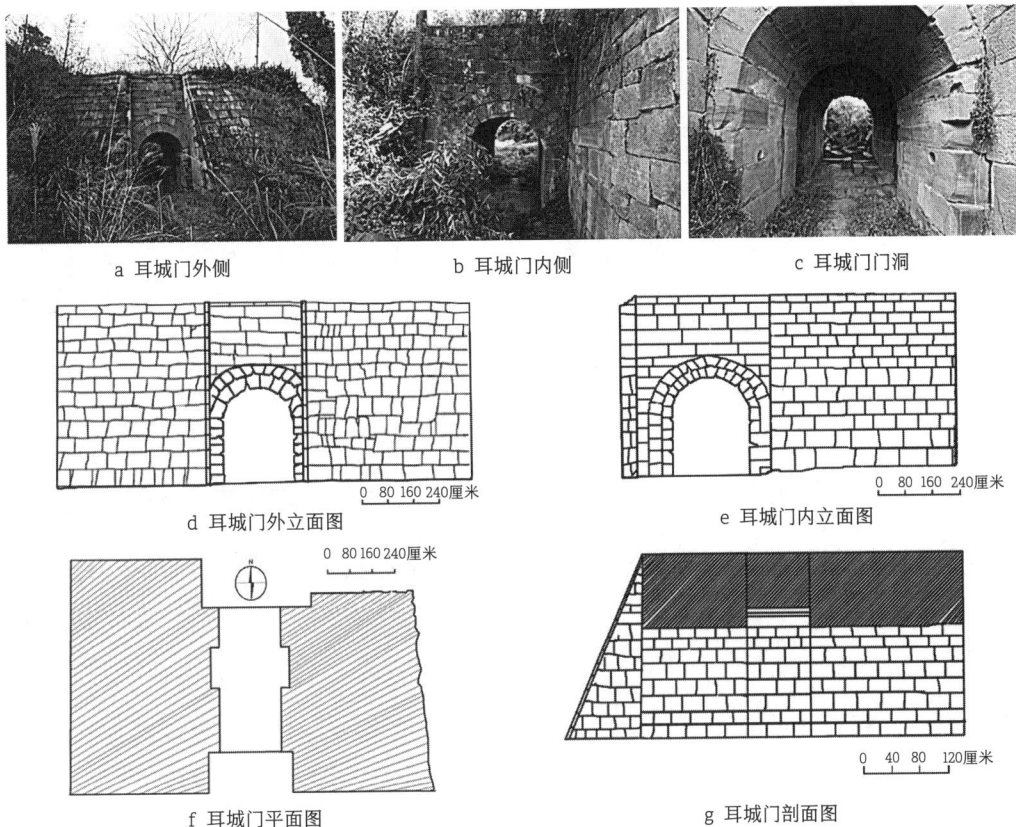

图4.51　金堂云顶城北门外耳城门用三重券拱

米，进深2.61米。城门外两侧都设计了护墙，高度6米，等同城墙。护墙上侧内倾70°。

2. 怀安军大良城北门与南瓮城门呈双券拱洞形式

怀安军大良城北门与南瓮城门也呈双券拱洞门形式。其中，城北侧偏西的北门选址于居高临下之处，也是此城防御能力最强的一道城门。

北城门左右分别为山体和峭壁悬崖，左侧残存了一段4.5米高的城墙。城门外均为巨壑深沟，连通山脚的是一条狭隘的石板小路。北门石上呈现细密人字形或斜向錾纹，结合其砌筑采用顺丁结合的方式推测，此门为宋代始建，明清重修。门平面略呈"亞"字形，分外、中、内门道。外门道高2.37米，宽1.75米，进深0.96米；中门道宽1.88米，进深2.00米；内门道高2.72米，宽1.88米，进深0.97米。门洞高2.40米，宽1.75米，通进深3.90米。外、内门道上方为券拱，中门道上方残缺，现遗存一矩形洞口（图4.52）。另外，大良城南瓮城门现状保存完整，从石材砌筑方式和加工錾纹来看为明清遗存。北、南两座城门位于同一城防，又都经过明清重建，形制上可能有相似之处。笔者试结合此瓮城门推测北门形制。南门瓮城门平面呈"亞"字形，分

a 北门外侧

b 大良城北门顶部中段残破（自上向下看）

c 北门顶部中段残破（自下向上看）

d 北门石材表面细密的人字形及斜向錾纹

推测此处原为平顶

0 500 1000毫米

e 平面

0   1000   2000毫米

f 外立面

0   1000   2000毫米

g 剖面

图4.52 广安大良城北门推测用三重券拱

外、中、内门道。外门道券拱高3.00米，宽2.00米，进深1.30米；中门道高3.53米，宽2.40米，进深1.28米；内门道高3.27米，宽2.00米，进深1.01米。外、内门道上方用券拱，中门道上方现存为条石砌筑的平顶（图4.53）。由此，推测北门中门道上方原为平顶。综合来看，大良城北门和南瓮城门都为"亞"字形平面、双券拱夹一平顶的形制。

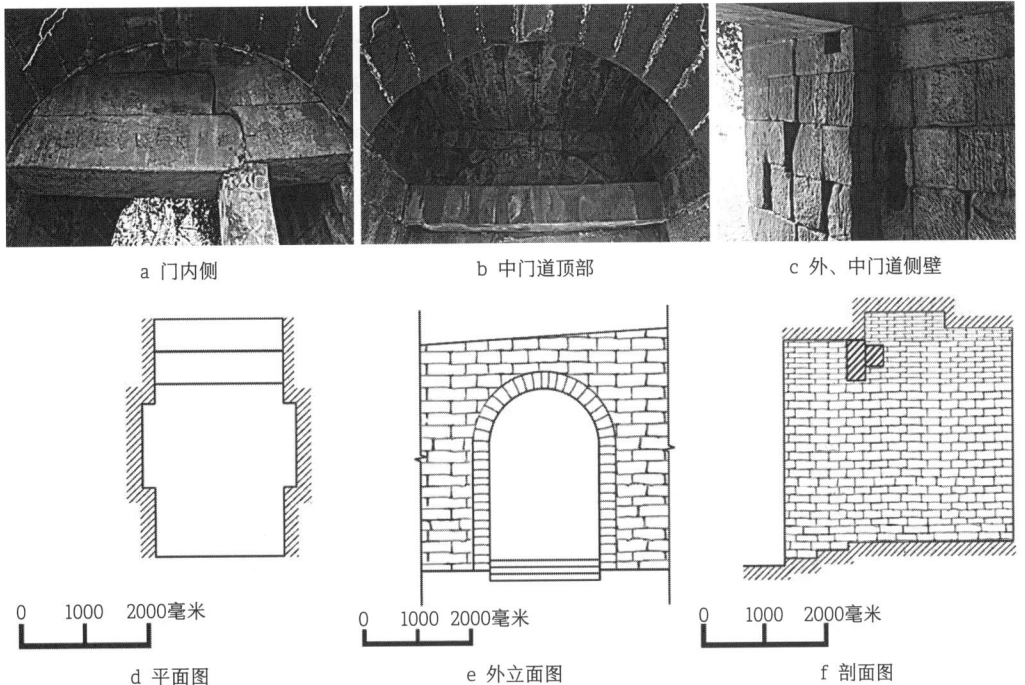

a 门内侧　　　　　　　　　　　b 中门道顶部　　　　　　　　　c 外、中门道侧壁

0　1000　2000毫米　　　　　0　1000　2000毫米　　　　　0　1000　2000毫米

d 平面图　　　　　　　　　　e 外立面图　　　　　　　　　　f 剖面图

图4.53　大良城南门瓮城门

3.播州养马城月儿门门道平面呈"亞"字形，现存一重券洞

播州养马城月儿门遗址虽仅存外门道上方券拱，但门道平面也呈"亞"字形。

此门位于养马城东侧靠北，朝东偏南。城门外现存一处瓮城。城门遗址通宽约64米，通进深约30米（图4.54a）。瓮城底部至主城墩台高差约19米。主城位于平安寨与扁筒山的山坳里，呈"凹"字形。主城门南北两侧的山脊上设墩台，顶部以石阶道路连接。主城门内侧建有平台，左右设阶级形踏道以上下。瓮城平面略呈新月状，两侧墙体伸展，与主城门两侧的墩台相围合。主城门形制特殊，据考古考证为券顶"闸版"门。城门朝东，方向东偏南23°。门道平面为"亞"字形，面阔2.05米，通进深10.55米，高3.35米。外门道为券拱顶，进深5.7米，宽2.05～2.15米，高2.5～3.35米。券顶呈半圆形，单层无"缴背"，距底部2.4米处发券，券顶由9块楔形条石砌成。门洞上方有一块石匾，拓片显示原有三个字，但后有人刻意用密排斜向錾痕掩盖。"闸版"槽口设计在外门道中部，距门口2.95米。槽口宽0.3米，深0.18米，通高5.25米。下方平齐于门道底，侧壁开槽，上方穿越券顶与城墙顶连接。券拱以上部分用较小的条石砌筑。中门道及内门道顶部坍塌（图4.54），目前形制不明[31]。

结合养马城月儿门的平面为"亞"字形，现存外门道为石质券拱顶，再将其与南宋长江上游抗元城防其他"亞"字形平面的城门（如云顶城北城门、大良城南门与瓮城门、钓鱼城护国门与出奇门）相比较，可以推测其城门形制可能为两低券拱夹一高券拱或两券拱夹一平顶。

4．重庆太平门遗址平面呈"亞"字形，门洞用一券一伏双重券拱顶

重庆城现存的7座城门中，可以明确是在宋代基础上建的有太平与千厮两道门，其中太平门已经考古发掘。此门位于城东南侧，在明代东水门之南约700米处的长江边上，海拔546米，城门朝向南偏东35°，现存面积约3000平方米，核心区面积约1500平方米。太平门由城门和瓮城两部分组成。城门由城门楼和门洞组成。门楼已毁，仅存台基和附属台阶。从考古已揭露出的台基部分，即门洞顶部及以西部分来看，其为夯土包石结构，包石墙体用条石错缝丁砌。附属台阶为垂带式，现存2级，长3.6米，宽1.8米，残高0.62米。门洞为一券一伏式，立面呈拱形，外低内高双重券顶，条石砌筑，白灰勾缝。门洞内平面呈"亞"字形，底部发现有三层路面。门洞中部两侧均存有对称分布的门额槽孔，门额槽下方路面上各凿有一个长方形门限槽，与两侧门洞壁上的门额槽孔相对。门洞宽4.4～4.6米、进深6.3米（图4.55）。瓮城长方形围合于城门东、南、西三面，

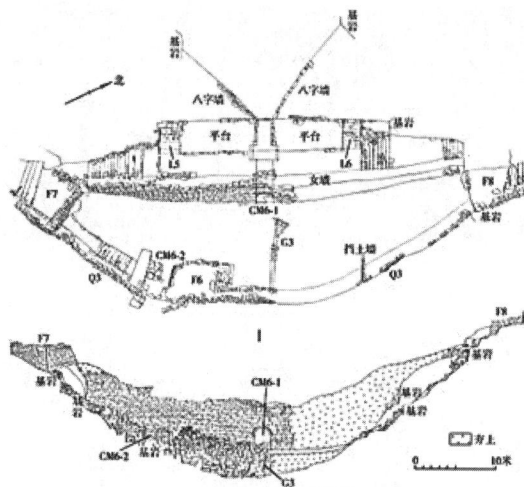

a 主城门及其瓮城平、立面图

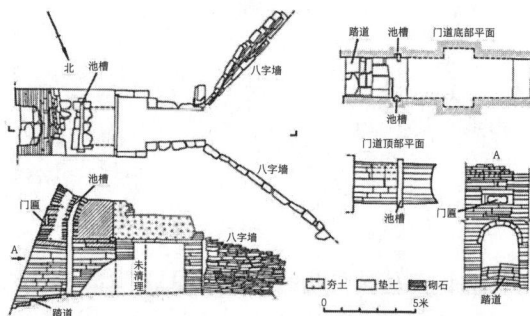

b 主城门平、立、剖面图

c 月儿门及其瓮城现状

图4.54　养马城月儿门主城与瓮城
资料来源：参考文献［31］

东、南面瓮城墙尚存，西面城门及城墙已破坏无存。据南宋文献记载有"攻太平门"一说，证明此片区在宋代已是城防重点。结合考古情况来看，明代洪武初（约1373—1375年）所建的太平门可能就在宋城门的基础之上，但当时尚未修建瓮城［215］。

| a 城门现状 | b 门洞剖透视图 |

图4.55　重庆太平门呈高低两重券拱形式
资料来源：a 作者自摄；b 中国文物信息网

5. 合州钓鱼城护国门和出奇门均呈双重券拱夹一平顶的形式

　　钓鱼城现存的8座城门，除始关门和小东门为清代易地重建之外，其余各座城门均为清代
在宋代基础上重建。护国城门（图4.56a）高3.24米，宽2.45米，通进深6.42米。平面由外向内依
次为前门洞、平顶门道、中门洞、后门洞，进深分别为1.69米、1.7米、1.62米、1.41米，门洞在
地面向上2.1米处开始起券，用楔形条石13块。后门洞高3.43米。出奇门位于钓鱼城西北部，城
门前亦为悬崖峭壁，城门内有上山小路通往城中。出奇门形制为双重券顶拱门，过道前有石质
门槛（图4.56b）。门洞高2.9米，宽1.85米，进深约4.4米，由地面向上1.81米开始起券，起券用

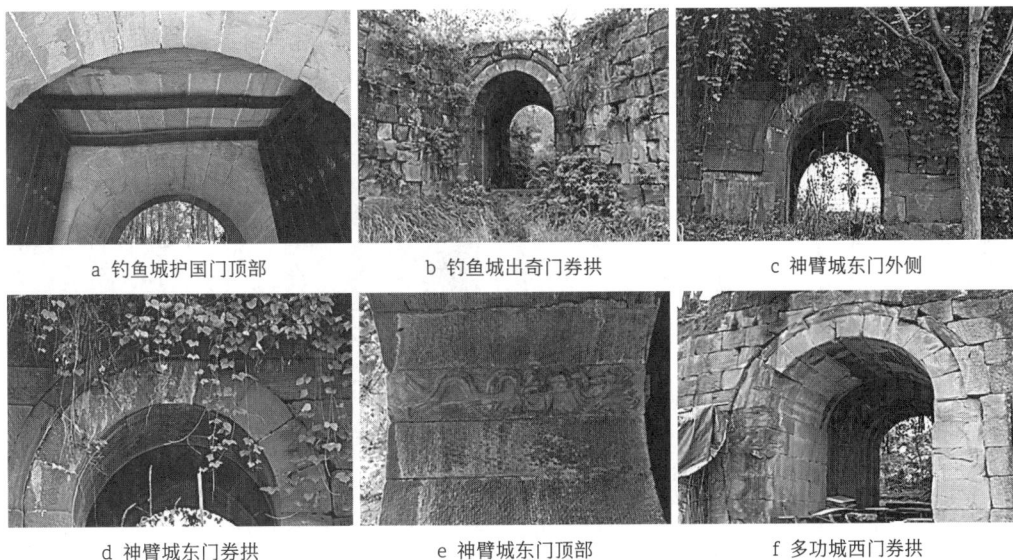

| a 钓鱼城护国门顶部 | b 钓鱼城出奇门券拱 | c 神臂城东门外侧 |
| d 神臂城东门券拱 | e 神臂城东门顶部 | f 多功城西门券拱 |

图4.56　钓鱼城、神臂城与多功城城门呈双重券拱形式

楔形条石13块。内、外门洞进深分别为1.4米、1.72米、中间过道进深1.28米，宽2.25米。门槛长1.85米，宽0.2米，高0.2米，门槛后有长方形门枢槽，长0.12米，宽0.13米，深0.03米，在东侧门枢槽边凿有排水孔，宽0.06米，深0.07米。在距外门洞内侧0.65～0.19米的过道左右壁上，由上至下排列有3个门杠柱洞，间隔约0.7米，柱洞孔径0.11～0.12米，深约0.15米。

另外，剑阁苦竹隘南寨门、泸州神臂城东门（图4.56c～e）、重庆多功城西门（图4.56f）也呈现双券拱形制，前后门道券拱略低于中间门道券拱。后二者都可确定为清代重修。

（二）叠涩顶城门

叠涩顶城门目前仅在播州海龙囤和养马城发现。海龙囤目前经考古确定的南宋时期城门址共有4处，分别是土城墙南、北和中央各一座，大城南城墙通往绣花楼另有一座。4处门址的形制基本相同，门址平面狭长，外窄内宽，呈"凸"字形平面。门内连通通道多数为曲尺状或"八"字状。门内外连接的位置均有门槛，两侧可见门臼遗迹，推测为装城门处。门洞构架目前都已经完全坍塌，但可见为黏土岩石块砌筑。从门址两侧遗存的土堆来看，原门洞可能采用的是叠涩顶。

通往绣花楼的门址清晰地反映出了这一特点。绣花楼，得名于此处杨家的绣花楼，也就是自囤顶大城正南侧延伸到外部的山脊，三面均邻接悬崖深渊，地势险峻。经考古推测，民间传说中的绣花楼可能是用于防御的敌楼等一类设施。门址位于南城墙中段通往绣花楼的入口处，平面呈"凸"字形，外窄内宽（图4.57）。朝向南偏西37°。门道通进深6.62米，宽1.56～2.8米，外门道长宽分别为2.4米、1.56～1.6米，内门道长宽分别为4.22米、2.75～2.8米。两侧都还有2.14～2.2米高的土堆遗迹。内外门道连接位置有整石门臼，推测为原城门安装之处。门道两侧

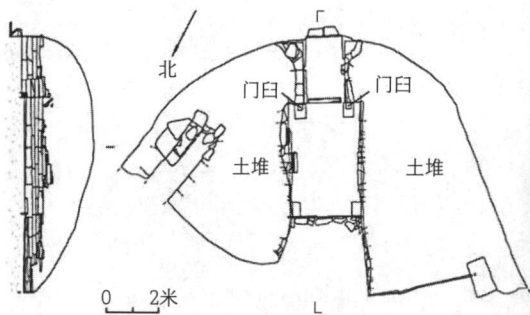

a 平面、剖面图　　　　　　　　b 门道自东南向西北鸟瞰图

图4.57　海龙囤绣花楼门址推测为叠涩顶
资料来源：参考文献［30］

墙面有少量黏土岩石板遗存，西侧壁以平砌为主，东侧壁平砌与立砌混用。从岩石板砌筑的方式看，此门与月儿门券拱门发券处的砌筑方式不同，而与养马城现存张家城门等叠涩顶城门横梁下部的做法有相似之处。因此，推测其上部原为叠涩顶[30]。

另外，养马城现存的6座城门中，张家城门、西门、田家湾门、小东门以及东门5座均为叠涩顶。门道平面呈"亞"字形，中间门道较宽且高。内、外门道上方两侧用一至二层石板出挑，上盖一层大石板。中门道上方两侧一层石板出挑后用大石板封盖。由此，整个门洞顶部类似藻井结构。外门道与中门道交接处设有门楣及门槛孔，推测是原大门所在位置（图4.58）。

砖石材质的叠涩拱顶最早出现在襄城（河南）茨沟汉墓墓顶（早于公元132年）[216]，此后在唐、宋、辽、金时的墓室顶盖中较为常见。而敦煌莫高窟、新疆的克孜尔石窟遗存的东汉至北朝时期的窟顶亦使用了叠涩形藻井，学者研究其与位于中亚阿富汗的巴米扬石窟相似，推测叠涩形藻井伴随佛教经中亚传入中国，并在中国西北部的石窟以及隋唐之后的其他石质佛教建筑中流传开来[217]。

结合考古来看，海龙囤与养马城由南宋统治此地的杨氏土司创建，而强调浓厚的精神信仰是土司文化的一大特征。从现存海龙囤内的宗教建筑遗址推测，佛教信仰也为杨氏土司家族所重视。由此，海龙囤与养马城现存的石质叠涩形藻井式城门也可能受到了佛教建筑的影响。但是，目前长江上游其他抗元城防中并未发现叠涩式城门，而这些城防中同样不乏佛教建筑遗存。因此，播州两座南宋抗元城防中的叠涩顶可能还与当地常用的建筑材料——片状岩石有关。与券拱形式相比，片状岩石更加适合砌筑叠涩顶。当然，此推测还有待海龙囤内寺庙考古以及播州杨氏土司文化研究的进一步考证。

a 小东门现状（由城外向城内看）

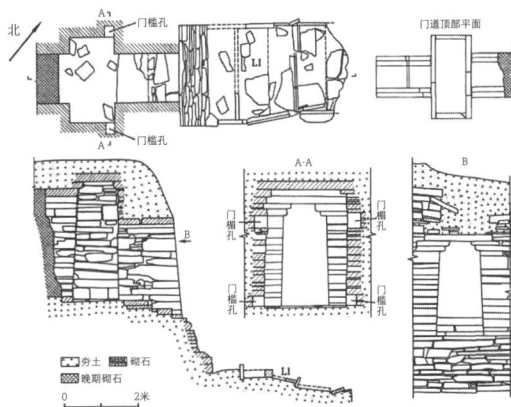

b 平、立、剖面图

图4.58　播州养马城小东门呈叠涩顶
资料来源：参考文献[31]

综合上述分析来看，南宋长江上游抗元城防城门平面普遍采用了"亞"字形或"凸"字形，顶部常用双券拱，罕用叠涩顶。其中双券拱顶又可以细分为两低券拱夹一高券拱、两拱券夹一高平顶、前低后高两券拱，共三种形式。这三种形式可能正是通过当时四川的主要道路交通实现了建筑文化的传播（图4.59）。这种城门形制与当地明清时期门道呈一字形，用单券拱顶和平顶有较大不同，可以看作是南宋抗元城防城门的一种时代特征。

有学者研究表明，宋代城门主要有石材和砖石与木混合两种类型。门洞形式有梯形和券拱形两种，后者是为适应火器出现后对城门的破坏力增强而出现的[208]。这两种形式分别见于《营造法式》与《武经总要》的相关描述。从具体城市的图像资料来看，前者如北宋张择端《清明上河图》[218]中描绘的东京汴梁城上善门，后者见于南宋《静江府城防图》中描绘的静江府城西侧城门（图4.60）。近期，考古工作者在江苏泰州发现南宋券拱形涵洞[219]（图4.61），实物证实了南宋时期券拱在城防建设上已有运用，与南宋抗元城防的券拱形门洞有异曲同工之处。

综上所述，长江上游抗元城防遗存的南宋时期石制券拱形门洞，有力证明了宋代券拱形门洞的存在，为研究我国城门形制的演变提供了有力支撑。

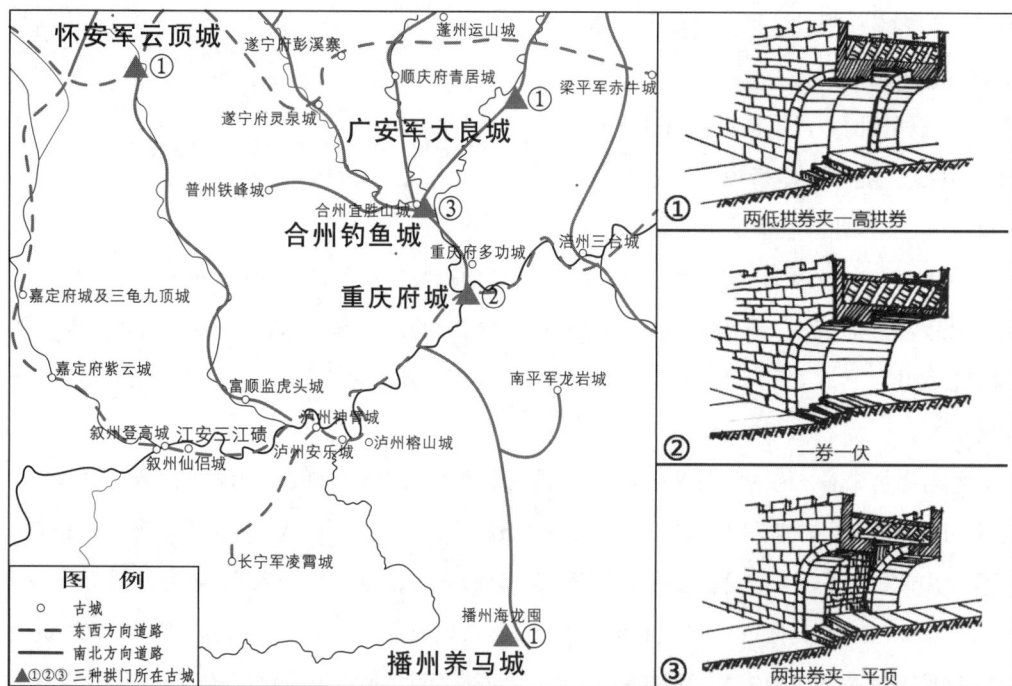

图4.59 三种券拱门的形式及其传播示意图

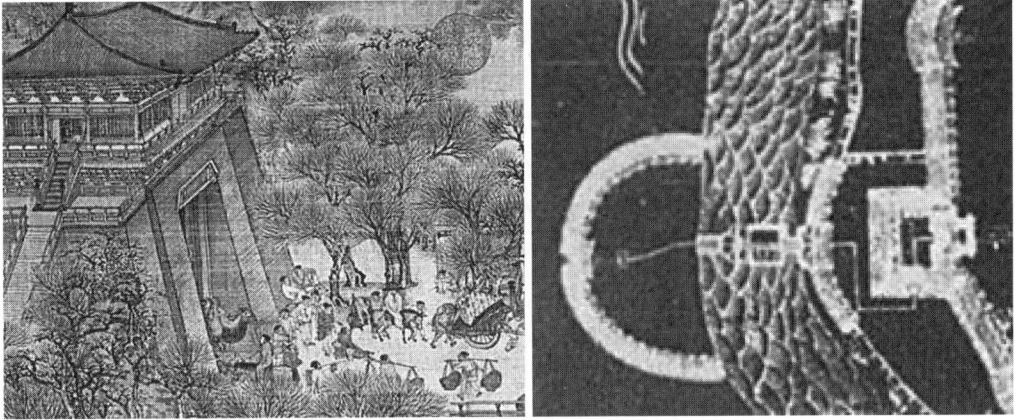

图4.60　东京汴梁城上善门与静江府西侧城门比较
资料来源：左、右图分别为参考文献［217］、［56］

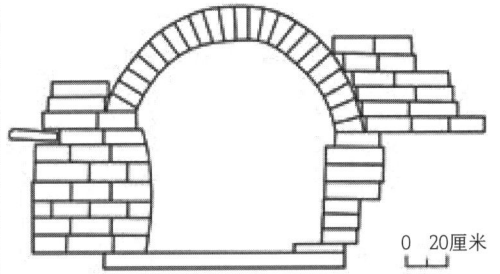

图4.61　江苏泰州宋代涵洞遗存
资料来源：参考文献［218］

第五节

支撑设施体现地域性与时代性

一、水池（井）等营建的地域性与时代性

（一）水池（井）的数量体现出地域性

长江上游抗元城防所在的红层盆地，山体顶部较平缓。城防所处的西南地区，雨水较为丰沛，便于集水、蓄水。长江上游流域河网较密集，地下水丰沛。因此，抗元城防内有较多的土地供耕种。城内多有水池、水井，供饮用及灌溉。

据统计，钓鱼城有水池14处，水井10处；云顶城有水井7处13口，水池7处；遂宁府蓬溪寨有水井20余口；大良城有水池10处，水井12口；神臂城有水池2处，水井7处；小宁城有水池10处，水井2处；凌霄城有荤井、素井2口；监虎头城有堰塘1处，水井3处。同时，还有多座城防水源充沛，水池、水井众多（表4.4）。另外，多个抗元城防直到现代都有村落坐落其上，有大量村民耕种其中，这也从侧面说明城内农田、水井和水池直到现在都还供给充足（图4.62）。

表4.4　抗元城防水源情况统计表

序号	城防名称	水源情况
1	（合州）宜胜山城	有水源，数量不详
2	（遂宁府）蓬溪寨	水井20余口
3	（普州）铁峰城	不详
4	（阆州）跨鳌城	不详
5	（潼川府）紫金城	不详
6	（龙州）雍村城	不详

续表

序号	城防名称	水源情况
7	（利州）鹅顶堡	有水池
8	（遂宁府）灵泉城	有泉
9	（叙州）登高城	不详
10	（黔州）绍庆城	不详
11	（泸州）三江碛	不详
12	（夔州）白帝城	不详
13	（隆庆府）苦竹隘	有泉（泉水丰沛）
14	（巴州）得汉城	有水井（水源丰沛）
15	（重庆府）重庆城	水源丰沛
16	（巴州）平梁城	有水井、饮马池
17	（泸州）榕山城	有水池（水源丰沛）
18	（合州）钓鱼城	有水井、水池（水源丰沛）
19	（成淳府）皇华城	有水井、水池（水源丰沛）
20	（顺庆府）青居城	有水井
21	（阆州）大获城	有水池
22	（怀安军）云顶城	有水井（7处13口），有水池（7处）
23	（广安军）大良城	有水池（10处）
24	（泸州）神臂城	有水池（2处，红、白菱池），有水井7处
25	（大宁监）天赐城	不详
26	（嘉定府）紫云城	有水井
27	（巴州）小宁城	有水池（10处），有水井（2处）
28	（播州）海龙囤	有水井
29	（播州）养马城	不详
30	（蓬州）运山城	有水池，有水井
31	（涪州）三台城	有泉
32	（嘉定府）三龟九顶城	不详
33	（万州）天生城	有水池、水井、水塘
34	（泸州）安乐城	水源充足

序号	城防名称	水源情况
35	（富顺监）虎头城	有井
36	（长宁军）凌霄城	有荤井、素井
37	（叙州）仙侣城	不详
38	（云安军）磐石城	有水塘
39	（渠州）礼义城	有水塘、水井
40	（梁山军）赤牛城	有水塘
41	（重庆府）多功城	有水塘
42	（南平军）龙岩城	有水池

a 阆中大获城内水池

b 南充青居城内水池

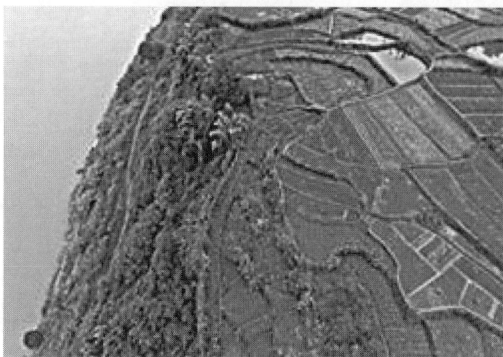

c 泸州神臂城内农田

d 大良城内水池及村落

图4.62 抗元城防城内的水池、农田及村落
资料来源：作者自摄

（二）水池（井）的建造方式体现出时代性

在南宋长江上游抗元城防中，目前已发现合川钓鱼城、富顺虎头城、金堂云顶城、蓬安运山城有南宋的水井遗存。这些水井在建筑构造上呈现出相似的特点。

合川钓鱼城遗址中目前还有龙眼井、皇井、石塘口古井、军营宋井、凉亭古井、大天池古井、马鞍山方井和马鞍山古井等10口宋代水井。这些古井井口直径多数介于0.5～1米，井台、井腹形态多数为正多边形，制作材料都是条石（厚0.3～0.4米），对角叠砌构成对称、等距的踩踏和攀缘点，便于淘井。其中最为典型的莫过于皇宫遗址的皇井，井腹石材和井腹的多边形形态保留至今。同时护国寺中的龙眼井，也可见六角形状井台，边长0.6米，井腹直径0.5米，深9.6米，井水深3.1米（图4.63a）。

富顺监虎头城现存白鹤井，与西门大约距离50米，井口呈圆形，外径1.50米，内径0.60米，井深7.2米。水井内壁上方的材质为条石，共有4层，形态也是六边形。下部都是自然石壁（图4.63b）。这一水井得名于其底部的白鹤雕刻。

金堂云顶城天生池西侧也发现一处宋井，井口呈圆形，外径1.3米，井深2.3米。井内壁用条石垒砌，呈六边形。另外，金堂云顶城在东距慈云寺755米，南距万年寺200米的位置，遗存有金钵井一处。井外沿呈圆形，内壁呈六边形，用石板垒砌11层，其上另有3层为现代人用水泥加筑。井口直径0.58米，深7米有余[214]。

综上可见，圆形外沿，六边形井壁，用石材砌筑，可能是长江上游南宋时期水井常用的建造方式和时代特征。

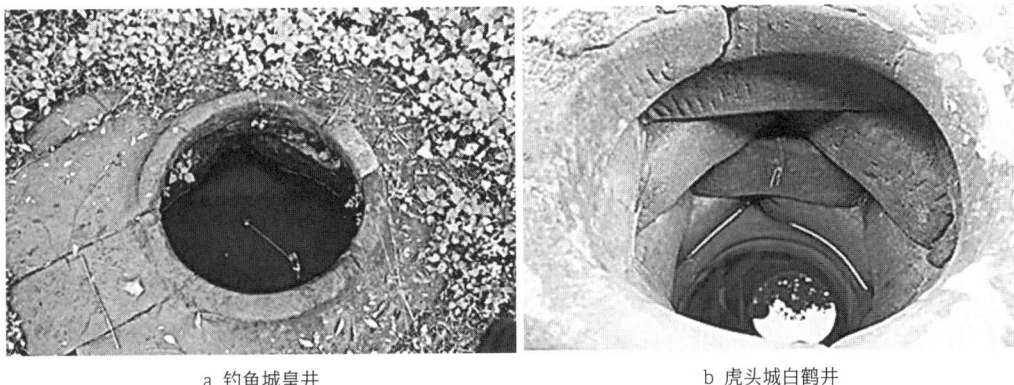

a　钓鱼城皇井　　　　　　　　　　b　虎头城白鹤井

图4.63　钓鱼城与虎头城内的宋代水井
资料来源：a 作者自摄；b 参考文献［37］

二、宗教信仰相关遗存呈现的地域性与时代性

（一）宗教信仰相关遗存在南宋长江上游抗元城防中的数量统计

结合文献与实地调研来看，南宋长江上游抗元城防多建有宗教寺院、道观或存有摩崖题刻、窟龛。本书统计的42座城防，除16座情况不详外，其余26座均可确定有宗教信仰相关遗存，约占2/3（表4.5）。

表4.5　南宋抗元城防宗教信仰相关遗存统计表

序号	城防名称	宗教信仰相关遗存
1	（合州）宜胜山城	纯阳观
2	（遂宁府）蓬溪寨	金山寺
3	（普州）铁峰城	不详
4	（阆州）跨鳌城	不详（现山上文笔塔始建于元）
5	（潼川府）紫金城	不详
6	（龙州）雍村城	不详
7	（利州）鹅顶堡	不详
8	（遂宁府）灵泉城	灵泉寺
9	（叙州）登高城	不详
10	（黔州）绍庆城	不详
11	（泸州）三江碛	不详
12	（夔州）白帝城	白帝庙
13	（隆庆府）苦竹隘	不详
14	（巴州）得汉城	关帝庙、龛窟、摩崖题刻多处
15	（重庆府）重庆城	治平寺（清更名为罗汉寺）
16	（巴州）平梁城	平梁洞、摩崖造像
17	（泸州）榕山城	不详
18	（合州）钓鱼城	护国寺、摩崖石刻

序号	城防名称	宗教信仰相关遗存
19	（成淳府）皇华城	庙宇、摩崖石刻
20	（顺庆府）青居城	窟龛，碑刻题记
21	（阆州）大获城	玄庙观、窟龛
22	（怀安军）云顶城	万年寺、慈云寺、圆觉庵、居禅庵；摩崖造像、题刻
23	（广安军）大良城	祖师殿、尼姑庵、南方寺、善堂，摩崖造像多处
24	（泸州）神臂城	摩崖造像
25	（大宁监）天赐城	七星观
26	（嘉定府）紫云城	紫云寺
27	（巴州）小宁城	城内有庙宇
28	（播州）海龙囤	推测有寺庙
29	（播州）养马城	不详
30	（蓬州）运山城	凤仙寺（遗址），窟龛、洞窟多处
31	（涪州）三台城	不详
32	（嘉定府）三龟九顶城	山崖壁上为凌云寺，附近乌尤山上有乌尤寺
33	（万州）天生城	不详
34	（泸州）安乐城	云台寺
35	（富顺监）虎头城	新安寺
36	（长宁军）凌霄城	不详
37	（叙州）仙侣城	不详
38	（云安军）磐石城	元代以后建昙华寺
39	（渠州）礼义城	三教寺（始建年代不详）
40	（梁山军）赤牛城	有大型宗教建筑遗址
41	（重庆府）多功城	翠云寺
42	（南平军）龙岩城	不详

（二）宗教信仰相关遗存是南宋长江上游抗元城防营建的
重要文化景观要素

　　上述城防中的宗教信仰相关遗存，在南宋抗元斗争时期是守城将士的精神信仰，支撑他们保家卫国，浴血奋战。这些宗教建筑遗址、窟龛、摩崖石刻和题记也是城内军民历尽艰辛，建设家园的历史见证，承载了不同时期建筑与石刻艺术的历史信息。直到现代，那些江河岸边的摩崖造像，丘陵崖壁间的窟龛题刻和经后世不断重修而延续下来的寺庙院观，都备受当地民众珍视。宗教建筑香火不断，窟龛造像常有供奉整饬。如怀安军大良城东门外崖壁上有多个窟龛，神像身上披挂红布，神像前香烛缭绕（图4.64）。泸州神臂城长江边上的摩崖石刻，用特有的方式讲述了南宋守将刘整降元的故事（图4.65a）。南充青居城东岩灵迹寺的各个神像更是整饬一新（图4.65b）。这些寺庙、石刻造像和窟龛是长江上游抗元城防体系文化景观不可或缺的重要组成，对其在信仰类别、布局、建造技术和艺术形式上开展研究，将具有重要的意义。

a 泸州神臂城刘整降元摩崖石刻

b 南充青居城东岩灵迹寺窟龛之一

图4.64　怀安军大良城观音小庙　　　　　图4.65　神臂城与青居城内的宗教信仰相关遗存

（三）摩崖造像补充呈现城防地域性与时代性

据统计，在26座有宗教信仰相关遗存的山城中，摩崖石刻较为常见，占长江上游抗元山城的1/2。石刻与寺院一起构成佛教的道场体系[220]，而宋代巴蜀地区摩崖石刻又因其空间形式与雕刻主题与技艺手法[221]的特色，在中国佛教石窟历史发展进程中独树一帜。研究这些摩崖造像、题刻的内容、主题、技艺，将是对南宋长江上游抗元城防文化景观地域性与时代性的有力补充。

钓鱼城钓鱼台附近的卧佛与千佛崖就是其中典型的代表实例。

卧佛也就是"释迦涅槃胜迹图"，指的是释迦牟尼"圆寂""入灭"的情境图。钓鱼城卧佛悬空雕刻，推测为晚唐作品，具有四川摩崖造像的典型特点。摩崖造像不似北方石窟那样要先开凿进深较大的窟洞，而是直接在崖壁上凿浅龛雕刻石像（图4.66）。这一佛像托身于悬空崖壁，身长11米，肩宽2.2米，身穿下垂式的双领袈裟，高肉髻，两耳之间距离1.8米，赤足，双脚宽1.2米。佛像头脚分别朝西、东两向，面朝南，与地表距离2米左右，下方是0.3～0.6米高，3～5米深，贯通崖壁的一道缝隙[26]。如此形成凭虚而卧姿态，与涅槃的主题相吻合。佛像整体形象雄伟壮观，雕刻技法既有大刀阔斧的豪放之处，同时也可见不少精雕细琢的局部，堪称唐宋时期四川摩崖石刻的上乘之作，也与钓鱼山当时著名石佛道场的地位相匹配。

卧佛西侧转弯处，有一座千佛崖摩崖遗迹（图4.67）。千佛源于佛经《杂宝藏经·鹿女夫人缘》。传说鹿女步步莲花，是梵豫国王的夫人，生下了千叶莲花，一叶有一小儿，因此得了千子，而为贤劫千佛。此造像由2775座跌佛造像组成，窟龛总高4.5米，宽7.35米，距地0.7米，面

图4.66 钓鱼城卧佛石刻

图4.67 钓鱼城千佛崖石刻

西。造像排列有37行，从底至上34行，各有佛像76～79尊，35行向上逐步减少。每个佛像高约0.12米，肩宽约0.07米，赤足坐在莲台上，双手在腹前交错，居内一座结跏趺坐佛，高约0.2米，肩宽约0.12米，背雕舟形光[26]。窟龛两侧有两尊弟子像，供养人6尊。崖顶造像3行，正中佛像略大的一尊是鹿女夫人像。此两千余座造像结构井然有序，形象生动，亦是巴蜀唐宋摩崖造像的代表之作。

上述钓鱼城的2处摩崖造像仅是抗元山城此类造像的代表，大量高水平摩崖造像的形态特征及其所蕴含的文化意义还有待学者进一步发掘，从而补充、完善南宋长江上游抗元山城营建的文化景观特质研究。

结　语

一、研究结论

本书首先分析了文化景观的研究现状，探讨了多视角开展文化景观研究的价值，为结合时空分布与城防营建开展文化景观的研究奠定理论基础；同时，构建了基于"主旨—维度—类型"的文化景观研究框架，指出了文化景观所具有的复合化类型特征。在此基础上，以文化景观为视域，以长江上游水、陆通道为脉络，将分散于南宋时期四川（含现在重庆、四川和贵州）各地有明确历史记载并可以确定位置的，为抵抗元军进攻南宋而建的42座城防，遵照世界遗产中"系列遗产"的概念整合为"南宋长江上游抗元山城防御体系"，明确其军事设施复合型文化景观遗产类型特征和演化过程及动力；并以建筑学学科为基础，借鉴相关学科的研究方法，关注城防空间与实体的中观与微观物质现象，定性与定量相结合，对此城防遗址体系的时空分布与营建特质展开深入分析，研究了城防体系建设与南宋抗元斗争和自然环境间的有机互动关系。论文主要得出了以下5点结论。

（一）结合建筑营建开展文化景观研究具有重要价值

文化景观的概念自从地理学学科提出以来，以地理学、人文类学科研究为主，取得了大量的成果。人居环境科学类学科，如城市规划和风景园林学近些年也开始逐渐关注这一领域。但目前来看，结合营建层面对文化景观开展的研究还相对较少，研究的价值与侧重点还较为模糊。建筑是日常的、内涵广泛的、体积较大的且受文化影响强烈的人工品。房屋的建造行为暗示了文化传统的传播，通过习俗和惯例回答了人类文化的诸多问题。因此，建筑及其环境中的空间组织是文化在物质世界中得以实现的基本方法之一。文化与景观的内涵决定了其研究需要建筑学学科的加入，建筑学学科的发展同样需要关注文化景观的研究。结合营建层面开展文化景观的研究，一方面，将拓展包括地域性与时代性等建筑学基本问题在内的研究的视野，并把地理学、人文类等多学科的研究方法补充至建筑学学科的研究；另一方面，对建造层次的关注将补充、细化及完善文化景观的可识别性的研究，三维可视化的建筑表现方式将拓展与深化文化景观研究的表达方法。因此，结合营建层面开展文化景观的研究具有重要的价值。

当前，结合营建层面对文化景观的研究仍处于初始阶段，在研究的内容与方法上都还处于探索阶段。本书视南宋长江上游抗元城防体系为文化景观，并结合城防营建开展研究即是此类探索之一。本书试图在文化景观的宏观区域视野与微观营建视角之间建立起有效的关联，从建筑营造的层面深入而透彻地阐述文化景观的特性与可识别性；另外，借鉴地理学等学科的宏观分析工具，将其运用在建筑层面的研究中，学习人类学等叙事性的解释方法，将人类社会行为与建筑营建活动间架起有效的联系。同时运用上述方法，探索区域层面城防时空分布及营造与人类行为及自然环境的关联性，从而为补充和细化文化景观的研究，为增强对文化景观的认识提供了支撑。

（二）城防体系具有复合型文化景观类型特征，且受南宋国家意志调遣的影响

对照文化景观研究的主旨，即："大尺度、动态性、兼具物质与非物质、融合自然与文化"以及研究的维度"功能、动力、时间、空间"，本书构建了文化景观的7种类型框架。对照这一框架，发现南宋抗元城防体系属于军事设施类文化景观，同时还兼具了线路、乡村聚落、风景名胜、民俗宗教文化景观的特征。因此，其具有明显的复合型文化景观特征。

另外，追溯南宋长江上游抗元城防体系建设的制度背景、历史先声、演进阶段及演化动力，发现其建设是两宋强干弱枝的兵制设计，是朝廷对民间自卫武力控制和整合的制度结果，与汉、晋、隋唐等民间堡寨以及北宋、南宋早期的山水寨相比，这一城防体系更加强烈地体现了国家意志的整体性，从而具有更加完整的体系特性。而南宋抗元军事斗争行为和长江上游的地域自然环境特征是其演化的直接动力。

（三）城防体系的时空分布与战争行为和主要交通网络密切相关

文化景观视域下城防体系时空分布研究的关注点，一是文化景观如何自觉地体现文化，二是文化景观的特异性与可识别性。南宋长江上游抗元城防在建设时间上与宋元战争的进展基本一致，在空间上覆盖了当时蒙元军队进攻四川的主要方向。结合抗元城防体系建设的出发点，即利用蒙元骑兵不善于打山地战和水战的特点，分析影响城防体系时空分布的自然要素，主要体现为山、水，军事活动要素主要为宋元双方的作战时间、攻防路线。由此，本书将研究的侧重点放在了分析城防体系时空分布与双方军事行为及攻防时间与交通路线的关联性上。

城防体系与宋元战事时空分布的关联性方面。本书将自1227年至1279年的宋元战事，按照

蒙元军队进攻的主要方向与强度分成了六个阶段，然后将42座抗元城防的创建活动与六个阶段的宋元战争行为进行比对，得出了抗元战争时期各路城防在各阶段的建设活动随蒙元进攻重点的变换而不断进行调整的结论。

城防体系与水陆交通网络空间分布的关联性方面。本书梳理了南宋时期四川主要交通网络的分布，将其分成了南北、东西两个大的方向，共五条道路。接着，通过统计各城防创建的时间及其所处道路，比较分析了城防体系与上述主要交通网络的分布情况，得出城防体系的建设与不同战争阶段的主要交通网络密切相关的结论。另外，通过统计各主要城防与水陆交通的距离，发现42座城防均位于当时四川境内的主要水陆交通线上，即主要城防的分布与水陆交通具有密切的关联性。

体系内各城防之间的空间关联性方面。首先，应用"防御中心地"概念分析了城防体系内部空间的层次结构。运用这一概念对42座城防进行了分析，得出了区域级的三级中心地、5个不同防御方向的三级中心地以及不同战争阶段的防御中心地。以此为基础，一方面，通过分析区域和防御方向一、二、三级中心地各层级城防之间路径距离的数据，发现南宋长江上游抗元城防体系具有多层级、多中心组团的形式特征。另一方面，通过统计抗元城防的规模，发现区域一、二级中心地城防规模与其中心性呈现明显的正相关性，但三级中心地规模数据分布较分散。

通过上述研究可见，南宋长江上游抗元城防体系在时间与空间的分布上，与宋元战争行为和当时四川主要交通网络之间具有密切的关联性。城防体系内各城防之间受到宋元战争行为和主要交通网络的影响，呈现出多层级、多中心组团的特性。

（四）城防营建具有独特的地域性和先进的时代性

文化景观视域下城防营建研究的重点在于城防的选址、布局、构造、材料等方面，如何利用自然环境以适应当时作战行为的需求，即研究城防营建的地域性与时代性。本书将城防的构成要素分成了直接防御设施和支撑设施两大类。前一类主要探讨了城防设施中城墙与城门营建的地域性与时代性，是本书研究的重点。后一类从后勤支援与文化精神方面支撑了抗元斗争，是不可或缺的要素，主要包括水源等后勤设施以及宗教遗迹，本书仅作概述。

在分析了南宋长江上游抗元城防营建地域环境的主要影响因素，即山体与河流的地貌特征的基础上，归纳出城墙营建的地域性主要表现为：一是城墙布局适应地域环境，即各城防环绕山顶利用地形形成多重城墙，或深入江河、延伸至崖壁修建一字城，或利用自然悬崖直接为城，或在悬崖上部修筑城墙，或在地形较为平缓处加筑瓮城；二是城墙的材料与构造反映地域环境，即城墙就地取材，采用夯土毳石做法，砌筑城墙所用的石材材料反映当地山体岩石特色。城墙营建的时代特征主要反映在材料与构造方面：即石材截面接近矩形，尺度较规整，多采用楔形或长方形条石丁砌，外侧壁面外倾，石材间采用石灰粘接、凹凸相嵌和用永定柱等多样连接方式保证墙体稳定，石材加工用斜向或人字形细密錾纹等。城门营建的地域性主要表现为：城门建造充分利用地形，即城门多依托崖壁而建，利用地形高差形成"立体瓮城"，并出现内瓮城，城门普遍较低矮窄小，城防设有暗门或建有地道。城门营建的时代性主要表现为：城门多用石砌，门洞呈双券拱形，平面呈"亞"字形或"凸"字形，在个别案例中也发现石砌叠涩顶城门。其中双券拱顶又可以细分为两低券拱夹一高券拱、两低券拱夹一高平顶、前低后高两券拱，共三种形式。

另外，本书讨论了抗元斗争支撑设施，即水源与宗教信仰相关遗存的特征。前者主要概括了水池、水井在各城防的基本数量，归纳出圆形外沿、六边形井壁水井建造的南宋时代特征。后者简要概括了各城防宗教遗存的基本情况，并提出对之进行研究具有重要意义。

综上所述，长江上游抗元城防的营建与四川的地域自然环境，与南宋时期作战及城防建造技术的发展密切相关。并且为应对强大的蒙元骑兵，南宋军民利用独特的地形、地貌，采用当地建筑材料，即石材，创造了先进的城墙和城门，推动了中国城防建设史的发展。由此，长江上游抗元城防的营建表现出了独特的地域性和先进的时代性。

（五）人类文化与自然的有机互动构成了城防体系文化景观特质

对照文化景观的研究主旨可见，南宋长江上游抗元城防体系在融合文化与自然方面具有突出的特质。这一城防体系的建设活动与南宋抗元斗争息息相关，其时空分布与宋元战争发展和南宋四川主要水陆交通网络密切相关，并受到战争行为和水陆交通的影响，在形态上呈现出多层次、多中心组团的特性。体系内城防的营建，尤其是在城防布局、城墙材料和构造、城门选址、瓮城形态等方面充分利用了四川长江上游各支流密布、方山丘陵地貌明显的特征，具有明显的地域性。而在城门尺度、城门洞结构与形式方面则充分发挥当地材料特性，强调防御功能，发展出了较为独特的券拱形式，较矮小的城门洞尺寸，在南宋时期的城防建设中具有明显的先进性。由此可见，长江上游抗元城防体系是人类行为，即南宋抗元斗争行为与自然环境，即四川独特的山水系统之间有机互动的结果。广义来看，文化是人类所有物质与精神活动的总称，所以抗元斗争行为以及城防营建活动是南宋历史文化的重要组成部分。抗元城防体系所形成的文化景观正是人类文化与自然环境有机互动的杰出表现，这也正是这一城防体系的核心特质所在。

二、研究意义

文化景观同时关注遗产的文化与自然双重属性，是当代世界遗产保护的新重点。南宋长江上游抗元山城防御体系遗址的潜在特质，与文化景观遗产强调的"大尺度、动态性、兼具物质与非物质、融合文化与自然"理论主旨相吻合。以文化景观为视域展开研究，将有助于全面、深入把握南宋长江上游抗元山城防御体系遗址的特性，为进一步提升其保护和利用的层次提供重要的理论基础。

（一）为南宋抗元山城遗址成体系研究与保护提供理论支撑

针对当前对南宋抗元山城遗址体系研究与保护中缺乏相应整体性理论支撑的不足，通过对文化景观理论的再解读，剖析其研究的主旨，以文化景观为视域研究南宋抗元山城防御体系，从而为整体研究与保护这一遗产体系找到恰当的理论支撑，弥补现有研究的不足，提升对研究对象的整体认知水平，并为解决当前遗址研究与保护相对分散而缺乏体系性的问题奠定理论基础。

（二）深化对南宋长江上游抗元山城防御体系核心特质的认识

以文化景观为视域，将切中南宋长江上游抗元山城防御体系的核心特质，即大尺度、动态性、兼顾物质与非物质、融合自然与文化。本研究在分析研究对象大尺度、动态性的基础之上，明确其所属文化景观的类型特征，继而从这一城防体系的时空分布与城防营建方面，重点分析其融合自然与文化的特质；剖析城防体系时空分布与抗元军事斗争这一人类文化活动，以及其所属自然环境、道路系统的关联性，归纳城池选址及城防设施的布局、构造、材料与当地自然环境的互动关系，探索其中反映的南宋城池建筑的时代及地域特征。本研究将为进一步深化认识南宋长江上游抗元山城体系的核心特质提供有力支撑。

（三）提升对南宋长江上游抗元山城遗址遗产价值的
整体认知水平

针对当前合川钓鱼城独立申报世界遗产多年但尚未成功的问题，本研究抓住这些城防遗址营建中蕴含的体系化、融合自然与文化的特征，挖掘其作为文化景观的特质。这一思路契合当前为推动世界遗产保护工作的可持续发展，世界遗产委员会及其相关组织更加重视保护文化景观类遗产的趋势。本研究将提升对南宋长江上游抗元城防遗址文化景观遗产特质的整体认知水平，为国家及各级文物保护部门探索将这一城防遗址体系整体视为文化景观遗产，从而深入挖掘其世界遗产价值提供前期理论支撑。

参考文献

[1] UNESCO World Heritage Center. Operational guidelines for the implementation of the world heritage convention[EB/OL]. (2019) [2020-1-12]. http://www.whc.unesco.org/en/guidelines.

[2] Jukka Jokilehto, Christina Cameron. The world heritage list: what is OUV? defining the outstanding universal value of cultural world heritage properties[J]. Nurse Education Today, 2008, 31(6): 564-570.

[3] Sauer C. The Morphology of Landscape[J]. University of California Publications in Geography, 1925, 2(2): 19-54.

[4] 王绍增. 论LA的中文译名问题[J]. 中国园林, 1994, 10（04）: 58-59.

[5] 吴良镛. 关于建筑学、城市规划、风景园林同列为一级学科的思考[J]. 中国园林, 2011, 27（05）: 11-12.

[6] 秦佑国. "LANDSCAPE" 及 "LANDSCAPE ARCHITECTURE" 的中文翻译[J]. 世界建筑, 2009（05）: 118-119.

[7] 温弗里德·申克, 孔洞一. 文化景观维护视野下德国历史性文化景观的两种方法论: 清单盘点与空间区划[J]. 风景园林, 2019, 26（12）: 41-51.

[8] 王恩涌, 赵荣, 张小林, 等. 人文地理学[M]. 北京: 高等教育出版社, 2000.

[9] 邬建国. 景观生态学: 格局、过程、尺度与等级[M]. 北京: 高等教育出版社, 2007.

[10] Robert R. Page, Cathy A, Gillbert. Susan, A. Dolan. A Guilde to Cultural Landscape Reports: Contents. Process, and Technique[M]. Washington DC: National Park Service Division of Publication, 1998.

[11] WHC-94/CON F. 0 03/ I N F. 6. Exper t meeting on the global strategy and thematic studies for a representative world heritage list[S]. Paris: UNESCO Headquarters, 1994.

[12] UNESCO World Heritage Center. Operational guidelines for the implementation of the world heritage convention[EB/OL]. （2005）[2020-1-12]. http://www.whc.unesco.org/en/guidelines.

[13] 脱脱, 阿鲁图等撰, 中华书局编辑部点校. 宋史[M]. 北京: 中华书局, 1985.

[14] 脱脱. 宋史/孟珙传[A]. 胡绍曦, 唐唯目. 宋末四川战争史料选编[M]. 成都: 四川人民出版社, 1984: 82.

[15] 张锦鹏, 王国平. 南宋交通史[M]. 上海: 上海古籍出版社, 2008: 114-115.

[16] 唐唯目. 张珏所筑 "宜胜山城" 的位置初探[C]. 钓鱼城历史讨论会论集1980: 147-149.

[17] 丁天锡. 宜宾地区境内的三座抗元山城遗址[J]. 四川文物, 1985（02）: 27-29.

[18] 何兴明. 南宋抗元遗址——剑门苦竹寨[J]. 四川文物, 1985（03）: 71.

[19] 王峻峰. 大获城遗址[J]. 四川文物, 1989（04）: 62-64.

[20] 唐长寿. 乐山宋代抗元山城三龟九顶城初探[J]. 四川文物, 1999（02）: 25-29.

[21] 陈剑. 白帝城建成时间及与公孙述的关系[J]. 四川文物, 1994（03）: 62-63.

[22] 马幸辛. 宋元战争中川东北山城遗址考[J]. 四川文物, 1998（03）: 44-48.

[23] 龙鹰，王积厚. 南宋抗元遗址淳祐故城[J]. 四川文物，2003（02）：69-71.

[24] 郭健. 南宋抗元遗址——礼义城[J]. 四川文物，2007（03）：67-70.

[25] 谢璇. 钓鱼城山地城防构筑特征[J]. 广州大学学报，2007（03）：91-94.

[26] 池开智. 合川钓鱼城——一座震撼古今的城塞[M]. 重庆：重庆出版社，2009.

[27] 袁东山. 白帝城遗址：瞿塘天险、战略要地[J]. 中国三峡，2010（10）：75-78.

[28] 蔡亚林. 天生城遗址[J]. 红岩春秋，2017（10）：81.

[29] 蔡亚林. 重庆城墙的营造特征与文化遗产价值研究[J]. 华夏文明，2018（10）：55-59.

[30] 李飞，陈卿. 贵州遵义市海龙囤遗址城垣、关隘的调查与清理[J]. 考古，2015（11）：3-27+2.

[31] 贵州省文物考古研究所，重庆市文化遗产研究院. 贵州省遵义市养马城调查与试掘简报[J]，考古，2015（11）：28-46.

[32] 蒋晓春，雷晓龙，郝龙. 四川省蓬安县运山城遗址调查简报[J]. 西华师范大学学报（哲学社会科学版），2015（02）：11-17.

[33] 蒋晓春，林邱. 宋代泸州神臂城城防体系分析[J]，考古学研究，2019（09）：59-73.

[34] 蒋晓春，张书涛. 小型无人机在田野考古调查中的应用——以金堂云顶城遗址调查为例[J]. 西华师范大学学报（哲学社会科学版），2018（05）：54-59.

[35] 符永利，于瑞琴，蒋九菊. 广安大良城寨堡聚落浅析[J]. 西华师范大学学报（哲学社会科学版），2016（01）：34-40.

[36] 符永利，罗洪彬，唐鹏. 四川南充青居城遗址调查与初步研究[J]. 西华师范大学学报（哲学社会科学版），2015（02）：18-27.

[37] 罗洪斌，赵敏. 四川富顺虎头城遗址调查及初步研究[J]，西华师范大学学报（哲学社会科学版），2019（04）：9-17.

[38] 刘禄山，黎慧，邹勇，蒋晓春，罗洪彬，雷晓龙，刘超，邱瑞强，王杰，周丽萍，何茂森，戴旭斌. 四川平昌县小宁城遗址调查简报[J]. 四川文物，2019（01）：32-43.

[39] 黄宽重. 南宋地方武力：地方军与民间自卫武力的探讨[M]. 北京：国家图书馆出版社，2009：2.

[40] 黄宽重. 山城与水寨的防御功能：以南宋、高丽抗御蒙古的经验为例[A]. 南宋地方武力：地方军与民间自卫武力的探讨[M]. 北京：国家图书馆出版社，2009（07）：239-256.

[41] 薛玉树. 宋元战争中四川的宋军山城及其现状[J]. 四川文物，1993（01）：27-34.

[42] 孙华. 宋元四川山城的类型——兼谈川渝山城堡寨调研应注意的问题[J]. 西华师范大学学报（哲学社会科学版），2015（02）：1-10.

[43] 刘海龙. 中荷两处大尺度军事遗产体系的分析与比较[J]. 南方建筑，2009（04）：84-88.

[44] Viollet-le-Duc. Military architecture 1907[M]. Montana USA: Kessinger Publishing, 2010.

[45] J. E. Kaufmann, H. W. Kaufmann. The Medieval Fortress: Castles, Forts, And Walled Cities Of The Middle Ages[M]. Cambridge, Massachusetts USA: Da Capo Press, 2004.

[46] Kate Raphael. Muslim Fortresses in the Levant: Between Crusaders and Mongols[M]. London UK: Routledge Press, 2014.

[47] Quentin Hughes. Fortress: Architecture and Military History in Malta[M]. London UK: Lund Humphries Publishers, 1969.

[48] Jānis Langins. Conserving the Enlightenment: French Military Engineering[M]. Cambridge, Massachusetts, USA: MIT Press, 2003.

[49] Mark Berhow. American Defenses of Corregidor and Manila Bay 1898-1945[M]. Oxford UK: Osprey Publishing, 2003.

[50] Emanuel Raymond Lewis. Seacoast Fortifications of the United States: An Introductory History[M]. Annapolis, Maryland, USA: Naval Institute Press, 1993.

[51] J. E. Kaufmann, Robert M. Jurga. Fortress Europe: European Fortifications Of World War II[M], Cambridge, Massachusetts, USA: Da Capo Press, 2002.

[52] Neil Short, Adam Hook. The Stalin and Molotov Lines: Soviet Western Defences 1928-41[M]. Osprey Publishing, 2008.

[53] 中国军事史编写组. 中国历代军事工程[M]. 北京：解放军出版社，2005.

[54] 王兆春. 中国科学技术史-军事技术卷[M]. 北京：科学出版社，1998.

[55] 施元龙. 中国筑城史[M]. 北京：军事谊文出版社，1999.

[56] 吴庆洲. 中国军事建筑艺术[M]. 武汉：湖北教育出版社，2006.

[57] 杨申茂，张玉坤. 明长城宣府镇防御体系与军事聚落[M]. 北京：中国建筑工业出版社，2018.

[58] 刘建军，张玉坤. 明长城甘肃镇防御体系与军事聚落[M]. 北京：中国建筑工业出版社，2018.

[59] 解丹，张玉坤. 金长城防御体系与军事聚落[M]. 北京：中国建筑工业出版社，2020.

[60] 范熙晅，张玉坤. 明长城军事防御体系规划布局机制研究[M]. 北京：中国建筑工业出版社，2019.

[61] 谭立峰，刘建军，倪晶. 河北传统防御性聚落[M]. 北京：中国建筑工业出版社，2018.

[62] 谭立峰，张玉坤，尹泽凯. 明代海防防御体系与军事聚落[M]. 北京：中国建筑工业出版社，2019.

[63] Agnoletti. M. The Conservation of Cultural Landscapes[M]. CABI Publishing, 2006.

[64] Titin Fatimah. The Impacts of Rural Tourism Initiatives on Cultural Landscape Sustainability in Borobudur Area[J]. Procedia Environmental Sciences, 2015, 28: 567-577.

[65] Oliver Bender, Hans Juergen Boehmer, Doreen Jens, Kim Philip Schumacher. Using GIS to analyse long-term cultural landscape change in Southern Germany[J]. Landscape and Urban Planning, 2005, 70(1-2): 111-125.

[66] Junjira Nunta, Nopadon Sahachaisaeree. Determinant of cultural heritage on the spatial setting of cultural landscape: a case study on the northern region of Thailand[J].

Procedia-Social and Behavioral Sciences，2010, 5: 1241-1245.

[67] Nourhan H. Abdel-Rahman. Egyptian Historical Parks, Authenticity vs. Change in Cairo's Cultural Landscapes[J]. Procedia - Social and Behavioral Sciences, 2016, 225: 391-409.

[68] Daniele Campolo, Giuseppe Bombino, Tiziana Meduri. Cultural Landscape and Cultural Routes: Infrastructure Role and Indigenous Knowledge for a Sustainable Development of Inland Areas[J]. Procedia - Social and Behavioral Sciences, 2016, 223: 576-582.

[69] 蔡晴. 基于地域的文化景观保护[D]. 南京：东南大学，2006.

[70] 李和平，肖竞. 我国文化景观的类型及其构成要素分析[J]. 中国园林，2009（02）：90-94.

[71] 韩锋. 探索前行中的文化景观[J]. 中国园林，2012（05）：5-9.

[72] 陈同滨，傅晶，刘剑. 世界遗产杭州西湖文化景观突出普遍的价值研究[J]. 风景园林，2012（02）：68-71.

[73] 俞孔坚. 景观的含义[A]景观设计：专业、学科与教育[M]. 北京：中国建筑工业出版社，2016（03）：96-107.

[74] 赵荣等. 人文地理学[M]. 北京：高等教育出版社，2014：33.

[75] 白光润. 地理科学导论[M]. 北京：高等教育出版社，2006.

[76] 潘玉君. 地理学基础[M]. 北京：科学出版社，2001.

[77] 傅伯杰. 景观生态学原理及应用[M]. 北京：科学出版社，2011.

[78] Navel Z. and Lieberman AS. Landscape ecology: Theory and application[M]. New York: Springer-Verlag, 1993.

[79] Robert R. Page, Cathy A, Gillbert. Susan, A. Dolan. A Guilde to Cultural Landscape Reports: Contents. Process, and Technique[M]. Washington DC: National Park Service Division of Publication. 1998.

[80] Mackintosh B. The National Park: Shaping the System[EB/OL]. (2005)[2020-2-6]. Washington D. C: U. S. Department of the Interior. National Park Service. http://www.nps.gor/parkhistory/online_books/shaping/index. htm.

[81] Barry Mackintosh. The National Parks: Shaping the System[M]. Washington D. C: Government Printing Office, 3rd edition, 1991.

[82] Runte A. National Parks. The American Experience[M]. Lincoln and London: University of Nebraska Press, 1997.

[83] Elkinton, Steven. Cultural Landscapes: Rural Historic Districts in the National Park System by Robert Z. Melnick; Daniel Sponn; Emma Jane Saxe[J]. Bulletin of the Association for Preservation Technology, 1984，16(01): 80.

[84] Robert RPage. Cultural landscapes inventory professional procedures guide[M]. Washington, D. C：U. S. Department of the Interior，2001.

[85] Patricia L. Parker，F. King. Thomas. Guidelines for evaluating and documenting traditional cultural properties(National Register Bulletin. No. 38)[R]. Washington，D. C: National Register Of Historic Places. 1998.

[86] Page R R，Gilbert C A, Dolan S A. A Guide to Cultural Landscape Reports: Contents, Process, and Techniques[M]. Washington，D. C: U. S. Department of the Interior, National Park Service, 1998.

[87] Barrett B. Roots for the National Heritage Area Family Tree[J]. The George Wright Forum, 2003, 20(2): 41-49.

[88] Annapolis MD and Woodstock VT: National Park Service. Scaling up: Collaborative Approaches to Large Landscape Conservation[EB/OL]. (2014) [2020-02-9]. https://www. nps. gov/orgs/1412/upload/Scaling-Up-2014-508. pdf.

[89] 石果. 奥地利推出"文化景观"研究计划[J], 全球科技经济瞭望, 1996（03）: 44-45.

[90] 王中江. 中国"自然"概念的源流和特性考论[J], 学术月刊, 2018（09）: 15-34.

[91] 陈同基. 自然细节与人生哲思: 试论六朝山水诗对山水画的影响[J], 中国美术学院学报, 2018（04）: 59-60.

[92] 吴焯. 人美文库—画山水序[M], 北京: 人民美术出版社, 2017.

[93] 董卫. 风水变迁与城镇发展[J]. 城市规划, 2018, 42（12）: 83-91.

[94] 程建军. 风水解析[M]. 广州: 华南理工大学出版社, 2014.

[95] 李旭旦. 人文地理学[M]. 北京: 中国大百科全书出版社, 1984.

[96] 李和平, 肖竞, 周晓宇. 西南盐业历史城镇文化景观构成与保护研究[J]. 城市规划, 2015, 39（07）: 100-106.

[97] 李和平, 肖竞, 曹珂, 邢西玲. "景观—文化"协同演进的历史城镇活态保护方法探析[J]. 中国园林, 2015, 31（06）: 68-73.

[98] 肖竞, 李和平, 曹珂. 历史城镇"景观-文化"构成关系与作用机制研究[J]. 城市规划, 2016, 40（12）: 81-90.

[99] 麦琪·罗, 韩锋, 徐青.《欧洲风景公约》: 关于"文化景观"的一场思想革命[J]. 中国园林, 2007（11）: 10-15.

[100] 徐青, 韩锋. 文化景观研究的现象学途径及启示[J]. 中国园林, 2015, 31（11）: 99-102.

[101] 毕雪婷, 韩锋. 文化景观价值的解读方式研究[J]. 风景园林, 2017（07）: 100-107.

[102] 凯莉·高切丝, 若兰·米切尔, 布兰登·布兰特, 毕雪婷, 李璟昱. 价值演变与美国国家公园体系的发展[J]. 中国园林, 2018, 34（11）: 10-14.

[103] 张杨. 美国国家公园系统文化景观保护体系综述及启示[A]. 中国风景园林学会. 中国风景园林学会2014年会论文集（上册）[C]. 中国风景园林学会: 中国风景园林学会, 2014: 5.

[104] 吴庆洲. 文化景观营建与保护[M]. 北京: 中国建筑工业出版社, 2017.

[105] 单霁翔. 走进文化景观遗产的世界[M]. 天津: 天津大学出版社, 2010.

[106] Alexandru Calcatinge. The need for a cultural Landscape theory: an architect's approach[M]. Berlin: Lit Verlang, 2012.

[107] 吴良镛. 人居环境科学导论[M]. 北京：中国建筑工业出版社，2001.

[108] 王庸. 中国地理学史[M]. 上海：上海三联书店，2014.

[109] 王熙柽. 试论文化地理学的性质和内容[J]. 南京师范大学学报（自然科学版），1985（01）：4-12.

[110] 曹珂，肖竞. 文化景观视角下历史名城保护规划研究——以河北明清大名府城保护规划为例[J]. 中国园林，2013（2）：88-93.

[111] 王云才，石忆邵，陈田. 传统地域文化景观研究进展与展望[J]. 同济大学学报（社会科学版），2009，20（01）：18-24，51.

[112] 王云才. 传统地域文化景观之图式语言及其传承[J]. 中国园林，2009，25（10）：73-76.

[113] 王云才，韩丽莹. 基于景观孤岛化分析的传统地域文化景观保护模式——以江苏苏州市甪直镇为例[J]. 地理研究，2014，33（1）：143-156.

[114] 王云才，吕东. 传统文化景观空间典型网络图式的嵌套特征分析[J]. 南方建筑，2014（03）：60-66.

[115] 俞孔坚. 景观：文化、生态与感知[M]. 北京：科学出版社，2000.

[116] 曲蒙，刘大平. 基于景观生态学的文化景观遗产保护研究——以中东铁路干线线性文化景观遗产为例[J]. 建筑学报，2017（08）：100-104.

[117] 常青，苏王新，王宏. 景观生态学在风景园林领域应用的研究进展[J]. 应用生态学报，2019，30（11）：3991-4002.

[118] 辞海编纂委员会. 辞海[M]. 上海：上海辞书出版社，2010：889.

[119] 王衍. 景观都市主义实践的理论追溯[J]. 时代建筑，2011（05）：32-35.

[120] 比尔·希利尔. 空间是机器——建筑组构理论[M]. 北京：中国建筑工业出版社，2008.

[121] 王建曾，张玉坤. 国内当代地域性建筑实践的现状及评述[D]. 天津：天津大学建筑学院，2009.

[122] 卢峰. 当代建筑地域性研究的整体解读[J]. 城市建筑，2008（06）：7.

[123] 琳达·格鲁特，大卫·王. 建筑学研究方法[M]. 北京：机械工业出版社，2005.

[124] 刘娅. 从文献计量分析看1981-2011年全球系统动力学研究[J]. 全球科技经济瞭望，2014（05）：69-76.

[125] 段进. 国外城市形态学研究的兴起与发展[J]. 城市规划学刊，2008（05）：34-42.

[126] 林秋达. 子整体：跨越尺度的建筑分形现象[J]. 建筑学报，2015（05）：99-102.

[127] 韩雨晨. 建筑形态学视角下的多米诺体系的演化与变形[D]. 南京：东南大学，2015：18.

[128] 弗莱姆普顿. 建构文化研究[M]. 北京：中国建筑工业出版社，2007.

[129] 潘玉光. 巴蜀砥柱——余玠[M]. 北京：商务印书馆，2016.

[130] 李昌宪. 宋代诸路辖区与治所沿革研究[J]. 历史地理，第17辑.

[131] 李中锋. 宋代政区地理研究及其信息系统处理[D]，成都：四川大学，2003.04.

[132] 谢璇. 初探南宋后期以重庆为中枢的山地城防防御体系[J]. 重庆建筑大学学报, 2007.（02）: 31-33, 59.

[133] 罗成德, 王付军. 四川盆地丹霞地貌与南宋抗蒙城寨[J]. 乐山师范学院学报, 2015（08）: 64-69.

[134] 王琛. 南宋四川山城防御体系研究[D]. 北京: 北京建筑大学, 2017.

[135] 伍磊. 南宋川陕防区山寨及其发展的连续性特征探讨[C]. 中国地理学会历史地理专业委员会. 历史地理学的继承与创新暨中国西部边疆安全与历代治理研究——2014年中国地理学会历史地理专业委员会学术研讨会论文集. 中国地理学会历史地理专业委员会: 四川大学历史文化学院, 2014: 245-253.

[136] 潘玉光. 巴蜀砥柱——余玠[M]. 上海: 商务印书馆, 2016: 76-78.

[137] 宋濂, 王祎. 元史/世祖本纪[A]. 胡绍曦, 唐唯目. 宋末四川战争史料选编[M]. 成都: 四川人民出版社, 1984: 111-123.

[138] 脱脱. 宋史/理宗本纪[A]. 胡绍曦, 唐唯目. 宋末四川战争史料选编[M]. 成都: 四川人民出版社, 1984: 67.

[139] 顾祖舆撰, 贺次君注释, 施和金注释. 读史方舆纪要[M]. 北京: 中华书局, 2005.

[140] 宋濂, 王祎. 元史/宪宗本纪[A]. 胡绍曦, 唐唯目. 宋末四川战争史料选编[M]. 成都: 四川人民出版社, 1984: 106-108.

[141] 四川通志/古迹[A]. 胡绍曦, 唐唯目. 宋末四川战争史料选编[M]. 成都: 四川人民出版社, 1984: 468.

[142] 张朝仲. 巴中县文化志[M]. 巴中: 四川省巴中市, 1985.

[143] 刘欢欢. 通江得汉城历史遗存的调查与研究[D]. 南充: 西华师范大学, 2016.

[144] 苏天爵著, 姚景安点校. 元名臣事略/卷416[M]. 北京: 中华书局, 1996: 12470.

[145] 曾维益. 平武土司述略[J]. 康定民族师范高等专科学校学报, 1999.06: 26-32.

[146] 郭健. 南宋抗元遗址礼义城[J], 四川文物, 2007.03: 67-70.

[147] 郑吉士等修, 清周于仁纂.（康熙）安岳县志[M]. 清康熙五十八年刻本.

[148] 四川通志/山川[A]. 胡绍曦, 唐唯目. 南宋四川战争史料选编[M]. 成都: 四川人民出版社, 1984（09）: 461.

[149] 李全民. 宋末抗蒙古名城蓬溪寨初考[M]. 蓬溪文史资料精选, 2011: 39-43.

[150] 戴均良等主编. 中国古今地名大词典[M]. 上海: 上海辞书出版社, 2005.

[151] 袁东山. 白帝城遗址: 瞿塘天险 战略要地[J]. 中国三峡, 2010（10）: 75-78.

[152] 忠州直隶州志[A]. 胡绍曦, 唐唯目. 南宋四川战争史料选编[M]. 成都: 四川人民出版社, 1984（09）: 573.

[153] 祝穆撰, 祝洙增订, 施和金点校. 方舆胜览[M]. 北京: 中华书局, 2003.

[154] 唐冶泽. 重庆南川龙岩城摩崖碑抗蒙史事考[J]. 四川文物, 2010（03）: 70-79.

[155] 蔡亚林. 万州天生城布局结构与沿革变迁新探[J]. 文物鉴定与鉴赏, 2018（15）: 67-69.

[156] 杨鹏强. 磐石城遗址[J]. 红岩春秋, 2017（08）: 81.

[157] 李大地, 杨鹏强. 重庆云阳磐石城遗址2020年度考古发掘简报[J]. 西部考古, 2023（01）:

27-42.

[158] 杨鹏强，李大地. 重庆云阳磐石城遗址考古发掘报告[J]. 江汉考古，2018（S1）：131-151.

[159] 李严，张玉坤，李哲，徐凌玉. 明长城防御体系整体性保护策略[J]. 中国文化遗产，2018（03）：48-54.

[160] 吴庆洲. 明南京城池的军事防御体系研究[J]. 建筑师，2005（02）：86-91.

[161] 王曾瑜. 北宋前期和中期的禁兵[A]. 宋朝兵制初探[M]. 北京：中华书局，1983（08）：15.

[162] 淮建利. 宋朝厢军若干问题研究[D]. 保定：河北大学. 2007：II.

[163] 黄宽重. 南宋地方武力：地方军与民间自卫武力的探讨[M]. 北京：国家图书馆出版社，2009（07）：143-147.

[164] 牟子才. 论救蜀急著六事疏/宋代蜀文稿存/卷八七：1105.

[165] 黄宽重. 南宋地方武力：地方军与民间自卫武力的探讨[M]. 北京：国家图书馆出版社，2009：2.

[166] 罗权. 汉晋以来中国寨堡发展轨迹及其阶段特征研究[J]. 中华文化论坛，2018（08）：54-65.

[167] 缪喜平，路小庚，苟丽娟. 宋夏沿边环州地区的寨堡及作用[J]. 黑龙江史志，2014（14）：24-25.

[168] 姚勉. 雪坡集[M]. 文渊阁四库全书本/卷42：15-16.

[169] 黄宽重. 两淮山水寨：地方自卫武力的发展[A]. 南宋地方武力：地方军与民间自卫武力的探讨[M]. 北京：国家图书馆出版，2009（07）：158-166.

[170] 论防秋事札[M]. 东牟集/卷9：18-19.

[171] 黄宽重. 两淮山水寨：地方自卫武力的发展[A]. 南宋地方武力：地方军与民间自卫武力的探讨[M]. 北京：国家图书馆出版社，2009：176-183.

[172] 吴昌裔. 论蜀变四事状[M]. 宋代蜀文辑存/卷八四：1062.

[173] 员兴宗. 四川山寨天设之险[M]. 全宋文/卷四八四八/第318册：327.

[174] 李鸣复. 论家计寨增忠勇军额疏[M]. 全宋文/卷七○五二/第309册：29-30.

[175] 宋濂. 元史/卷一一五/睿宗传[M]. 北京：中华书局，2008：2886.

[176] 陈世松. 余玠传[M]. 重庆：重庆出版社，1982：52-53.

[177] 脱脱. 宋史·余玠传[A]胡绍曦，唐唯目. 南宋四川战争史料选编[M]. 成都：四川人民出版社，1984（09）：86.

[178] 潘友茂. 云阳磐石城初考[J]. 四川文物，1993（01）：24-26.

[179] 脱脱. 宋史·余玠传[A]. 胡绍曦，唐唯目. 南宋四川战争史料选编[M]. 成都：四川人民出版社，1984（09）：84.

[180] 赵尔namebox. 宋蒙（元）战争时期四川军事地理初步研究[D]. 重庆：西南大学，2014.

[181] 宋代蜀文辑存/卷80/李鸣复. 策全蜀安危疏[A]. 胡昭曦，唐唯目. 宋末四川战争史料选编[M]. 成都：四川人民出版社，1984：368.

[182] 毕沅. 续资治通鉴[A]. 胡绍曦，唐唯目. 南宋四川战争史料选编[M]. 成都：四川人民出版社，1984（09）：26-28.

[183] 寺地遵. 贾似道的对蒙防卫构想[J]. 国际社会科学杂志（中文版），2009，26（03）：26-56+5-6.

[184] 蓝勇. 四川古代交通路线史[M]. 重庆：重庆西南师范大学出版，1989：2-3.

[185] 张锦鹏，王国平. 南宋交通史[M]. 上海：上海古籍出版社，2008（10）：70.

[186] 吴泳. 鹤林集/论坏蜀四证及救蜀五策札子[A]. 胡绍曦，唐唯目. 南宋四川战争史料选编[M]. 成都：四川人民出版社，1984：224-227.

[187] 张锦鹏，王国平. 南宋交通史[M]. 上海：上海古籍出版社，2008（10）：77.

[188] 黄纯艳. 南宋江防体系的构成及职能[J]. 河北大学学报（哲学社会科学版），2016，41（05）：10-17.

[189] 沃尔特·克里斯塔勒. 德国南部中心地原理[M]. 北京：商务印书馆，2010.

[190] 余蔚. 论南宋宣抚使和制置使制度[J]. 中华文史论丛，2007（01）：129-179，356.

[191] 沃尔特·克里斯塔勒. 德国南部中心地原理[M]. 北京：商务印书馆，2010：92.

[192] 张锦鹏，王国平. 南宋交通史[M]. 上海：上海古籍出版社，2008：68-84.

[193] 蓝勇. 四川古代交通路线史[M]. 重庆：重庆西南师范大学出版，1989.

[194] 郑诚整理. 武经总要前集[M]. 长沙：湖南科学技术出版社，2017.

[195] 孙垂利. 宋朝兵器研究[D]. 重庆：西南大学，2007.

[196] 墨翟. 墨子[M]. 桂林：漓江出版社，2019.

[197] 傅熹年. 中国古代建筑十论[M]. 上海：复旦大学出版社，2004（05）：306.

[198] 陈规著，林正才注释. 守城录注释[M]. 北京：解放军出版社，1990.

[199] 赵彦卫. 云麓漫抄/卷十二[M]. （宋）梁克家. 淳熙三山志/卷十八/兵防类一.

[200] 黄宽重. 宋代城郭的防御设施及材料[A]. 南宋军政与文献探索[M]. 台北：新文丰出版公司，1990：209-220.

[201] 重庆市文物考古所，重庆文化遗产保护中心. 重庆文物考古十年[M]. 重庆：重庆出版社，2010（11）：115.

[202] 吴国富. 距今800年钓鱼城现隐秘"一字城"[N/OL]. 重庆晨报微博.（2012-7-12）[2016-4-6]. http://www.sina.com.cn.

[203] 孙治刚，范鹏，黄海. 重庆涪陵区龟陵城遗址2017年调查与试掘简报[J]. 江汉考古，2018（S1）：106-130.

[204] 孙华. 羊马城与一字城[J]. 考古与文物，2011（1）：73-85.

[205] 李诚撰，王海燕注译. 营造法式译解[M]. 武汉：华中科技大学出版社，2011（08）：231.

[206] 汪伟，高磊. 重庆两江新区多功城遗址2017年度考古发掘简报[J]. 江汉考古，2018（S1）：94-105.

[207] 胡昭曦. 广安县宋末大良城遗址考察[J]. 四川文物，1985（01）：15-18.

[208] 黄登峰. 宋代城池建设研究[D]. 保定：河北大学，2007.

[209] 中国民族建筑编写委员会. 中国民族建筑第一卷[M]. 南京：江苏科学技术出版社，1998：353.

[210] 马幸辛. 宋元战争中川东北山城遗址考[J]，四川文物，1998（03）：44-48.

[211] 黄登峰. 宋代城池建设研究[D]. 保定：河北大学，2007.

[212] 蓝勇. 重庆历史地图集[M]. 北京：星球地图出版社，2017：111.

[213] 林正才. 守城录注释[M]. 北京：解放军出版社，1990：62.

[214] 付蓉. 成都金堂云顶城遗址的调查与研究[D]. 南充：西华师范大学. 2018.

[215] 孙治刚，邹后曦，蔡亚林，白九江，汪伟. 重庆渝中区太平门遗址发掘简报[J]. 江汉考古，2018（S1）：47-68.

[216] 贾峨，赵世網. 河南襄城茨沟汉画象石墓[J]. 考古学报，1964（01）：111-131，151-154.

[217] 陈振旺，彭艳萍. 隋唐莫高窟建筑形制的变化和藻井图案语义变迁[J]. 艺术百家，2019，35（01）：161-166+196.

[218] 张择端. 清明上河图/中国画手卷临摹范本[M]. 江西美术出版社，2016.

[219] 泰州市博物馆. 江苏. 泰州宋代涵洞发掘简报[J]. 考古与文物，2018（01）：39-54.

[220] 郑涛. 唐宋四川佛教地理研究[D]. 重庆：西南大学，2013.

[221] 冯棣. 巴蜀摩崖建筑文化环境研究[D]. 重庆：重庆大学，2010.

后　记

　　钓鱼城雄伟壮丽的景观和可歌可泣的英雄历史，吸引笔者开始关注南宋长江上游抗元城防体系。从选题开始，一方面补充学习文化景观的理论和方法，另一方面则不断深入各山城遗址测绘、调研。当年宋元两军寸土必争的战场，如今大多位于山高坡陡的乡村或城乡结合部。除了钓鱼城等政府重点开发的景区外，大部分山城仍是人们耕种、生活的故土。一些老人习惯了传统的生活，宁愿独自居住在荒草丛生的山上。留住他们的可能是山间宁静的氛围和清新的空气吧。笔者团队在大获城调研时，颇费周折才从村民那儿打听到上山的道路，沿着植被茂密的小道一路爬坡，中午时分赶到近山顶时，又累又饿。路边一处农舍，只有一名老汉，打听才知道，他已是山上唯一的居民了。大家一起动手，用院子里现摘的南瓜做了一餐纯天然美食。而云顶城、大良城、榕山城、紫云城、三龟九顶城的热心村民，则不顾山雨路滑或是炎炎烈日，带领我们寻找城墙、城门。他们讲起城的过往，如数家珍。城就是他们的家，饱含着他们对历史的眷恋。如何使这些珍贵的南宋遗产融入高速发展的现代社会，使其中蕴含的历史、科学和艺术价值一代代地传承下去？这个问题一直萦绕在笔者心头。

　　拙作虽有了一些新的探索，但随着研究的不断推进，越发感受到这一课题的庞大与复杂。现有研究对南宋长江上游抗元城防体系"兼具物质与非物质"的文化景观特质、对单个城防的整体布局与内部空间结构等剖析还不够深入，对城防设施的类型覆盖还不够全面，对此类城防明清时期的演化研究涉及不多。随着考古学、地理学、城乡规划学、景观生态学以及建筑学等各方研究的不断深入，城防体系的文化内涵和景观形态特征，以及各城防营建的基本情况将越发清晰。借助各种新的地图以及建筑建模分析软件，研究的方法与工具将不断更新，城防体系的时空分布与营建特质将被挖掘得更加深入。随着城防体系文化景观特质与表现的进一步发掘，其作为世界文化景观遗产的价值将逐渐凸显，其保护与利用的高度将逐渐提升。山城也将更好地惠及乡里、陪伴乡民、教化大众。

研究过程中得到了张兴国、卢峰、吴庆洲、徐千里、杨宇振、闫水玉、韩贵锋、谭少华、龙彬、李和平、陈荣华、谢朝新、康青等教授的悉心指导和帮助。邓安仲、陈辉国、石少卿等教授和苏永东等老师为本书的顺利出版提供了大力支持。张荻、张博、贾頔、李相、樊也、罗翔兮、夏嘉勇等同学参与了现场调研和测绘。笔者的家人和同事为研究的开展做出了默默奉献。衷心感谢每一位老师、同事、学生和家人！

2023年5月于重庆

审图号：GS（2025）1530号

图书在版编目（CIP）数据

南宋长江上游抗元城防体系：以文化景观为视域 /
李震，陈虹合，杨春阳著. -- 北京：中国建筑工业出版
社，2024.9. -- ISBN 978-7-112-30316-8

Ⅰ. K928.77

中国国家版本馆CIP数据核字第2024MY9611号

责任编辑：黄习习　徐　冉
责任校对：赵　力

南宋长江上游抗元城防体系——以文化景观为视域

李　震　陈虹合　杨春阳　著

*

中国建筑工业出版社出版、发行（北京海淀三里河路 9 号）
各地新华书店、建筑书店经销
北京锋尚制版有限公司制版
北京云浩印刷有限责任公司印刷
*

开本：787 毫米×1092 毫米　1/16　印张：16¾　字数：337 千字
2024 年 8 月第一版　　2024 年 8 月第一次印刷
定价：**78.00** 元

ISBN 978-7-112-30316-8
　　　（42928）